ORCHIDEEN-ENZYKLOPÄDIE

Zdenek Jezek

ORCHIDEEN-ENZYKLOPÄDIE

DÖRFLER

FAUNA & FLORA

Größe der Pflanze:
□ – winzig
⊡ – klein
▣ – mittelgroß
■ – stattlich

Pflege:
☹ – äußerst anspruchsvoll
😐 – mäßig anspruchsvoll
☺ – anspruchslos

Foto auf S. 3: *Rhynchostylis gigantea* var. *virapandahui*
Foto auf S. 298: *Orchis tridentata*
Foto auf S. 304: *Epipactis purpurata*

Text: Zdenek Jezek
Fotografie: Zdenek Jezek 364, Libor Jankovsky 200, Petr Stary 30, Jindrich Smitak 22, Ales Knoll 21, Jarmila Matouskova 20, Vaclav Klat 9, Jiri Tronecek 6, Libor Kunte 6, Jan Gloser 2, Cestmir Cihalik 1

Übertragung aus dem Englischen: Dr. Michael Meyer
Umschlaggestaltung: Andreas Dorn

ISBN 3-89555-164-3

1 2 3 4 5 8 7 6 5 4

Inhalt

Einleitung

Königinnen im Pflanzenreich

Orchideen – dieses Wort löst noch immer Aufmerksamkeit und Respekt aus, sogar bei Laien, obwohl diese wunderschönen Blütenpflanzen bei weitem nicht mehr so selten und exotisch wie früher sind. In unserer Vorstellung verbinden sie sich immer noch mit exotischen Düften; sie stehen für Adel, luxuriöse Schönheit und gelten immer noch als unerreichbar. Kein Wunder, wenn man bedenkt, dass normale Sterbliche sie noch vor knapp 100 Jahren nur durch die Berichte einiger Orchideensammler kannten, die dazu gefahrvolle Reisen in unerforschte Tropenländer unternahmen.

Auch die Kultur der auf verschlungenen Pfaden nach Europa gelangten Pflanzen war bis zum Ende des 19. Jahrhunderts ein exklusives und teures Hobby für wenige wohlhabende Zeitgenossen. Im 20. Jahrhundert – vor allem in den letzten Jahrzehnten – ermöglichten es Neuentwicklungen in Verkehrswesen und Computertechnik sowie die Einführung neuer Bau- und Isoliermaterialien, dass Orchideen zu einem vertrauten Teil unserer Umwelt wurden.

Große Verbesserungen gab es auch bei ihrer Kreuzung und Zucht. Infolgedessen kann man Orchideen heute praktisch an jeder Ecke kaufen – zu vernünftigen Preisen und in beeindruckender Farben- und Formenfülle. Der Handel bietet sie sowohl als Schnittblumen wie als Topfpflanzen an. Laien wollen immer noch nicht glauben, dass Orchideen nicht nur leicht zu beschaffen sind, sondern sich auch ohne teure Geräte etc. langfristig im Zimmer kultivieren lassen. Hartnäckig hält sich die Meinung, als Zimmerpflanzen seien sie nur etwas für erfahrene und bestinformierte Hobbygärtner – in Wirklichkeit gibt es immer mehr recht pflegeleichte „domestizierte“ botanische Arten und moderne Hybriden (die oft schöner als ihre „wilden“ Vorfahren sind).

Charakteristik der Orchideen

Ein recht prosaischer Name …

Der so vornehm und exotisch klingende Begriff „Orchidee“ hat recht „prosaische“ Wurzeln: er leitet sich von *orchis*, dem lateinischen Wort für „Hoden“ ab – eine Anspielung darauf, dass die Knollen einiger terrestrischer europäischer Arten an jene erinnern. Diese Praxis geht auf das 3. Jahrhundert v. Chr. zurück: Theophrast (ein Schüler des Aristoteles) verwendete den Begriff in seinem Werk „Die Geschichte der Pflanzen“. Heute bezeichnet *Orchis* eine bestimmte europäische Gattung, und auch der Name der ganzen Familie – *Orchidaceae* – ist davon abgeleitet.

Was sind Orchideen?

Wir erwähnten schon, dass Orchideen ausdauernd sind und zu den *Orchidaceae*, der größten Pflanzenfamilie überhaupt, gehören. Neuesten Schätzungen zufolge gibt es etwa 25 000 Arten. Diese erstaunliche Zahl lässt sich mit dem relativ „jungen“ Alter der Familie erklären. Die ersten Nacktsamer-Pflanzen entstanden vor etwa 130 Millionen Jahren, die ältesten Vertreter der *Orchidaceae* hingegen erst vor 50–60 Millionen Jahren. Folglich haben die Orchideen noch nicht ihr endgültiges Erscheinungsbild „gefunden“, sodass sie noch einer raschen Evolution unterliegen. Das zeigt sich etwa in ihrer genetischen Instabilität. Viele Arten derselben Gattung (oft sogar solche von völlig unterschiedlichen) kreuzen sich auch in freier Natur

Links: *Alamannia pudicea*, ein „Pionier“ aus den Nebelwäldern von Mexiko

Die bemerkenswerten Blüten der asiatischen Orchidee *Dendrobium eximium*

Die europäische Gattung *Orchis* gab der gesamten Familie *Orchidaceae* ihren Namen (im Bild das Kleine Knabenkraut, *Orchis morio*).

Orchideenblüten sind nur entlang einer Achse symmetrisch (unser Bild zeigt *Paphiopedilum charlesworthii*).

problemlos, sodass zahlreiche neue Hybriden zustande kommen, die sich von den Eltern oft stark unterscheiden; sie sind voll lebens- und fortpflanzungsfähig. Die große Mehrheit dieser Hybriden entstand in den letzten 100 Jahren durch Einwirken des Menschen; mittels gezielter und nicht immer angebrachter Selektion und Kreuzung hat er die weitere Entwicklung der Orchideen in seine Hände genommen. Insgesamt gibt es so weitere 25–30000 natürliche und vor allem künstliche Hybriden – eine Zahl, die sich nur mit jener der botanisch „reinen" vergleichen lässt. Eine genaue Liste aller auf unserer Erde vorkommenden Orchideen wird sich wohl nie aufstellen lassen, da in noch unzureichend erforschten Regionen wohl Überraschungen lauern. Außerdem kann es durch Zufallskreuzungen zu weiteren „brandneuen" Arten kommen. Überdies werden infolge der fortschreitenden Zerstörung von Regenwäldern und anderen Habitaten viele Arten noch vor ihrer Beschreibung verschwunden sein. Obwohl eine verallgemeinernde (und dennoch zutreffende) Charakterisierung der Orchideen schwer fällt, gibt es vier Merkmale, die einzeln auch bei anderen Pflanzengruppen auftreten, in dieser Kombination aber nur bei den *Orchidaceae* zu finden sind.

- Orchideenblüten sind unilateral symmetrisch;
- ihre Pollenkörner bilden klebrige Massen, die Pollinien (damit hängt auch die schwierige Vermehrung zusammen – Weiteres s.u.);
- die Samen sind winzig klein und enthalten nur schwach entwickelte Embryonen ohne Nährmaterial;
- unter natürlichen Bedingungen keimen sie nur in Symbiose mit bestimmten Pilzen.

Eine „doppelte" Lebensweise

Ihren Namen verdanken die *Orchidaceae* einer kleinen Gruppe terrestrischer Arten aus der gemäßigten Zone. Das mutet paradox an, weil die meisten Spezies in den Tropen zuhause sind und dort ganz anders leben. Dort gibt es nicht nur terrestrische (im Boden wurzelnde) Orchideen, sondern auch epiphytische (auf anderen Pflanzen – meist Bäumen, Baumfarnen oder Kakteen – wachsende). Überdies existiert eine kleine Gruppe lithophytischer (auf Felsen wurzelnder) Spezies. Terrestrische Orchideen findet man überall – keineswegs nur in den gemäßigten, tropischen und heißen Zonen; epiphytische hingegen können nur dort überleben, wo niemals Frostwerte auftreten.

Wie die Mehrzahl aller Pflanzen wachsen terrestrische Orchideen im Boden und nutzen ihre Wurzeln, um Nährstoffe und Wasser aufzunehmen. Zu dieser Gruppe gehören – neben der sehr beliebten tropischen Gattung *Paphiopedilum* – alle europäischen Arten. Sie werden im Kapitel „Terrestrische Orchideen der gemäßigten Zone" näher beschrieben.

Die Mehrheit aller Orchideen gehört indes zu den Epiphyten. Unter Laien herrscht oft die irrige Meinung vor, dass epiphytische Arten an ihren Wirtsbäumen schmarotzen. Bei Mitteleuropäern ist dieser Irrtum wohl darauf zurückzuführen, dass sie die Orchideenbüschel mit den leuchtend grünen Zweigen der wohl bekannten Mispel (*Viscum album*) vergleichen, die dort in den Baumkronen wächst. Jene zapft die Gefäße ihrer Wirtsbäume

Die terrestrischen Orchideen Europas sind wegen ihres unauffälligen Äußeren nur wenigen Laien bekannt (das Foto zeigt ein Exemplar von *Dactylorhiza majalis*).

Zusammen mit anderen Epiphyten bilden Orchideen oft „hängende Gärten" – überraschend große und schwere Pflanzengesellschaften im Kronendach.

Auf einsamen Baumriesen in der Nähe von Wasserstellen wachsen oft Hunderte von Orchideen (das Bild zeigt eine stattliche *Schomburgkia tibicinis* und andere Epiphyten).

an, hat aber mit Orchideen gar nichts gemein. Epiphytische *Orchidaceae* sind – was ihre Ernährung angeht – völlig eigenständig und nutzen die Bäume lediglich als Unterlage; sie wachsen an der Borke und dringen nicht ins Gewebe ein. Wenn sie ihnen Schäden zufügen, dann nur sekundär, etwa durch Schattenwurf oder Gewicht: Orchideen bilden nämlich (wie andere Epiphyten) oft große – und schwere – Kolonien, so genannte „hängende Gärten". Die epiphytische Lebensweise hängt wohl mit dem jungen Alter der Familie zusammen: ihre Vertreter betraten erst die Bühne, als die Erde bereits von anderen Pflanzen „besetzt" war. Deren Oberflächen standen indes – vor allem bei Bäumen – als Standort zur Verfügung. Die Orchideen „kletterten" also auf der Suche nach Licht empor – und das tun sie bis heute, wodurch sie sich Nährstoffe und Wasser sichern (meist mit Hilfe symbiotischer Pilze, s.u.).

Seltsame Samen

Die Wahrscheinlichkeit, dass ein Orchideensame auf einem Baum – also an einem sehr ungünstigen Standort – wurzelt und heranwächst, ist sehr gering (etwa 1 : 1000000!). Orchideen mussten sich daher anpassen und genug Samen produzieren, um ihre Chancen zu verbessern – und es gelang ihnen! Alle Vertreter der Familie können enorme Mengen hervorbringen (ein einziger Fruchtknoten (Ovarium) enthält u.U. bis zu 5 Millionen Samen!). Damit alle in die Kapsel passen, müssen jedoch Größe und Gewicht stimmen. Folglich sind die Orchideensamen zu winzigen „Miniaturausgaben" mit extrem dünnen Embryonen geschrumpft. Im Grunde handelt es sich nur um primitive Haufen aus wenigen Zellen, die gerade einige Mikrogramm wiegen. Die Embryonen besitzen eine dünne Hülle (die so gen. Testa) und erhalten von der Mutterpflanze keine Nährstoffe. So stellt sich die Frage: wie können sie dann keimen? Wie üb-

Gut entwickelte Fruchtknoten von *Cattleya*-Orchideen enthalten oft 4–5 Millionen winziger Samen.

Im Gewächshaus keimen Orchideensamen nur selten von selbst. Das linke Foto zeigt eine einjährige Jungpflanze von *Maxillaria* sp., die einst spontan auf einer Rebwurzel keimte; rechts sieht man das gleiche Exemplar 10 Jahre später.

lich fand die Natur eine Lösung und schickte symbiotische Pilze zu Hilfe.

Eine geheimnisvolle Symbiose

Alle Orchideen sind teilweise auf die Zusammenarbeit mit hoch spezialisierten Pilzarten angewiesen; ein ähnliches Verhältnis besteht zwischen den Wurzeln bestimmter europäischer Bäume und Pilzen, deren Fruchtkörper als Nahrung gesammelt werden. Nach dem Heranreifen müssen alle Orchideensamen baldmöglichst auf günstige Umweltbedingungen und das Vorhandensein von Pilzfäden (Hyphen) hoffen. Ist beides gegeben, schwillt der Samen an, die Embryozellen beginnen sich zu teilen und bilden winzige Pseudo-Haarwurzeln. Ohne jene Pilze würde hier die weitere Entwicklung abbrechen, denn nur sie ermöglichen die weitere Zufuhr von Kohlenhydraten (möglicherweise auch von Vitaminen und Hormonen). Das Pilzgeflecht durchdringt den Unterteil des Keimlings und beginnt ihn zu ernähren. Allmählich wird daraus ein kugeliges „Protokorm", das sich bald grün färbt und oben eine Knospe ausbildet. An seiner Basis sprießen die ersten echten Wurzeln, in denen sich symbiotische Pilze einnisten – normalerweise für den Rest des Lebens der Orchidee. Das Verhältnis zwischen Pilzen und *Orchidaceae* ist erst unvollkommen erforscht, da noch nicht feststeht, was die Pflanze dem Pilz zu bieten hat und was die Pilzfäden zur Einnistung in den Wurzeln veranlasst. Fest steht allerdings, dass die Hyphen auf den Wurzeln eine dicke Schicht bilden und durch die Haut in die lebenden Zellen eindringen, wo sie winzige Kugeln bilden, die dann vom Gewebe der Orchideen aufgesogen werden. Insgesamt versorgen sie die Pflanze mit organischer Materie, und nach heutiger Kenntnis ist ihr Verhältnis eher als Symbiose denn als Schmarotzen der Orchidee am Pilz zu werten.

Im nächsten Entwicklungsschritt dieser Koexistenz gibt es fallweise Unterschiede: einige Arten werden völlig „unabhängig", sobald ihr Assimilationsapparat hinreichend ausgebildet ist; andere bleiben für den Rest ihres Lebens mehr oder minder von Pilzen abhängig, was das Umpflanzen, die Zucht etc. erschwert. Die *Saprophyte*, eine hoch spezialisierte Gruppe, sind vollständig auf die Pilze angewiesen, da sie kein Blattgrün besitzen und daher nur die Wahl haben, ihre Nährstoffe über das Pilzgeflecht zu beziehen (ein Beispiel wäre etwa die bekannte europäische Nestwurz *Neottia nidus-avis*).

Die komplizierte Entwicklung der Jungpflanzen und der verkümmerte Stoffwechsel verlängern die Ontogenese beträchtlich. Vom Keimen bis zur ersten Blüte können bei manchen Arten (etwa den Hybriden der *Phalaenopsis*-Arten) nur 2–3 Jahre vergehen, während es gewöhnlich 7–10, in manchen Fällen sogar 15 Jahre dauert.

Die weltweite Verbreitung der Orchideen

Orchideen kommen fast überall auf der Erde vor, abgesehen von Wüsten und den Regionen des ewigen Schnees. Die große Mehrzahl (90 %) ist in den Tropen zuhause – meist in Asien (15 000 Arten), aber auch in Mittelamerika (1000), Südamerika (6–8000) und Afrika (2000). Der Rest der Erde ist ärmer an Orchideen (700 Arten in Australien, 200 in Nordamerika und ebenfalls 200 in Europa).

Nicht alle tropischen Orchideen sind zwangsläufig wärmeliebend: ausschlaggebend ist ihre Höhenverbreitung (so findet man im Himalaja einige *Coelogyne*-Arten noch in Höhen von 3000 m über NN, und in den Anden Südamerikas gedeihen Vertreter der Gattungen *Lemboglossum* und *Odontoglossum* in Höhenlagen um 4000 m). Wer also eine neue Spezies für die eigene Sammlung sucht, sollte immer herausfinden, ob es sich um eine Tiefland-, Mittelgebirgs- oder Hochgebirgsart handelt.

Anatomie und Morphologie (Struktur) der Orchideen

Das Äußere der Orchideen weicht stark vom vertrauten Erscheinungsbild einer Pflanze ab. Außer-

Die überwiegende Mehrheit der Orchideen wächst in den Tropen, und zwar meist in den oberen „Etagen“ des Kronendachs (das linke Bild entstand im Regenwald des Amazonas, das rechte bei Puerto del Aire, Mexiko).

dem gibt es in der Familien viele Varianten und Modifikationen, die als Anpassungen an Umweltbedingungen entstanden. Im Folgenden wollen wir uns daher auf die bekanntesten Besonderheiten der Orchideen konzentrieren – diese Informationen werden Ihnen das ungewöhnliche Leben dieser Pflanzen erhellen und ihre Kultur erleichtern.

Die Bedeutung der Wurzeln

Die Wurzeln sind wohl die wichtigsten Organe aller *Orchidaceae*. Bei Epiphyten erfüllen sie mehr Funktionen, als man von klassischen terrestrischen Pflanzenarten kennt. Sie dienen nicht nur zur mechanischen Verankerung auf den Bäumen oder in der Erde, sondern auch zum Absorbieren und als Speicherorgane (bergen sie doch reichlich fleischiges Gewebe zur Aufnahme von Wasser und Nährstoffen). Mehr noch: bei vielen Arten enthalten sie auch das für die Farbe der Blätter verantwortliche Chlorophyll und übernehmen so zusätzlich die Assimilation. Bei manchen geht das soweit, dass sie gar keine Blätter mehr besitzen (Näheres hierzu im Zusammenhang mit den *Chiloschista-*, *Polyrrhiza-* und *Microcoelia*-Arten). Schließlich sind die Wurzeln auch als Milieu für die Entwicklung der symbiotischen Pilzgeflechte wichtig.
Orchideenwurzeln sind mit Rindenzellen bedeckt, die ständig im rechten Winkel zur Achse weiterwachsen können – sobald sich eine Wurzel der Rindenoberfläche nähert, kann sie kriechend fest in Spalten eindringen. Die Wurzeln liegen in voller Länge sehr fest am Untergrund an, sodass sie die oft schweren Pflanzen vor dem Absturz bewahren. Die Existenz frei herabhängender Luftwurzeln wurde von einigen Botanikern bezweifelt: ihrer Ansicht nach entstehen solche nur, weil die Pflanze zu wenig „Lebensraum“ hat und deshalb nach einer neuen Unterlage sucht.
Nur junge Wurzelenden absorbieren Wasser und Mineralien; ältere Partien bedeckt eine weitere Be-

Die fleischigen Wurzeln der Orchideen haften perfekt an der Unterlage. Wenn sie trocken sind, lässt sie eine Velamen-Schicht nahezu weiß schimmern (hier bei *Cattleya loddigesii*).

Typische Vertreterinnen der Orchideen mit monopodialem Stamm sind die Arten der asiatischen Gattung *Vanda* (unser Bild entstand an der Andamanen-See in Thailand).

sonderheit der Orchideen, das Velamen (eine Schicht toter, dickwandiger, luftgefüllter Zellen). Es gibt den trockenen Wurzeln ihre silbrige Farbe, dient als Isolierung und lässt mehr Licht zum Chlorophyll durch, das selbst an den älteren Teilen begrenzt funktionsfähig ist.

Zwei Arten von Stämmen

Es gibt zwei verschiedene Arten von Orchideenstämmen: monopodiale und sympodiale. Die entwicklungsgeschichtlich älteren Monopodialen ähneln den entsprechenden Teilen anderer Pflanzenfamilien und wachsen mittels einer endständigen Knospe in eine Richtung; die Blätter bilden dabei zwei gegenständige Reihen. Typische Beispiele sind die Gattungen *Vanda* – mit länglichen Internodien – oder *Phalaenopsis* (hier sind die Internodien deutlich verkürzt). Der Blütenstand monopodialer Orchideen entwickelt sich stets aus seitlichen Stammknospen. Die Stämme wachsen im Lauf der Jahre langsam weiter, verholzen oft im unteren Teil, werfen dann die Blätter ab und sterben am Ende.

Das kriechende Rhizom sympodialer Orchideen bildet alljährlich quer zur Hauptwachstumsachse Neutriebe. Diese krautigen Gebilde werden allmählich zu harten Pseudobulben, welche später mittels normaler Knospen weiter in die Breite wachsen (*Miltonia* sp.).

Das sympodiale Stammwachstum ist viel interessanter, entwicklungsgeschichtlich moderner und im Pflanzenreich einzigartig. Hier schmiegt sich der Stamm an die Unterlage an; häufig ist er kompliziert im Substrat eingegraben – tatsächlich handelt es sich um ein Rhizom mit kurzen oder längeren Internodien. In jeder Saison entsprießt der Endknospe des Rhizoms ein Neutrieb mit eigenen Wurzeln und Blättern. Nach einer kurzen Ruhezeit und der Ausbildung des Triebes wächst das Rhizom weiter, indem die der Endknospe nächste Seitenknospe austreibt. Meist gibt es nicht nur eine, sondern 1–2 „Reserveknospen", v. a. für den Fall, dass sich die erste (wegen Hindernissen, Beschädigungen etc.) nicht entfalten kann. Die „schlummernden" Knospen dienen zur vegetativen Vermehrung dicht massierter Büsche (vgl. das Kapitel „Vegetative Vermehrung"). Starke Exemplare pflanzen sich manchmal selbstständig vegetativ fort, wenn eine der hinteren „schlummernden" Knospen aktiviert wird. Das Rhizom spaltet sich in zwei Teile, sodass es statt eines nun zwei Triebe gibt. Im Laufe mehrerer Jahre stirbt das Ende des alten Rhizoms ab, sodass an der Trennungsstelle zwei unabhängige Tochterpflanzen entstehen. Die Blütenstände sympodialer Orchideen bilden sich entweder an der Triebspitze (*Cattleya*), seitlich (*Cycnoches*, *Dendrobium*) oder aus speziellen Rhizomknospen an der Stammbasis (*Lycaste*).

Pseudobulben

Typisch für die meisten sympodialen Orchideen (mit Ausnahme etwa der monopodial wirkenden, tatsächlich aber sympodialen Gattung *Paphiopedilum*) sind die angeschwollenen Basen ihrer Blätter, die als Speicherorgane (Pseudobulben) dienen. Letztere variieren nach Form (rund, oval, spindelförmig) und Größe (so werden sie bei kleinen *Bulbophyllum*-Arten nicht größer als 2 cm, während sie bei *Grammatophyllum speciosum*, der weltweit größten Orchidee, Ausmaße von 2–3 m erreichen können!). Ihre Oberfläche ist entweder glatt (mit Längs- oder Querfurchen) oder verschrumpelt. Bei der Gattung *Schomburgkia* sind die Organe hohl und werden von Ameisen bewohnt. Die Pseudobulben überdauern mehrere Jahre; sie dienen zur Assimilation und zum Speichern von Nährstoffen und Wasser.

Auch Blätter können eine Zierde sein …

Orchideenblätter sind meist riemenartig, oval oder elliptisch. Ihre Struktur entspricht stets der Umwelt, in der die betreffende Art vorkommt; dies kann man sich bei der Pflege neuer, bisher wenig bekannter Spezies zunutze machen: Bei solchen, die in einer feucht-schattigen Umgebung gedeihen, sind sie dünn und biegsam; außerdem reagieren sie empfindlich auf trockene Luft: sie können bereits eingehen, wenn man sie kurze Zeit praller

Fleischige Blätter dienen oft anstelle der verkümmerten Pseudobulben als Wasserspeicher (*Pleurothalis teres*).

Sonne aussetzt. Im Gegensatz dazu besitzen Orchideen von zeitweilig sehr trockenen, stark besonnten Standorten fleischige, zähe Blätter mit dicker Haut. Ihr sukkulentes Gewebe dient als Wasserspeicher. Zwischen den genannten Extremen gibt es eine große Anzahl von Übergangsstufen. Bei manchen Arten können die Blätter sehr dekorativ wirken: bisweilen werden sie durch silbrige Streifen (Gattungen *Macodes* und *Ludisia*) oder Flecken verschönt, die auf Farbstoffe wie Anthocyane (*Psychopsiella limminghei*, *Oncidium cramerianum*) oder ungleichmäßig verteiltes Chlorophyll zurückgehen (so bei den „marmorierten" Blättern der Gattung *Paphilopedilum*). Bei den meisten Orchideen bleiben die Blätter mehrere Jahre an den Pseudobulben haften (immergrün); ansonsten werden sie jährlich abgeworfen, und an den nachrückenden Pseudobulben bilden sich neue (*Bletia*, *Calanthe*, *Catasetum*, etc).

Ungewöhnliche Blüten

Keine andere Pflanzenfamilie weist so formenreiche Blüten auf wie die Orchideen. Es gibt eine schier unglaubliche Fülle gattungs- und arttypischer Varianten und Modifikationen. Trotz dieser Formenfülle weisen die meisten Orchideenblüten bestimmte morphologische Gemeinsamkeiten auf: sie bestehen meist aus sechs als Tepalia (Einzahl: Tepale) bekannten „Blütenblättern". Die drei äußeren (Sepalia; Einzahl: Sepale) dienen zunächst als Schutz der gesamten Blüte (äußere Knospenhülle) und sind grün. Erst nach dem Aufblühen nehmen sie Farbe an: zwei der drei inneren Tepalia (die Petalia; Einzahl: Petale) haben eine ähnliche Form, Größe und Farbe.

Es gibt keinen wissenschaftlichen Grund für die Differenzierung der Tepalia in Sepalia und Petalia, doch hat sie sich weithin eingebürgert. Das dritte innere Tepale ist zur „Lippe" (Labellum) umgewandelt; stark verbreitert und auffällig gefärbt, bildet es ein Hauptmerkmal der Blüte. Seine Aufgabe besteht darin, Bestäuber anzulocken, denen es als Landeplatz dient. Bei den „Frauenschuhen" (Gattungen *Capripedium*, *Phragmipedium* und *Paphiopedilum*) hat es die Form eines hohlen Slippers. Manchmal trägt die Lippe einen spornartigen, mit Nektar gefüllten Fortsatz. An der Knospe tritt sie nur als medianes oberes Tepale in Erscheinung. Erst im letzten Entwicklungsstadium, direkt vor dem Aufblühen, kommt es zu einem für die meisten Orchideen typischen Phänomen, der Resupination: der Fruchtknoten krümmt sich um die Längsachse, und die gesamte Blüte dreht sich um 180°. Die Lippe selbst befindet sich nun im unteren Teil.

An Orchideenblüten sind die sechs Staubfäden (Stamina) bei den meisten Arten auf einen oder (etwa in der Gattung *Capripedium*) zwei reduziert. Sie verschmelzen mit der Säule des Stempels zur seltsam geformten Columna: diese ähnelt einer kleinen Schale mit klebriger Oberfläche (zur leichteren Bestäubung). Der Pollen des Staub-

Bei manchen Orchideen wurde die Lippe zu einem prächtigen „Schuh" (*Cypripedium macranthum*).

In den Fruchtknoten bilden sich im Verlauf eines sehr langen und komplizierten Prozesses Hunderttausende von Samen (fruchttragender *P. lindenii* aus Ecuador).

beutels (Antherium) verbindet sich durch den klebrige Pollenkitt (Viscin) zu den keulenförmigen Pollinien, einer anderen Besonderheit der *Orchidaceae*.

Der geheimnisvolle Ursprung der Orchideensamen

Das Verklumpen des Pollens zu klebrigen Pollinien ist für Orchideen lebenswichtig: nur so kann eine Menge übertragen werden, die zur wirksamen Bestäubung der Blüten ausreicht, sodass sich später gewaltige Mengen winziger Samen bilden können. Den Bestäuber (gewöhnlich ein Fluginsekt) lockt die Schönheit, nicht selten auch der Duft der Blume an: während er sie besucht, bleiben Pollinien an seinem Körper haften. Bei der nächsten Landung übergibt er dann ein ganzes „Paket"; wenn dieses an die Narbe (Stigma) gelangt, ist die Bestäubung resp. Befruchtung sichergestellt.

Das sind aber noch nicht alle Besonderheiten der Orchideen: der Natur stellte sich noch ein Problem, nämlich die Produktion unzähliger Samen. Bekanntlich muss der Fruchtknoten für jeden eine Eizelle bereithalten. Nach der Bestäubung verschmilzt diese mit dem Pollen, sodass Embryo und Samenschale entstehen. Wenn Orchideen in jedem Fruchtknoten derart viele Eizellen produzieren müssten, würden sie an Erschöpfung eingehen. Daher entwickeln sich die Eizellen hier erst, wenn der Pollen auf die Narbe gelangt ist und die Pollenschläuche in den Fruchtknoten eindringen! Die Entwicklung der männlichen Erbinformationsträger wird angehalten, bis die Eier „bereit" sind. Der Prozess von der Bestäubung bis zur Befruchtung verlängert sich so radikal: er kann bis zu 280 Tage dauern! Unterdessen schwellen die winzigen Fruchtkoten um ein Mehrfaches an und werden zu drei- oder sechskantigen Samenschoten. Nach der Samenreife färben sich diese gelb, die Hüllen springen auf, und die Körner werden vom Wind verbreitet.

Kultur und Pflege

Ansprüche an die Umwelt

Die Kultur der meisten terrestrischen Orchideen ist für Laien praktisch unmöglich (ihre Ansprüche werden in der Einführung zum entsprechenden Kapitel „Terrestrische Orchideen der gemäßigten Zonen" genauer erörtert). Die folgenden Ausführungen gelten daher jenen Orchideen, die für den Laien am interessantesten sind: den tropischen Epiphyten.

Die wichtigsten (Über-)Lebensbedingungen für alle Pflanzen (auch Epiphyten) sind Feuchtigkeit, Temperatur, Licht und Nährstoffe. Für epiphytische Orchideen ist nicht nur ein gewisses Maß von Umgebungsfeuchte entscheidend, sondern auch dessen Schwankungen. Morphologie und Überlebensstrategien der Pflanzen sind an regel- und un-

Hoch spezialisierte Arten sind manchmal an Standorten mit extremen Bedingungen die einzigen Pflanzen; so wachsen etwa diese *Paphiopedilum*-Frauenschuhe (Thailand) ohne pflanzliche Konkurrenten in sonnendurchglühten Felsspalten.

Einzigartige Anpassungen von Stoffwechsel und Anatomie lassen Orchideen sogar an scheinbar „unmöglichen" Standorten überleben (*Cattleyopsis lindenii* auf einem kahlen Palmstamm in Kuba).

regelmäßige Veränderungen der Wasserzufuhr im Tages- und Jahresverlauf angepasst. Das Wasser zum Überstehen von Dürrezeiten wird im sukkulenten Gewebe der Wurzelknollen, Stämme und Blätter gespeichert. Obwohl viele Orchideen so leicht auch mehrere Monate anhaltende Trockenzeiten überstehen können, müssen bestimmte Mindeststandards eingehalten werden. Neben der Luftfeuchtigkeit sind oft auch die Luftbewegung und der Wechsel zwischen Tages- und Nachttemperaturen von Bedeutung. Optimale Werte bestimmen nicht nur das Wachstum; ihr zeitweiliges (unterschiedlich langes) Absinken – bei reduziertem Gießen – ist oft Auslöser für die Blütenbildung. Der Gärtner muss daher Höhenlage und Temperatur des Heimathabitats genau kennen. In der Kultur wirkt die Temperatur zusammen mit der Lichtintensität auf die Pflanze ein. Wenn Kulturorchideen bei uns im Winter zu wenig Licht bekommen, lässt sich das in gewissem Maße durch Absenken der Temperatur ausgleichen – die Pflanzen verbrauchen dann beim Atmen weniger Energie und überdauern im „Halbschlaf", bis das Frühjahr erneut bessere Bedingungen bringt.

Unterschiedlich ist auch das Lichtbedürfnis: Regenwaldarten sind deutlich anspruchsloser als alpine. Erfahrene Gärtner können mit einem Blick abschätzen, wie anspruchsvoll eine Spezies ist – nämlich anhand ihres Erscheinungsbildes (Größe der Pseudobulben, Konsistenz und Oberfläche der Blätter, Aufbau der Wurzeln etc.).

Im Vergleich damit spielt die Düngung eine weniger wichtige Rolle, obwohl man sie nicht unterschätzen sollte. Anders als terrestrische Orchideen kommen epiphytische sehr schlecht an Mineralstoffe. Ihre einzigen Nachschubquellen sind das staubhaltige Regenwasser, der sich in den Kolonien ansammelnde Humus, tierische Exkremente und ihre eigenen abgestorbenen Teile. Hier kann man in den Tropen ein interessantes Phänomen beobachten: Orchideen wachsen nicht auf allen Baumarten – sie „wählen" ihre Wirte sehr sorgfältig aus! So meiden sie etwa Eukalyptusbäume, sind aber auf Eichen häufig. Manchmal beherbergen junge Exemplare einer bestimmten Art ganz andere Orchideen als die oft nur wenige Meter entfernten erwachsenen Individuen. Ausschlaggebend ist dabei neben den unterschiedlichen Lichtverhältnissen die Borkenstruktur (Rhytidom) des Baumes, d. h. die Fähigkeit, Nährstoffe aufzunehmen und abzugeben, Humus anzusammeln etc. Manche Arten verhindern die Ansiedlung von Orchideen, indem sie Substanzen produzieren, die das Wachstum von Pilzfäden und Orchideenwurzeln unterbinden.

Bei der Kultur von Orchideen möchte man ihre Umweltansprüche nach Möglichkeit befriedigen. Es ist aber unmöglich, für eine derart umfangreiche Pflanzengruppe pauschale Richtlinien zu formulieren. Man kann also nur Regeln beherzigen, die sich sowohl auf „klassisch" kultivierte *Orchidaceae* (vor allem die bekannten, oft angebotenen

Hybriden aus den Gattungen *Cattleya*, *Cymbidium*, *Laelia*, *Oncidium*, *Paphiopedilum* und *Phalaenopsis*) als auch auf die kleineren „reinen" botanischen Arten anwenden lassen, deren Größe sie für Liebhaber – Besitzer von Kleingewächshäusern, Pflanzenterrarien, Paludarien und Epiphytenbecken – geeigneter erscheinen lässt. Weitere für die Orchideenkultur wichtige Eigenschaften sind Geduld, Erfahrung, gesunder Menschenverstand und Beobachtungsgabe.

Wie viel Platz brauchen Orchideen?

Vor dem Aufbau einer Sammlung ist zu erwägen, wie viel Geld und Zeit man in dieses Hobby investieren will. Die Auswahl der richtigen Arten und der Kauf geeigneter Kulturgeräte sollten sich immer an dieser Entscheidung orientieren. Für den normalen Orchideenfreund gibt es kaum noch technische oder materielle Hemmnisse: wissenschaftlicher und technischer Fortschritt haben alle Probleme bei der Auswahl des Baumaterials für Pflege- und Zuchtanlagen gelöst (verlässliche, wirtschaftliche Heizung, perfekte Regulation und Steuerung der Temperatur, Bewässerung etc.). Grenzen setzt heute eher die Finanzkraft des Orchideenfreundes: nur wenige können sich Bau und Betrieb großräumiger, energieintensiver Gewächshäuser leisten. Glücklicherweise gibt es aber viele Alternativen – z. B. Pflanzen- und Fensterterrarien oder die „Freiluftpflege" auf der Fensterbank. Letztere genießt heute den Vorzug, da es mittlerweile viele anpassungsfähige und robuste Arten gibt. Der Wunsch, die „Königinnen des Pflanzenreiches" in der eigenen Wohnung zu pflegen, lässt sich nun auch ohne große Opfer erfüllen. Die meisten Orchideen brauchen erhöhte Luftfeuchtigkeit und ausreichende Luftzirkulation. Natürlich muss man auch für optimale Temperatur- und Lichtverhältnisse sorgen. Deshalb werden die Pflanzen in (wenigstens teilweise) geschlossenen Räumen gepflegt, wo sich die erwähnten Faktoren kontrollieren und steuern lassen. Die Goldene Regel lautet: je größer der Zuchtraum, desto besser. Kleine Glasbehälter, die keine ausreichende Luftzirkulation ermöglichen, eignen sich nur für die wenigsten Arten. Die Zahl der für die Pflege geeigneten Spezies erhöht sich mit zunehmender Behältergröße beträchtlich, da sich nun ein Mikrobiotop mit eigener Luftzirkulation und mehr kühlen <-> warmen und feuchten <-> trockenen Stellen bilden kann. Nun muss man nur noch jene „Mikrohabitate" finden, an denen sich bestimmte Arten wohl fühlen; wenn sie an einer Stelle nicht gedeihen, kann man sie probeweise umpflanzen. In kleineren Anlagen ist das Mikroklima versuchsweise mit Hilfsmitteln (Luftbefeuchter, Kunstlicht, Ventilatoren etc.) regelbar, doch lassen sich Lichtintensität, Energieverbrauch und Betriebsintervalle von Ventilatoren und Luftbefeuchtern nicht klar definieren; hier ist die Geduld des Gärtners gefordert – ein oft (vor allem für die Pflanzen) schmerzlicher Prozess.

Die Auswahl der richtigen Arten

Vor allem bei epiphytischen Orchideen gibt es ein ungeschriebenes Gesetz: je kleiner die Pflanze, desto größer Ansprüche und Empfindlichkeit. Größere Arten können eine fehlerhafte Pflege oft sogar lange Zeit überstehen, kleine hingegen nicht! Unsere Auswahl an Mini-Arten beschränkt sich daher bei den Epiphyten auf die anpassungsfähigsten Spezies. Man findet sich in der riesigen Artenzahl nur schwer zurecht, wenngleich Bücher helfen können – allerdings nicht in allen Fragen… Dort findet man die wichtigsten Grundregeln, was aber wirklich zählt, ist die Praxis (geduldiges Bemühen, in gewissem Maße auch ein „sechster Sinn"), viel Verständnis für Pflanzen und ausreichende Beobachtungsgabe, um ihre Gesundheit zu beurteilen. Auf jeden Fall sollten Anfänger (aber auch Fortgeschrittene) beim Einbringen von Orchideen in neue Zuchträume (v. a. bei kleineren und winzigen Spezies) große Sorgfalt auf die Auswahl verwenden und lieber bewährte resp. häufigere „Pionierarten" wählen; erst später kommen

Besitzer von kleinen Zuchtanlagen wie Zimmerglasbehältern und -gewächshäusern sollten sich auch auf kleine, aber interessant wirkende Arten konzentrieren (die sukkulenten Blätter von *Pleurothalis subulifolia* messen kaum 2,5 cm).

seltenere und empfindlichere (d.h. auch teurere) infrage. Aber Vorsicht: die oft vertretene Ansicht, Hybriden seien viel weniger anspruchsvoll als ihre „reinen" Eltern, gilt nicht in allen Fällen und führt vielfach sogar in die Irre.

Wie viel Wärme brauchen Orchideen?

Die Gliederung der Orchideen nach ihren Temperaturansprüchen ist bei der Auswahl hilfreich. Sie lassen sich demzufolge in drei Gruppen einteilen: thermophile (wärmebedürftige), intermediäre (mäßig wärmebedürftige) und kryophile (kälteliebende). Nicht alle Arten kann man eindeutig zuordnen – aufgrund der „Plastizität" ihrer Lebensräume stellen viele wechselnde Ansprüche. Außerdem unterscheiden sich die optimalen Winter- und Sommerwerte oft radikal. Erfahrene Orchideenfreunde können schon beim ersten Anblick einer Pflanze anhand ihres Erscheinungsbildes in etwa abschätzen, zu welcher Kategorie sie gehört, welche Temperaturen infrage kommen und wie man sie richtig pflegt.

Thermophile Arten aus dem tropischen Tiefland sind meist grüner, mit nur schwach sukkulentem Gewebe: ihre biegsamen Blätter reagieren empfindlicher auf Trockenheit. Solche Orchideen

Unter den kryophilen Orchideen erfreuen sich bei uns Arten der Gattungen *Odontoglossum* und *Lemboglossum* besonderer Beliebtheit (das Bild zeigt eine Pflanze aus Mexiko).

benötigen ganzjährig höhere Temperatur- und Feuchtigkeitswerte sowie im Sommer ausreichend Schatten. Sie wachsen und blühen ohne ausgeprägte Ruhezeiten und vertragen übermäßiges Gießen länger (bei manchen sollte der Wurzelballen aber hin und wieder gezielt austrocknen). Diese Spezies kommen am ehesten für schattige Glaskästen mit begrenzter Luftzirkulation infrage.

Arten aus tropischen Bergregionen bezeichnet man als „intermediär": sie sind deutlich robuster und kompakter gebaut, besitzen größere Pseudobulben und festere Laubblätter, und ihre Färbung fällt mehr oder minder gelblich aus.

Je weiter ihre Heimat vom Äquator entfernt bzw. über dem Meeresspiegel liegt, desto geringer sind ihre Temperaturansprüche, während sich Licht- und Luftbedürfnis stark erhöhen. Ferner müssen sie regelmäßig für das „Austrocknen" sorgen, da die Luftfeuchte in der freien Natur viel stärker tages- und jahreszeitlich schwankt. Trockenperioden gehen mit kürzeren Tageslängen (wenngleich die Lichtintensität wegen des wolkenlosen Himmels steigt) und tieferen Nachttemperaturen einher. All dies regt die Blütenbildung an. Wer seinen Pflanzen diese – oft drastisch wirkende – „Dürre" nicht gönnt, wird sie nie blühen sehen. Intermediäre Orchideen eignen sich wohl am besten für Liebhaber-Gewächshäuser und „Zimmersammlungen".

Im Falle der extrem kryophilen Arten aus alpinen Regionen erweist es sich oft als schwer, ihnen im Sommer die gewohnten kühlen Temperaturen (18–22 °C) zu bieten. Eine mögliche Alternative bestünde darin, sie im Freien aufzuhängen, etwa im Halbschatten von Obstbäumen, in Gartenpavillons o.ä. Dann muss man sie jedoch öfter übersprühen. Im Winter konfrontieren uns die alpinen Arten mit einem weiteren schwer lösbaren Problem: dem Lichtmangel. Er lässt sich teilweise ausgleichen, indem man die Temperaturen auf ein erträgliches Maß absenkt.

Unterlagen, Substrate und Pflanzgefäße zur Pflege botanischer Orchideen

Kleine botanische Arten werden meist als Epiphyten kultiviert, d.h. substratfrei auf einer Unterlage. Als solche kommen verschiedene Objekte infrage: Kiefern- oder Korkeichenrinde (letztere ist besser geeignet, aber teurer), schön geformte Rebstöcke oder andere bizarr anmutende Äste bzw. Baumstümpfe. Beliebt sind auch Büschel von Farnwurzeln. Neuerdings empfiehlt man wegen der guten Resultate auch dickere Äste des Holunders (*Sambucus nigra*). Dazu schneidet man im Winter gut verholzte, 4–7 Jahre alte Stämme und spaltet sie zur besseren Handhabung der Länge nach. Vor der Verwendung müssen sie gut trocknen. *Sambucus nigra* hat eine weiche, gut absorbierende Borke, welche die meisten Orchideen schätzen.

Fixieren Sie die Pflanzen mit Angelschnur oder Nylonstrumpf – entweder auf der nackten Rinde oder in etwas Torfmoos (Spagnum). Bei robusteren hydrophilen Arten kann man etwas Epiphytensubstrat unter dem Moos platzieren und dann die Pflanze aufbinden.
Botanische Arten und Hybriden lassen sich auch in Epiphytenkörben aus Holz oder Kunststoff kultivieren – bei der Gattung *Stanhopea* mit ihren lotrecht herabhängenden Blütenständen ist dies die einzige Möglichkeit. Natürlich kann man auch Blumentöpfe verwenden – Orchideen wachsen dort besser, weil sie mehr Nährstoffe bekommen und das Substrat länger feucht bleibt. Höhere Feuchtigkeit gefährdet allerdings das Wurzelwerk: vor allem wenn die Temperaturen im Gewächshaus sinken, vermehren sich Schimmelpilze im feuchten Substrat explosionsartig, und die Pflanzen büßen Wurzeln und Neutriebe ein. Die natürlicher wirkende epiphytische Kultur empfiehlt sich auch aus ästhetischen Gründen.
Auswahl, Kombination und Mischung der Substratkomponenten für die Topf- oder Korbkultur liegen im Ermessen des Pflegers. Sie hängen von seiner bzw. ihrer Erfahrung, der Feuchtigkeit im Gewächshaus, dem Substrat und den Pflanzgefäßen ab. Zur Kultur verwendet man folgende Komponenten: Kiefern-, Pappel- und Korkrinde in verschiedenen Körnungen, Perlite, Styroporkügelchen oder -brocken unterschiedlicher Größe, trockenes, gehacktes Torfmoos, Torf (nicht zu sauer!), Eichenchips oder Kokosnussschale (gemahlen oder gepresst), die immer beliebter wird. Das Ganze sollte luftig, durchlässig, schimmelresistent und nährstoffarm sein sowie gute Gelegenheit zum Einwurzeln bieten. Es muss nach dem Gießen längere Zeit feucht bleiben (aber nicht übermäßig). Sorgen Sie also für eine gute Drainage, etwa indem Sie in den Topfboden eine große runde Öffnung bohren, die innen mit einem kleinen Plastikkorb bedeckt wird, oder indem Sie den unteren Topfteil mit größeren Rinden- oder Styroporbrocken füllen.
Wenn Orchideen, die in einem bestimmten Substrat gut Wurzeln getrieben haben, durch Tausch o.ä. in eine fremde Umgebung kommen, verlieren sie ihre Wurzeln oft rasch durch Schimmel. Seltener leiden sie an zu geringer Feuchtigkeit: das liegt daran, dass Substrate, die auf das Gießen in einem Gewächshaus abgestimmt sind, in anderen ungeeignet sein können. Auf jeden Fall zahlt es sich bei neuen Pflanzen aus, sie in eine bewährte Substratmischung zu pflanzen (so sinkt auch das Risiko, bestimmte Krankheitserreger oder Parasiten einzuschleppen).

Wie man Feuchtigkeit und Wärme reguliert

Weiter oben haben wir bereits das Verhältnis zwischen optimaler Feuchtigkeit und Temperatur gestreift. Beide stehen in einer nicht zu unterschätzenden Wechselwirkung. Die Grundregel lautet: je wärmer die Umgebung, desto häufiger darf (und muss) man sprühen und gießen. Wichtig ist auch die Intensität der Belüftung, da die Gewächse in den heißen Monaten sehr schnell austrocknen können. Deshalb muss man in dieser Saison häufiger sprühen (oft mehrmals täglich). Auch hier spielen die örtlichen Verhältnisse eine wichtige Rolle, etwa die räumliche Verteilung im Gewächshaus, Schatten, Belüftungsmöglichkeiten, der insgesamt verfügbare Platz etc. Verwenden Sie nur angewärmtes Wasser oder solches, das sich durch Abstehen akklimatisiert hat. Sprühen Sie die Pflanzen reichlich, bis das überschüssige Wasser herabtropft; das sollte man zweimal am Tage tun – frühmorgens und am frühen Abend (wenn man mit warmen Nächten rechnet). Nach dem abendlichen Sprühen wird der Innenventilator eingeschaltet. So haben die Pflanzen genug Zeit und günstige Voraussetzungen, um Wasser ins Gewebe zu absorbieren.
Im Winter gießt man wegen der Dunkelheit spärlicher und senkt die Temperaturen auf 16–18 °C. Wenn die Pflanzen zu stark austrocknen, erhöht man die Temperaturen und gießt reichlich. Die besten Dienste leisten Handspritzpistolen, weil sich so die Stärke des Strahls mittels der Düse regulieren lässt. Im Idealfall sollten diese an das häusliche „Wasserwerk“ angeschlossen sein: das garantiert gleichmäßigen Wasserdruck bei häufig

Nanodes megalospatha aus Ecuador ist ein Beispiel für extrem feuchtigkeitsliebende Orchideen. Ihre Büschel wachsen in ständig feuchten Moospolstern an Baumstämmen und dürfen daher niemals vollständig austrocknen.

unterbrochenem Sprühen, und man kann einzelne Pflanzen(-Gruppen) individuell wässern.
Zum Gießen empfiehlt sich ausschließlich Regenwasser. Destilliertes Wasser wäre zu teuer und zwingt die Pflanze, ständig bestimmte Elemente auszuschwemmen (wer das verhindern will, sollte dem Wasser eine Volldünger-Lösung zusetzen). Quell- oder Flusswasser kommt wegen seines hohen Salzgehalts nicht in Frage. Die schlechteste Alternative wäre Trinkwasser aus der Leitung: es ist zu hart und frisch, bzw. zu reich an schädlichem Chlor. Bloßes Abstehen nutzt nichts: selbst wenn sich so ein Teil des Chlors verflüchtigt, enthält es noch gelöste Salze. Beim Abkochen kondensieren nur Magnesium und Karbonate, Chlorsäure und Phosphate hingegen nicht. Der Salzgehalt variiert natürlich je nach Region. Hartes Wasser „verbraucht" das Substrat vorzeitig, sodass man häufiger umpflanzen muss.

Die Beleuchtung

Da Orchideen aus den Tropen stammen, brauchen sie gewöhnlich sehr viel Licht. Vor allem im Winter muss man ihnen unbedingt möglichst viel Licht zukommen lassen – Gewächshäuser dürfen dann nicht mit Schutzanstrichen oder -planen abgedeckt werden. Epiphytenschränke und -boxen aus Glas gehören nun möglichst nah ans Fenster. Beide sollte man unbedingt mit Leuchtstoffröhren oder anderen starken Lichtquellen ausrüsten, die an dunklen und trüben Tagen 10–11 Stunden in Betrieb sein müssen.
Andererseits ist es wichtig, die Pflanzen im Sommer vor Verbrennungen durch pralle Sonne und Überhitzung im Inneren der Behälter zu schützen. Die wirksamste (und teuerste) Lösung wären automatisch gesteuerte Jalousien: hier reagiert ein Sensor auf die Lichtintensität, indem er die Stellung der Lamellen anpasst, sodass die Pflanzen immer ausreichend hell stehen. Weniger „flüssige" Gärtner greifen auf Netze (am besten Tarnnetze) zurück. Vom Schlämmen der Scheiben mit einer Kalklösung ist abzuraten.

Die Düngung

Dank ihres ökonomischen und sparsamen Stoffwechsels brauchen Orchideen nur relativ wenig Mineraldünger; dennoch muss man in der Wachstumsphase eingreifen. Ideal wäre eine Volldüngerlösung, die neben Wachstumsförderern wie Stickstoff, Magnesium, Kalium und Phosphor eine Mischung weiterer Spurenelemente enthält. Es gibt viele mehr oder minder geeignete Wirkstoffe und Präparate, deren Nutzen man fallweise überprüfen muss. Die Intensität der Düngung richtet sich nach der Jahreszeit, der Physiologie und dem Zustand der Pflanzen.
In der Wachstumsperiode wird zweimal monatlich gedüngt, und bei Bedarf kann man zusätzlich et-

Zu den anspruchslosesten Orchideen zählen die *Phalaenopsis*-Arten (das Bild zeigt eine weißblühende Hybride).

was Stickstoff verabreichen, am besten in Form von Nitrat. Gegen Ende der Saison (beim Reifen der Neutriebe und zu Beginn der Blütenbildung) schränkt man die Stickstoffzufuhr zugunsten von Phosphor und Pottasche ein.
Die Dosierung sollte an der Untergrenze der für Zimmerpflanzen empfohlenen Menge liegen. Dabei kann man wechselweise Kunst- und Naturdünger anwenden, etwa eine fermentierte Kuhdung-Lösung: legen Sie einen frischen oder trockenen Kuhfladen von „sauberen" Viehweiden in einen Behälter voll Regenwasser. Lassen Sie ihn gären und übersprühen Sie dann die Pflanzen mit der Lösung (die man vor dem Gebrauch verdünnt, bis sie wie schwacher Tee aussieht). Dieser ungewöhnliche Dünger spendet nicht nur Nährstoffe, sondern auch wichtige Humussubstanzen. Gegen Ende der Wachstumsphase reduziert man die Menge allmählich auf Null. Auch die Intervalle zwischen den Düngergaben sollten allmählich länger werden, bis man in der Wachstumsruhe nur noch ein Minimum verabreicht.

Das Umpflanzen

Streng genommen kann man bei Orchideen, die an Unterlagen aufgehängt sind, nicht von „Umpflanzen" sprechen. Es handelt es sich vielmehr um den Austausch der alten Unterlagen gegen neue. Nach einigen Jahren beginnen jene durch das natürliche Altern zu zerfallen. Das liegt manchmal an ungeeignetem Gießwasser, dem zunehmenden Gewicht der Pflanzen und dem Eindringen der Wurzeln. Daher muss man die Orchideen umsetzen, und zwar zu einem Zeitpunkt, an dem sie weder neu

Verwenden Sie Angelschnur aus Nylon, um die Pflanzen an Unterlagen wie Holunderzweigen festzubinden. Sobald sie Wurzeln geschlagen haben, sollte man die Schnur entfernen (*Nidema boothii*).

treiben noch blühen. Lösen Sie die Pflanzen sorgfältig von der alten Unterlage und entfernen Sie den Großteil der vertrockneten Wurzeln. Gleichzeitig teilt man übergroße Büschel in handliche Partien – aber nicht zu kleine, da es sonst zu lange dauert, bevor sie wieder normal wachsen. Nach der Ablösung von der alten Unterlage (und eventuell nach der Teilung) lässt man sie an einer trockenen, schattigen Stelle des Gewächshauses trocken ruhen, damit sich ihre heilenden Wunden nicht infizieren. Letztere kann man frisch mit Holzkohle pudern. Erst dann werden sie auf neuen Unterlagen aufgehängt. Pflanzen in Hängekörben und Töpfen muss man häufiger umpflanzen. Die Dauer der Intervalle richtet sich dabei nach dem individuellen Wachstum, der Mischung und Qualität des Substrats und dem Gießwasser. Auch hier obliegt die Entscheidung dem Pfleger. Im Allgemeinen empfiehlt es sich jedoch, die Pflanzen nicht länger als 2–3 Jahre im gleichen Substrat zu belassen.

Die Vermehrung der Orchideen

Jede/r Gärtner/in ist bestrebt, seine/ihre Orchideen nicht nur gesund zu erhalten und zur Blüte zu bringen, sondern sie auch zu vermehren. Neue Pflanzen bereichern die Sammlung, dienen bei Abgängen als Ersatz oder lassen sich gegen andere eintauschen. Dabei gibt es zwei Methoden: die generative (geschlechtliche) und die vegetative (ungeschlechtliche). Beide haben ihre Vor- und Nachteile.

Die generative Vermehrung

Wie schon erwähnt, gestaltet sich die geschlechtliche Vermehrung von Orchideen ungemein kompliziert: sie erfordert das aktive Zusammenwirken bestimmter Pilze, damit die Samen keimen. Diese Pilze lassen sich nicht züchten, sodass man sie in der Kultur durch die so genannte „aseptische Aussaat in vitro“ ersetzt. Diese beruht im Prinzip darauf, dass den keimenden Samen durch Nährböden (Medien) jene Substanzen zugeführt werden, welche sie in der Natur von den Pilzen bekommen. Solche Substrate enthalten anorganisches und organisches Material, namentlich Mineralien, Kohlenhydrate, Hormone und Vitamine. Da sie fest sein müssen, mischt man Agar (aus Seetang extrahierte Gelatine) darunter. Hauptsächlich aufgrund der Kohlenhydrate und organischen Substanzen beginnt das Nährmedium unter der Einwirkung von Mehltau, Hefepilzen und Bakterien zu verrotten. Deshalb muss man es unmittelbar nach dem Mischen bei hohen Temperaturen sterilisieren und alle weiteren Manipulationen an Samen und Keimlingen unter Einsatz von Labortechnik in aseptischen (infektionsfreien) Räumen vornehmen. Da die Keimlinge in Glaskolben kultiviert werden, bezeichnet man die ganze Prozedur als in vitro, (zu deutsch „im Glas“).

Der aseptische Aussaatprozess ist recht kompliziert und daher Sache gut ausgerüsteter Labors. Vor Erfindung der in-vitro-Methode im frühen 20. Jahrhundert blieb Orchideengärtnern und -züchtern nichts anderes übrig, als die Samen in den Blumentöpfen der Mutterpflanzen auszusäen, wo

Frühe Entwicklungsstadien (Protokorme) einer in vitro kultivierten terrestrischen Orchidee.

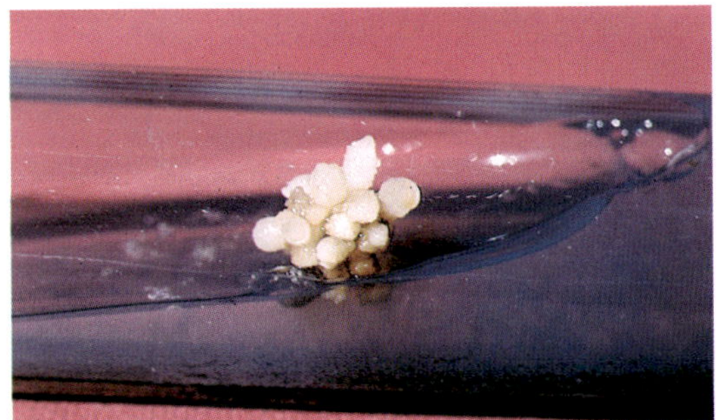

die „Infektion“ mit Pilzgeflechten gesichert war. Diese Methode war jedoch sehr unzuverlässig und brachte keine befriedigenden Resultate. Auch heute hört man nur selten bei einigen Arten von vereinzelten Erfolgen durch spontane Keimung – vor allem in älteren Gewächshäusern – und späterem Heranwachsen. Das Foto auf Seite 10 zeigt ein zehn Jahre altes Exemplar einer *Maxillaria*-Spezies, die nach dieser Methode herangezogen wurde.

Vegetative Vermehrung

Ein Vorteil der traditionellen vegetativen Vermehrung liegt darin, dass die so erzeugten Pflanzen recht schnell wachsen. Nachteilig ist hingegen, dass man so nur recht wenige neue Exemplare erhält, die sich – da vom Erbgut her identisch – nicht zum Erzeugen wechselseitiger Hybriden eignen. Hinzu kommt ein gewisses Risiko der Verbreitung von Infektionen und Pilzen über die frischen Teilungswunden.

Die vegetative Vermehrung lässt sich vor allem bei sympodialen Orchideen anwenden. Wer Pflanzen mit noch unverzweigtem Rhizom vermehren will, trennt den ausreichend großen vorderen (jüngeren) Teil mit aktiver Spitze ab; der hintere treibt aus den „Reserveknospen“ neu aus. Viele Arten bilden an den Spitzen ihrer Pseudobulben (oder sogar an verblühten Blütenständen) winzige Kindel. Lange, gegliederte Pseudobulben wie jene der *Dendrobium*-Arten kann man in Stücke schneiden, die Wunden mit Holzkohle pudern und dann schräg in feuchtes Moos stecken. Aus den „erwachenden“ Ruheknospen werden dann neue Pflanzen.

Monopodiale Orchideen lassen sich nur begrenzt vegetativ vermehren. Besonders schwer ist dies bei Arten mit sehr kurzen Stämmen, etwa der Gattung *Phalaenopsis*. Nur wenige ihrer Spezies und Unterarten sind imstande, spontan an den Enden der Blütenstände Kindel zu bilden, womit die vegetativen Möglichkeiten bei diesen asiatischen Orchideen auch schon erschöpft wären. Vertreter der Gattungen *Vanda*, *Phalaenopsis* und einiger anderer schreiten sogar zur vegetativen Vermehrung, wenn die Triebspitzen zerstört sind: sie treiben dann aus den „Ruheknospen“ neu aus, sodass 2–3 Töchter entstehen, die man nach einiger Zeit abtrennen kann. Monopodiale Spezies mit längeren Stämmen (*Vanda*, *Holcoglossum*, *Ascocentrum* etc.) lassen sich vegetativ durch Stecklinge vermehren: schneiden Sie den obersten Teil der Pflanze ab und lassen Sie ihn in Standard-Substrat wurzeln; der untere bildet spontan (oft mehrere) Neutriebe.

Das Klonen

Es gibt noch eine überaus wirksame Vermehrungsmethode, die so genannte Explantation. Diese Art des Klonens basiert darauf, dass man das Trenngewebe (Meristem) in vitro kultiviert. Es handelt sich um eine vereinfachte Version des bei Tieren angewandten Verfahrens, das heute solche Bekanntheit erlangt hat (komplett wurde es schon in den 1950er-Jahren erfolgreich praktiziert). Die hoch wirksame Technik beruht auf der sterilen Loslösung und Übertragung des Meristems individueller Pflanzen in vitro, seiner vielfachen Aufzucht und der Übertragung der winzigen Jungpflanzen in ihr natürliches Milieu. Nach der Loslösung von der Mutterpflanze kultiviert man das Meristem in einer flüssigen Nährlösung, wobei es durch bestimmte Hormone stimuliert wird. Schon bald beginnt die exponentielle, undifferenzierte Zellteilung, und die Teströhrchen mit Gewebe werden in einen langsam rotierenden Zylinder gestellt, damit sich keine Wurzel- und Triebknospen bilden. Sobald der Kallus (eine bestimmte Zellgruppe) groß genug für eine Teilung ist, kann man ihn in Stücke schneiden, die anschließend einzeln kultiviert werden. Dieser Vorgang lässt sich unbegrenzt oft wiederholen. Aus den Gewebekulturen erhält man leicht Tochterpflanzen: man wechselt das Kulturmedium und stoppt die Rotation. Bald darauf beginnen sich neue Orchideen zu bilden, die sich später in eine nicht-sterile Umgebung auspflanzen und normal kultivieren lassen.

Die Meristem-Kultur ist vor allem für Schnittblumenproduzenten wertvoll – Ausnahmeexemplare können so in relativer kurzer Frist ungeheure Mengen Klone hervorbringen. Bei der Gattung

Manche Arten (hier eine unbestimmte Pflanze aus Ecuador) bilden an verblühten Stielen Tochterpflanzen.

Paphiopedilum wurde das Verfahren noch nicht mit Erfolg angewandt, wohl aber bei *Cattleya*, *Cymbidium*, *Dendrobium*, *Oncidium*, *Odontoglossum*, *Miltonia*, *Vanda* und zahlreichen hybriden Orchideen, die schöne Blüten bilden oder anderweitig interessant sind.

Krankheiten und Schädlinge

Gewächshäuser sind nicht nur für Orchideen, sondern auch für zahllose Krankheitskeime und Schädlinge ein idealer Lebensraum. Im Allgemeinen lassen sich beide am einfachsten bekämpfen, indem man die Pflanzen gesund erhält. Das erreicht man nur durch peinliche Beachtung und Erfüllung ihrer Ansprüche an die Umwelt. Krankheiten und Schädlinge treten meist bei Nachlässigkeit auf, etwa nach falschem Gießen, Lüften und Düngen oder anderen Haltungsfehlern. Wenn alle Regeln respektiert werden, bleibt die „chemische Keule“ als äußerste Notlösung überflüssig. Um die Chemie wirksam einzusetzen, ist eine genaue Bestimmung der Erreger bzw. Schädlinge nötig. Je nach Auslöser unterscheidet man vier Krankheitstypen: Pilze, Bakterien, Viren oder physiologische Faktoren. Hinzu kommen die verheerenden Folgen zahlloser tierischer Schädlinge.

Heute gibt es viele wirksame Mittel zur Bekämpfung von tierischen Parasiten und Pilzerkrankungen; bei sachgemäßer Anwendung lassen sich Krankheitskeime so eindämmen. Gefährlicher als Pilzinfektionen, die man leicht mit Fungiziden in den Griff bekommt (hüten Sie sich aber, die symbiotischen Wurzelpilze zu zerstören!), ist ein Parasitenbefall, besonders durch Schnecken, Milben, Blattläuse, Blasenfüße, Fransenflügler, Schlupfwespen und Schildläuse. Die Auswahl an Pestiziden variiert beständig. Bei der Anwendung sollte man die Gebrauchsanweisung genau befolgen und mehrmals in kurzem Abstand sprühen, um alle Generationen abzutöten, die nach und nach aus den robusten Eiern schlüpfen. Es lohnt sich auch, mehrere Mittel im Wechsel anzuwenden: andernfalls könnten die Populationen resistent werden.

Erwähnung verdient auch die „biologische Schädlingsbekämpfung“, d.h. der gezielte Einsatz natürlicher Fressfeinde im Gewächshaus (Rüsselkäfer lassen sich etwa durch Spinnmilben ausmerzen). Nach einiger Zeit stellt sich ein natürliches Gleichgewicht ein, und die Schädlinge nehmen nicht überhand. Wenn sich aber Erreger ohne natürliche Feinde übermäßig vermehren, bleibt nur die chemische Alternative. Sie zerstört alles – sowohl die Schädlinge als auch deren Feinde –, und man kann von vorn anfangen. Spezialisierte Unternehmen bieten im Frühjahr Eier bestimmter Fressfeinde an.

Bakteriosen sind meist die Folge langwieriger feuchter Kälte. Aufmerksamkeit ist vor allem geboten, wenn Gewächshäuser im Herbst noch nicht geheizt werden und bei trübem Wetter rasch abkühlen. Als Gegenmaßnahme kann man die Belüftung verbessern und weniger gießen. Ursachen können auch abgestandenes, biologisch bedenkliches Wasser, nicht steriles Substrat u.ä. sein.

Gegen Viruskrankheiten ist noch kein Kraut gewachsen; bekämpfen kann man sie nur vorbeugend durch Kontrolle aller Neuerwerbungen, damit sich keine Infektionen ausbreiten. Ist dies dennoch der Fall, muss man die befallenen Pflanzen zerstören, um die Krankheit einzudämmen. Manchmal tritt diese jedoch nur latent („ruhend“) auf, ohne aufzufallen. Deshalb muss man beim Durchtrennen von lebendem Gewebe (Blütenschnitt oder vegetative Vermehrung) sehr vorsichtig vorgehen. Scheren und Messer sind nach Gebrauch zu desinfizieren (etwa in einer Flamme), damit kein virushaltiger Saft übertragen werden kann. Auch Schnecken und Blattläuse sind potenzielle Virenverbreiter. Sogar Raucher – die beim Hantieren mit den Pflanzen niemals paffen sollten – können den Tabak-Virus übertragen. Symptome einer Virusinfektion sind deformierte Blätter und Blüten, uneinheitliche Färbung, bleiche Triebe bzw. Partien und langsames Wachstum.

Abschließend sind noch physiologische Ursachen zu erwähnen: sie führen zu Stoffwechsel- und Entwicklungsstörungen. Ausgelöst werden sie vor allem durch langfristige Haltungsfehler, die den Bedürfnissen zuwiderlaufen: Mangel an biogenen oder Spurenelementen führt zu Störungen der Chlorophyllproduktion: die Pflanzen verkümmern, und Wurzeln sowie neue Knospen sterben ab. Lichtmangel löst Vergeilung (Chlorophyllmangel) aus, während zuviel Licht das Blattgrün mattsetzt: die Blätter werden gelb oder rot und verbrennen; Unterkühlung lässt das Wachstumszentrum, die Blüten etc. deformieren. Hier helfen nur optimierte Haltungsbedingungen.

Kreuzung und Zucht von Orchideen

Es wurde bereits erwähnt, dass die Orchideen – was ihre Entwicklung angeht – eine sehr junge Pflanzenfamilie sind, deren genetische Instabilität wahrhaft unendlich ist. Lebensfähige Individuen entstehen nicht nur durch die Zucht mit mehreren Arten der gleichen Gattung, sondern auch durch Kreuzung von äußerlich sehr unähnlichen Vertretern weitläufig verwandter Gruppen. Natürlich gilt: je näher die Spezies verwandt sind, desto einfacher die Kreuzung; das macht man sich auch bei der Erforschung der Verwandtschaftsverhältnisse zunutze.

Dabei lassen sich sogar morphologisch völlig verschiedene Gattungen kreuzen – z.B. sympodiale und monopodiale Orchideen. Dies betrifft auch die „klassische“ Hybride *Epiphronitis veitchii* (*Epidendrum radicans* x *Sophronitis coccinea*). Interessanterweise lassen sich entwicklungsge-

Brassocattleya Binosa (*Cattleya bicolor* x *Brassavola nodosa*) ist ein treffliches Beispiel für eine intergenerische Hybride.

schichtlich ältere Arten nur schwer kreuzen: so verliefen etwa alle Versuche, *Paphiopedilum* und *Phragmipedium* – zwei sehr ähnliche Frauenschuhgattungen – zu kreuzen, bisher im Sande. In diesem Zusammenhang ist es sehr wichtig, welche Elternpflanze die Mutterrolle übernimmt (also den Pollen aufnimmt und Samen bildet) und welche die des Vaters, da die mütterlichen Eigenschaften meist gegenüber den väterlichen dominieren. Wenn man die gleichen Arten mit vertauschten Rollen kreuzt, sehen die Nachkommen völlig anders aus!

Orchideenfreunde sollten sich bei ihren Zuchtversuchen tunlichst auf die Erzeugung primärer Hybriden (aus zwei botanischen Arten) konzentrieren, weil deren Nachkommen einheitlicher und stabiler geraten. Bei der Kreuzung multipler Hybriden (und deren Wiederholung) verhält es sich ganz anders – die Nachkommen sind stark differenziert. Um interessante Exemplare zu erhalten, muss man zahlreiche Sämlinge bis zur Blühfähigkeit heranziehen und dann eine Auswahl treffen; das ist natürlich zeitraubend. Da fast alle Primärhybriden fortpflanzungsfähig sind, können durch menschliche Einwirkung allmählich Zwei-Gattungs-Produkte (wie *Brassolaeliocattleya* oder *Sophrolaeliocattleya*) oder „Mehrfach-Gattungen“ entstehen.

Viele heutige „Klassiker“ haben lange, detaillierte Stammbäume – sie entstanden durch die allmähliche Kombination von zehn, zwanzig oder noch mehr Ahnengenerationen aus verschiedenen Arten. Neben den immer selteneren botanischen Spezies bieten Supermärkte und Blumengeschäfte heute v.a. zahlreiche Multi-Hybriden an, die in den Labors führender Unternehmen gezielt auf schöne Blüten und bescheidene Ansprüche gezüchtet wurden. Daran waren Dutzende von Arten und einfacheren Hybriden „beteiligt“.

Die Geschichte der Kreuzungen ist so alt wie die der Orchideen selbst. Die ersten Hybriden in europäischen Gewächshäusern waren bereits 1852 Vertreterinnen der Gattung *Cattleya*. Ihrer weiteren Vermehrung standen zunächst Aussaatprobleme im Wege – nur selten erreichten sie das Sämlingsstadium. Nach Entdeckung der antiseptischen Aussaat (Knudson 1922) erreichte die künstliche Kreuzung von *Orchidaceae* ein überaus hohes Niveau. Einen wichtigen Fortschritt brachte dann die Meristem-Kultur, welche sicherstellte, dass man hochwertige Klone schnell und in ausreichender Zahl produzieren konnte. Heute schätzt man die Gesamtzahl der Hybriden (einschließlich weniger natürlicher) auf mindestens 25000!

Der Mensch kreuzt jedoch nicht nur Vertreter verschiedener Arten und Gattungen: man muss auch solche der gleichen Spezies kreuzen, da Individuen der jüngsten (genetisch instabilsten) Generation besonders zu Mutationen neigen; während letztere in der Natur unterdrückt werden und allmählich verschwinden, sind Orchideenzüchter in der Lage, sie durch sachgerechte Kreuzung zu stabilisieren, sodass positive neue Eigenschaften (meist Form oder Farbe der Blüten) erhalten bleiben. Manche Sammler spezialisieren sich daher bspw. auf bestimmte Typen und Formen einer einzigen Art. Einige sind eigenartig genug, um besondere Namen und Bezeichnungen zu tragen, etwa „interspezifische“ und „intergenerische“ Hybriden.

Dank F.K. Sander, einem berühmten englischen Unternehmer und Botaniker, werden seit der Frühzeit der Orchideenkultur (1869) alle neuen Hybriden in dem vielbändigen, laufend aktualisierten Verzeichnis „Sander's List of Orchid Hybrids“

Primäre Hybriden zwischen nah verwandten Arten müssen sich nicht unbedingt merklich von den Eltern unterscheiden, werden aber oft größer (Hybride, *Lycaste lanipes* x *L. ciliata*).

aufgelistet. Jeder neue Eintrag enthält die Namen der Hybride, beider Elternteile und des Züchters. Anfänger werden weltweit erfasst und die besten einmal jährlich mit Preisen geehrt. Leider verzeichnet diese Liste nicht die Geschlechter der Eltern, die sich – wie schon erwähnt – stark auf das Äußere der Nachkommen auswirken.
Obwohl auf dem Gebiet der Kreuzung schon viel erreicht wurde, bleibt noch eine Menge zu tun. Wie wissenschaftlich und organisiert die Züchter auch vorgehen: es bleibt noch viel Spielraum für empirische Experimente „verrückter" Liebhaber – und dabei könnte so manches Geheimnis in der Welt der Orchideen entschleiert werden ...

Die wichtigsten Gruppen hybrider Orchideen

Fast alle *Orchidaceae* lassen sich untereinander kreuzen; allerdings nehmen dabei einige wichtige Gruppen eine Spitzenstellung ein – vor allem wegen der unschätzbaren Dienste, die sie den Zier- und Nutzgärtnern geleistet haben.
Zu den bekanntesten und bei mitteleuropäischen Profi- und Amateurzüchtern beliebtesten Hybriden gehören jene der Gattung *Cymbidium*. Sie haben eine lange Geschichte – dank ihrer geringen Temperaturansprüche und der Tatsache, dass sie im Winter blühen, waren sie bis vor kurzem die einzigen Orchideen, die nennenswert Schnittblumen lieferten. Diese Arten wurden noch nicht einmal nach der Globalisierung der Märkte durch bessere Handels- und Reisemöglichkeiten aus dem Sortiment der Blumenläden verdrängt. Ein großer Vorzug der *Cymbidium*-Hybriden sind ihre kräftigen, ganz oder halb aufrechten Blütenstände mit relativ großen Blüten in zahlreichen Pastelltönen. Letztere sind nicht nur sehr steif, sondern auch ungewöhnlich langlebig – an den Pflanzen bleiben sie bis zu zwei Monate ansehnlich, und als Schnittblumen sind sie in kühlen Räumen fast ebenso ausdauernd. Nachteilig ist hingegen ihre Größe (die länglichen Blätter werden bis zu 1 m lang!), die Liebhaber daran hindert, eine größere Anzahl von *Cymbidium*-Arten zu sammeln. Großgärtnereien kultivieren nur die besten Klone von *Cymbidium*-Multihybriden, die durch Meristem-Kulturen vermehrt werden.
Eine lange Zuchttradition besteht auch bei der beliebten Gattung *Paphiopedilum*; und es gibt ganze Interessengruppen von Liebhabern, die eine endlose Folge neuer Kulturformen kreuzen und beschreiben. Dazu steht ihnen eine Fülle ungewöhnlicher und eigenartiger Vertreter dieser Gattung zur Verfügung. Außerdem werden in der freien Natur laufend neue Arten (und damit Träger neuer Erbinformationen) entdeckt. Bis heute sind über 13 000 Hybriden der Gattung *Paphiopedilum* kultiviert worden!
Frauenschuh-Hybriden gehören zu den attraktivsten Orchideen – ihre großen, wachsartigen Blätter zeichnen sich durch interessante Farben und Formen sowie Langlebigkeit aus. Wegen ihrer Anmut und Farbenpracht gelten sie oft als Aristokraten

Farbenprächtige *Cymbidium*-Hybriden bietet der Handel vor allem im Winter an.

Hybriden der Gattung *Paphiopedilum* gibt es in allen Farben und Formen. Das linke Foto zeigt einen absoluten „Klassiker“; die nunmehr seit 130 Jahren gezüchtete *Paphiopedilum* Harrisianum.

unter den Orchideen. Zu ihren positiven Eigenschaften gehören bescheidene Ansprüche und die recht kurze Spanne zwischen Aussaat und erster Blüte (4–5 Jahre); als Nachteil muss aber vermerkt werden, dass manche Büsche nicht besonders robust sind und jedes Blätterbüschel nur einen einzigen Blütenstand bildet. Die Gattung scheint derzeit sozusagen an „Überzüchtung“ zu leiden, da viele Multihybriden eine überaus komplexe Genealogie aufweisen, aber in punkto Schönheit kaum noch mit den historisch ältesten Primärhybriden bzw. solchen mit bescheidenem Stammbaum konkurrieren können, von denen viele unübertroffen und bei Züchtern immer noch beliebt sind. Dazu zählt ein Frauenschuh namens *P.* Harrisianum (eine Hybride von *P. barbatum* x *P.*

Die vielfach bewährte *Paphiopedilum* Maudiae – ein Klassiker unter den Hybriden.

Paphiopedilum Lathamianum, die produktivste und anspruchsloseste Frauenschuh-Hybride.

Gefleckte *Phalaenopsis*-Hybriden sind bei Gärtnern heiß begehrt.

villosum, die 1869 als eine der ersten intergenen Hybriden der Gattung *Paphiopedilum* entstand). Andere *P.* Harrisianum sehr ähnliche Zuchtformen sind die immer noch schönen grün-weißen *P.* Maudiae und *P.* Lathamianum, die weniger wegen ihrer Farbe Beachtung verdienen, sondern weil sie pflegeleicht sind und üppig blühen. Frauenschuhe sind heute vielfältig verwendete Schnittblumen, Topfpflanzen für die „freie" Pflege im Wohnzimmer und nicht zuletzt anspruchslose und auffällige Prunkstücke jeder Spezialsammlung.

Im 20. Jahrhundert wurden die *Phalaenopsis*-Arten hauptsächlich wegen der als Schnittblumen geeigneten Blüten gezüchtet; neuerdings tauchen sie wegen ihrer Empfindlichkeit seltener in Blumensträußen auf, wo sie durch billigere, aber ebenso schöne Hybriden der Gattungen *Vanda* und *Dendrobium phalaenopsis* ersetzt wurden. Allerdings sind sie für Amateurzüchter und Topfpflanzengärtner interessant geworden: Hybriden der Gattung *Phalaenopsis* eignen sich unter allen Orchideen wohl am besten für die Pflege in Appartements. Dafür sind sie gut gerüstet: ihre Sukkulenz macht sie ziemlich unempfindlich gegen trockene Zimmerluft; sie sind thermophil und leiden daher im Winter nicht unter höheren Temperaturen (eher ist das Gegenteil der Fall). Nicht unvorteilhaft ist auch ihr geringes Lichtbedürfnis. Aus der Sicht des Züchters spielt auch die rekordverdächtig kurze Spanne zwischen der Aussaat und der ersten Blüte eine wichtige Rolle – bei manchen Arten beträgt sie lediglich 2–3 Jahre! Die meisten ursprünglichen Zuchtformen besaßen weiße und rosa bis purpurne Blüten, doch neuerdings traten auch gelbe, sternförmige und gefleckte in Erscheinung. Auch kleinblütige Spezies (die etwa von der Art *P. equestris* abstammen) haben sich erneut einen Platz auf dem Markt erobert.

Die wohl größte Gruppe hybrider Orchideen stellen die Vertreterinnen des *Subtribus Laeliinae* (einer Gruppe, die „nahe Verwandte" der Gattungen *Cattleya*, *Laelia*, *Schomburgkia*, *Brassavola*, *Rhyncholaelia*, *Sophronitis* u.a. umfasst). Alle Spezies der eben erwähnten Gattungen zeichnen sich einerseits durch ungewöhnliche Blüten, zum anderen durch leichte Kreuzbarkeit aus.

Die ersten Hybriden entstanden durch Kreuzung verschiedener *Cattleya*-Arten untereinander und mit *Laelia*-Spezies. Im Laufe der Zeit kamen noch diverse *Brassavola*- und *Rhyncholaelia*-Arten hinzu. Die Gesamtzahl aller Hybriden, die durch (häufig mehrfache) Kreuzung aus den ursprünglichen Arten dieser *Subtribus* hervorgingen, wird heute auf 12–13000 geschätzt! In der Regel wurden diese großblütigen Hybriden gezielt auf die

Die gestreiften Blüten dieser *Phalaenopsis*-Hybride zählen zu den schönsten überhaupt.

Brassocattleya Pernosa, eine hundertjährige Primärhybride, ist auch bei Freunden kleiner Epiphyten beliebt.

Bildung auffälliger Blüten gezüchtet, und zwar in folgenden Farben: purpurn, weiß, weiß mit kontrastierender Lippe, rot, gelb-orange, bläulich, grünlich etc. Sie lieferten lange Zeit exklusive Schnittblumen, und ihrem Erfolg wurden nur durch die relativ niedrige Zahl der Einzelblüten pro Blütenstand (geringere Produktivität), die meist kurzen (also für Bouquets ungeeigneten) Stiele und die häufig enorme Größe dieser Pflanzen Grenzen gesetzt. Heute sind Hybriden aus der Subtribus *Laeliinae* vor allem bei Liebhabern populär; zu ihren erwähnten Vorzügen kommt noch, dass sie recht geringe Ansprüche an die Kultur stellen. Dennoch werden sie in Blumenläden und Supermärkten relativ selten angeboten: man findet sie nur in Spezialgärtnereien für Orchideen.

Die Zucht der Gattung *Dendrobium* erfreut sich derzeit noch viel zu geringer Beliebtheit und Verbreitung; dennoch lassen sich zwei Tendenzen ablesen: einerseits züchtet man mit Nachdruck die Spezies *D. phalaenopsis*, welche weltweit zu einer immer beliebteren Quelle für Schnittblumen geworden ist. Von der genannten Art gibt es mittlerweile eine große Anzahl mit ausgeprägten Farben und Formen, die aber zumeist ausschließlich auf Farmen in Südostasien und auf Hawaii gezüchtet werden.

Jeder Orchideenfreund kennt zahlreiche *Cattleya*-Hybriden.

Die prächtigen, ungewöhnlich ausdauernden Blüten dieser primären *Miltonia*-Hybride (*M. spectabilis* var. *moreliana* x *M. clowesii*) gereichen jeder Sammlung zur Zierde.

In Europa gedeihen handelsübliche Pflanzen nicht, sodass man hier nur die geschnittenen und gekühlten Blüten importiert. Hybriden der Art *D. nobile* u. a. haben eine ähnliche Funktion – sie dienen nur als Schaustücke für Liebhabersammlungen und Ausstellungen. Da die Gattung *Dendrobium* jedoch zahlreiche auffällige Spezies mit eigenartigen Formen umfasst, liegt hier vermutlich noch ein weites Feld für züchterische Aktivitäten.

Hybriden der Gattung *Vanda* sind ebenfalls sehr schön und beliebt. Liebhaberzüchter halten jedoch noch Abstand – kein Wunder, sind es doch ganz überwiegend recht teure Zuchtpflanzen, die in unseren Breiten nur schwer blühen und sehr langsam wachsen. Die meisten generischen und intergenerischen Hybriden züchtet man in Thailand, Hawaii und anderen Tropenländern, gewöhnlich als Schnittblumen. Bei der Gattung *Vanda* gibt es um die 1500 Hybriden. Diese Orchideen lassen sich jedoch sehr leicht mit Angehörigen verwandter Gattungen kreuzen – man kennt Hybriden wie *Ascocenda* (*Ascocentrum* x *Vanda*), *Renantanda* (*Renanthera* x *Vanda*) und *Rhynchovanda* (*Rhynchostylis* x *Vanda*). Europäische Importeure nehmen die interessanten Blüten dieser Pflanzen allmählich in ihr Sortiment auf.

Die Gattung *Renanthera* als solche wird häufig für die gewerbliche Zucht von als Schnittblumen geeigneten Formen verwendet. Neben intergenerischen Hybriden verdienen auch spezielle wie *Renanthopsis* (*Renanthera* x *Phalaenopsis*) Beachtung; sie helfen uns (bisher ohne großen Erfolg), die relativ eintönige und uniforme Gesellschaft der *Phalaenopsis*-Hybriden um rote Blüten zu bereichern. Zucht und Verwendung gestalten sich ähnlich wie bei den Hybriden der Gattung *Vanda*.

Oncidium-Hybriden spielen bisher nur eine untergeordnete Rolle – vor allem, weil die ursprünglichen Arten nur recht kleine Blüten bilden; Größe und Form lassen sich auch durch Kreuzung nicht beeinflussen. Wenn man *Oncidium*-Hybriden findet, handelt es sich meist um primäre Kreuzungen der ursprünglichen Arten, welche Supermärkte als Topfpflanzen anbieten. Für Liebhaber attraktiv sind eher die farbenprächtigen epiphytischen Hybriden aus der Gattung *Tolumnia* (die man jüngst von *Oncidium* abgetrennt hat). Zur „Produktion" winziger Epiphyten dient vor allem die Spezies *T. variegata*.

Blumenläden bieten häufig Topfpflanzen mit dem zungenbrecherischen Namen *Vuylstekeara* an. Diese Hybriden der Gattungen *Cochlioda*, *Miltonia* und *Odontoglossum* zeichnen sich durch flache, kräftig rot gefärbte Blätter aus. Ihr größter Vorteil ist trotz des etwas kitschigen Aussehens die ungewöhnliche Ausdauer der Blüten, die dennoch nur selten als Schnittblumen dienen. Auch die Elterngattung *Miltonia* dient oft zur Erzeugung von Topfpflanzen-Hybriden – ihre großen, flachen Blüten erinnern an Stiefmütterchen. In dieser Gattung hat man etwa 350 intergenerische Hybriden gezählt; die besten davon werden in großem Maßstab durch Explantation vermehrt. Als Epiphyten lassen sich die Pflanzen nur schwer kultivieren; besser gedeihen sie im Topf.

Zum Kreis der „Topforchideen" gehören auch die Hybriden aus der Gattung *Odontoglossum* (*Lemboglossum*), deren Zahl mehr als 1800 beträgt; sie sind oft etwas anspruchsvoll und eignen sich nur für gut gepflegte Sammlungen. Die Gattung *Odontoglossum* diente als Basis für häufig angebotene Topfpflanzen wie *Odontioda* (*Odontoglossum* x *Cochlioda*) und *Odontonia* (*Odontoglossum* x *Miltonia*).

Weltweite Schutzmaßnahmen für Orchideen

Orchideen sind heute in allen Teilen unserer Erde aufs Stärkste gefährdet. Als hoch spezialisierte Lebewesen kommen sie allerorten nur schwer mit den drastischen und radikalen Eingriffen des Menschen in die Natur zurecht. Der Grund für die ausgeprägte Abhängigkeit von ungestörten Umweltbedingungen liegt in ihrer symbiotischen Beziehung zu Pilzen und dem äußerst komplexen Keimprozess ihrer Samen. Jeder noch so kleine Eingriff in ihre Umwelt kann die Pilzhyphen, von denen das Überleben der Pflanzen abhängt, schädigen oder gar zerstören. Aus diesem Grund können Orchideen auch in relativ ungestörten Habitaten aussterben, die auf den ersten Blick völlig „gesund" wirken. Überdies vollzieht sich überall in den Tropen mit rasendem Tempo der Prozess der „Urbarmachung des Landes": dabei werden Tausende Hektar von Regen- und Bergwald selektiv gerodet und dann in dürre, erosionsgefährdete Kultur(halb)steppen oder – günstigstenfalls – Monokulturen schnellwüchsiger, häufig ortsfremder „Industriegehölze" verwandelt. So verschwinden mit den natürlichen Ökosystemen auch die autochthonen Pflanzengesellschaften. Nur die wenigsten Orchideenarten können sich an sekundären Standorten wie Obstbäumen, Parks, Holzbalken oder Forsten mit vom Menschen bestimmter Artenstruktur halten. Der Mensch gefährdet die Orchideen auch unmittelbar: sie sind sozusagen Märtyrer der Sehnsucht des Homo sapiens, sich mit ungewöhnlichen, attraktiven und schönen Dingen zu umgeben. „Jäger" neuer Zierpflanzenarten haben ihre Augen seit Jahren auf Orchideen geworfen, und der Handel hat globale, riesige Dimensionen angenommen. Das Interesse zahlrei-

Manche Orchideenarten können aus gerodeten Regenwäldern in andere Habitate „umziehen", etwa in Obsthaine (hier am Westhang der Anden Ecuadors). Der Artenreichtum der so entstehenden Gesellschaften hält aber keinen Vergleich mit den ursprünglichen aus.

cher Liebhaber-Sammler, die zügellos nach den seltensten gieren, richtet ebenfalls Schaden an. Bedenkt man die häufig verzweifelte wirtschaftliche Lage in der Dritten Welt (wo die überwiegende Mehrzahl solcher „Sammlerstücke" zuhause ist), so verwundert es nicht, dass viele neu entdeckte oder anderweitig begehrenswerte „Juwelen" schon bald nach ihrer ersten Entdeckung in freier Natur ausgerottet sind und ihr Überleben nur noch in den Gewächshäusern von Sammlern fristen. Je kleiner das Verbreitungsgebiet einer besonders attraktiven Art und je seltener diese ist, desto schlimmer für sie! Auch so genannte Experten und Wissenschaftler stellen eine Bedrohung dar, da sie sich berechtigt fühlen, Orchideen nach Gutdünken zu behandeln, weil sie angeblich zum erlauchten Kreis der „persönlich Qualifizierten" gehören.
Zur wenigstens teilweisen Milderung der negativen, bisweilen zerstörerischen Folgen menschlichen Handelns für die weltweiten Orchideenpopulationen wurde die ganze Familie auf die CITES-Liste gesetzt (CITES = Convention on International Trade in Endangered Species). Durch Ratifikation des Abkommens verpflichten sich Staaten, Gesetze und Maßnahmen zur Kontrolle, Begrenzung oder Unterbindung des internationalen (und innerstaatlichen) Tier- und Pflanzenhandels zu erlassen. Wegen ihrer starken Gefährdung stehen alle botanischen Spezies im „Anhang 2", welcher Arten enthält, die „derzeit nicht von Ausrottung bedroht sind, aber es bei Übernutzung ohne strenge Regelungen werden könnten". Noch stärker bedroht sind die Spezies in „Anhang 1": dazu gehören alle „reinblütigen" Vertreterinnen der Gattungen *Paphiopedilum* und *Phragmipedium* und verschiedene Arten wie *Dendrobium cruentum*, *Cattleya trinae*, *Laelia jongheana*, *L. Lobata*, *Renanthera imschootiana* und *Vanda coerulea*.
Für den normalen Orchideenfreund ist es praktisch unmöglich, Pflanzen in der Natur zu sammeln und über die nächste Grenze zu bringen. Ohne die erforderlichen Aus- und Einfuhrdokumente (zu denen unter Umständen noch phytopathologische Zertifikate kommen) darf man noch nicht einmal Kulturexemplare transportieren. Selbst Sammelaktionen von Mitarbeitern Botanischer Gärten unterliegen strengsten Kontrollen: sie benötigen zahllose Sondererlaubnisse. Obgleich es bei den internationalen Schutzmaßnahmen für Orchideen zu einigen Verbesserungen kam, werden diese keineswegs konsequent verwirklicht. Manche davon verfehlen ihr Ziel oder bewirkten gar das Gegenteil! So wurden einige Arten durch die Aufnahme in Anhang 1 so begehrt, dass die Restpopulationen bald rücksichtslosen Sammlern und Schmugglern zum Opfer fielen.
In den Heimatländern schossen so genannte „Zuchtfarmen" wie Pilze aus dem Boden, die oft zum „Reinwaschen" von illegal gesammelten Orchideen als „Zuchtpflanzen" dienen. Viele Zeitgenossen (darunter auch Mitarbeiter Botanischer Gärten) bezahlen diese Unternehmen nicht für Pflanzen, sondern lediglich für die notwendigen Exportpapiere; anschließend sammeln sie Orchideen im betreffenden Land selbst in der freien Natur und deklarieren sie dann als „Zuchthybriden".
Am stärksten bedroht sind heute vermutlich die „Frauenschuhe" der Gattung *Paphiopedilum* (vor allem neu entdeckte Arten mit kleinen, verstreuten Vorkommen in Staaten wie China und Vietnam, die bis vor kurzem unzugänglich waren) sowie einige Orchideen mit winzigen Beständen aus dem Atlantischen Küstenbergwald Brasiliens. Allem Anschein nach werden die Menschen niemals klüger, auch nicht im Falle der Orchideen ...

Wie man Pflanzen für die Sammlung erwirbt

Obwohl das „wilde" Sammeln von Vertretern der *Orchidaceae* Einzelpersonen oder Unternehmen durch strenge Schutzgesetze untersagt ist, gibt es noch zahlreiche legale Erwerbskanäle. So kann man unterschiedlichste Orchideen an verschiedenen Orten kaufen (die dort angebotenen Pflanzen sollten durchweg aus Gärtnereien stammen). Auch hier wird der Handel durch die ehernen Gesetze der Marktwirtschaft reguliert, und alles ist eine Sache von Angebot und Nachfrage. Wer nicht tief in die Tasche greifen will, muss sich mit eingetopften Qualitätshybriden vorwiegend niederländischer Herkunft begnügen. Man findet sie in Blumenläden und Supermärkten. Obwohl sich die meisten dieser multiplen Hybriden auch als Epiphyten pflegen lassen, kann diese Kulturform bald Probleme bereiten – paradoxerweise gerade wegen ihrer Lebenskraft, die dazu führt, dass sie schnell zu groß für kleine Anlagen werden.
An botanische Arten oder Hybriden mit „Stammbaum" zu kommen, ist häufig schwieriger – und allzu oft auch teurer. „Reinblütige" Pflanzen werden von diversen Privatgärtnereien angeboten, die in der Bundesrepublik heute dank der Ausweitung des Marktes glücklicherweise nicht mehr allzu dünn gesät sind. Entsprechende Adressen findet man beispielsweise in Fachzeitschriften wie „Die Orchidee". Weitaus mehr Kontaktinformationen bietet das Internet, doch erfordert die Suche hier häufig viel Geduld, da es Tausende von Links gibt, die zu einer reichlich chaotischen Situation führen. Viele Orchideenarten kann man im Ausland bestellen: so gibt es in Thailand zahlreiche Mail-Order-Anbieter, die auf Lieferungen nach Europa spezialisiert sind. Da die Transportkosten stark zu Buche schlagen, sollte man besser Großbestellungen aufgeben (etwa über Orchideenclubs). Alternativ kann man auch gezüchtete Orchideen mit Privatleuten tauschen. Außerdem besteht die Mög-

Vom Menschen fast unberührte Landschaften wie diese verschwinden rasch vom Antlitz unserer Erde (am Rio Pastaza in den östlichen Vorbergen der Anden Ecuadors).

lichkeit, Pflanzen auf Spezialbörsen für Orchideen zu erstehen, die im Frühjahr und Herbst in manchen Großstädten veranstaltet werden. Die Organisatoren arrangieren oft den Verkauf überzähliger Pflanzen – Anbieter sind dann deren Züchter, die den Käufer gern mit Informationen und Ratschlägen versorgen. Auch auf den immer beliebteren Terrarienbörsen werden Orchideen angeboten.

Tropische Orchideen

Dieses Kapitel macht Sie mit über 500 tropischen Orchideenarten bekannt – entweder Epiphyten (die den Großteil aller Spezies ausmachen) oder Bodenpflanzen (auch als „terrestrisch" bekannt). Alle für Orchideen relevanten Aspekte wurden in den früheren Kapiteln erörtert, sodass uns nur noch verbleibt, einige Anmerkungen zur Nomenklatur der Vertreter der riesigen Familie der *Orchidaceae* zu machen. Die genetische Instabilität und die unglaublich hohe Artenzahl bereiten nicht nur bei der Systematik neuentdeckter Spezies Probleme, sondern auch im Hinblick auf die Taxonomie altbekannter Orchideen. Die richtige Einordnung mancher Vertreter der Familie *Orchidaceae* in das taxonomische System stellt oft eine harte Nuss dar – für Laien wie für Experten. Jene entdecken etwa Unterschiede im Aufbau der Blüten und anderer Organe, in der genetischen Struktur, der Ökologie etc., die für das Auge des Laien kaum wahrnehmbar sind. Viele Arten wurden wiederholt umbenannt und von einer Gattung zur anderen „verschoben". Selbst innerhalb einzelner Arten finden wir häufig Abweichungen und Variationen, die aufgrund neuer taxonomischer Methoden zur Definition neuer „echter" Spezies führen können. Deren Validität ist jedoch häufig anfechtbar, und sie hängt manchmal nur von der subjektiven Einschätzung eines einzigen Fachmanns ab. Normale Orchideenfreunde braucht all das nur wenig zu scheren; sie halten sich an die traditionelle Nomenklatur und genießen vor allem die einzigartige Schönheit und die exotischen Formen der „Königinnen des Pflanzenreiches" – wie immer sie auch gerade heißen mögen …

Links: *Ada aurantiaca*

Acacallis cyanea

Acacallis cyanea ⊡ ▣ ☺

Intermediär

Eine wunderschöne, aber in Sammlungen sehr seltene Orchidee. Die einblättrigen Pseudobulben sind reduziert und mit Schuppen bedeckt; der gekrümmte Blütenstiel trägt 3–7 recht große hübsche Blüten. Die etwa muschelförmige Lippe ist rotbraun mit bläulichen, am Ende zugespitzten Blütenblättern. Die Kultur ist recht einfach: man pflegt die Art als Epiphyten im Halbschatten auf einem Ast oder einem Stück Rinde. Sie blüht im Frühsommer und stammt aus dem Becken des Rio Negro (Brasilien).

Ada aurantiaca ▣ ☺

Kryophil bis intermediär

Die Gattung *Ada* umfasst nur zwei Arten, die äußerlich den Vertreterinnen der Gattung *Odontoglossum* ähneln. Aus der Sicht des Pflegers sind vor allem ihre farbenprächtigen Blüten wichtig. Den bis zu 10 cm hohen Pseudobulben entsprießen 2–3 riemenförmige, maximal 20 cm lange Blätter. Der gebogene Blütenstiel ragt nicht über die Blätter empor und trägt bis zu 15 ungewöhnliche Blüten. Alle Tepalia sind schmal und zugespitzt; ihr lebhaftes Orangerot fällt schon aus der Entfernung auf. Die Kultur ist nicht gerade einfach: die Pflanzen sind ähnlich anspruchsvoll wie die kälteliebenden *Odontoglossum*-Arten. Im Sommer wäre ein Aufenthalt im überhitzten Treibhaus tödlich für sie. Diese Art empfiehlt sich daher nur für Pfleger, die ihre Pflanzen kühl bzw. sommers in den Garten stellen können. Sie gedeihen im Halbschatten, sofern sie ausreichend belüftet und häufig besprüht werden. Die Blütezeit liegt zwischen Januar und März; Heimat dieser Orchidee sind die mittleren Höhenlagen und Hochgebirgszonen der kolumbianischen Anden.

Aerangis carnea

Aerangis carnea ⊡ 😐

Intermediär bis thermophil

Die etwa 70 Arten der Gattung *Aerangis* stammen durchweg aus den tropischen Regionen Afrikas (einschließlich Madagaskars). Es sind kleine, meist epiphytische Orchideen mit auffallend großen und schönen Blüten, die mehrteilige Trauben bilden; meist sind sie weiß gefärbt und weit geöffnet. Die flache Lippe ähnelt den übrigen Blütenblättern. Trotz ihrer unbezweifelbaren Schönheit trifft man diese Orchideen in Sammlungen seltener, als sie es verdienten. Das überrascht umso mehr, als ihre Pflege recht einfach ist: man kultiviert sie entweder als Epiphyten auf Holz- oder Rindenstücken oder in Blumentöpfen mit sehr durchlässigem Substrat. Sie lassen sich aber auch in weichen Flechtkörben pflegen. Die Pflanzen mögen es feucht-warm und halbschattig. Nach dem Verblühen und auch im Winter sollte man ihr Wachstum „drosseln“, indem man sie bei mäßigen Temperaturen hält und weniger gießt. *A. carnea* besitzt weiße Blüten mit einem auffälligen Sporn; sie blüht im Herbst und im Winter.

Aerangis citrata

Aerangis citrata ⊡ 😐

Intermediär bis thermophil

Diese Art unterscheidet sich von ihren nächsten Verwandten durch die Farbe der Blüten – sie zeigen ein wachsartiges Hellgelb. In der Kultur und während der winterlichen Blütezeit verblasst das Gelb stark (wie bei dem abgebildeten Exemplar). *A. citrata* besitzt einen langen, dicken, bis zu 10 cm hohen Stiel mit 6–10 eiförmigen Blättern, die etwa 15 cm lang und 3 cm breit sind. Ihre Enden sind – reichlich atypisch – annähernd symmetrisch, mit nur einer Spitze an jedem Ende. Der herabhängende, bis zu 20 cm lange Blütenstiel trägt zahlreiche (bis zu 30) eher kleine Blüten. Die wachsartigen, hellgelben bis weißlichen Gebilde zieren 3 cm lange ebenfalls gelbliche Sporne. Die Ansprüche an die Kultur entsprechen denen anderer Arten dieser Gattung. Die Pflanze blüht im zeitigen Frühjahr und stammt aus Madagaskar.

Aerangis kirkii ⊡ 😐

Intermediär bis thermophil

Ein typisches Merkmal aller Vertreterinnen der Gattung *Aerangis* sind die ziemlich lang geratenen

Aerangis kirkii

Aeranthes ramosa

Sporne, deren Nektar Bestäuber anziehen soll. Die weißen Blüten der Spezies *A. kirkii* besitzen ebenfalls gebogene Sporne von bis zu 4 cm Länge. Ähnlich wie andere *Aerangis*-Orchideen trägt *A. kirkii* Blätter, die (längs einer horizontalen Achse) asymmetrisch enden – jede Blattspitze läuft in rundliche Lappen unterschiedlicher Größe aus, die durch die Mittelrippe geschieden sind. Gewöhnlich bilden diese Blätter zwei Reihen. Die Pflanze blüht im Winter und Frühjahr; sie stammt aus Madagaskar.

Aeranthes ramosa ⊡ ▣ ☺

Intermediär bis thermophil

Die Vertreterinnen dieser Gattung stammen aus dem südlichen Afrika – die meisten der 40 Arten wachsen auf Madagaskar. Alle Arten besitzen auffällig verkürzte monopodiale Stängel; die Blütenblätter sind oft fast durchsichtig und laufen in lange, dünne Spitzen aus. Der kurze Stiel von *A. ramosa* trägt insgesamt 5–7 Blätter; diese 15–25 cm langen Gebilde sind in zwei Reihen angeordnet. Der drahtige Blütenstand kann 30 cm lang werden und trägt 1–2 seltsame gelbgrüne Blüten, die fast gläsern wirken. Ihre Blätter und die Lippe sind an den Enden zugespitzt. Die 3–4 cm weiten Blüten besitzen auch stumpf endende Sporne. Kultiviert wird diese Orchidee genau wie die Gattung *Aerangis* (vgl. *A. carnea*). Die Pflanze blüht im Herbst; wie ihre nahe Verwandte *A. grandiflora* stammt sie aus Madagaskar.

Aerides ▣ ☹ 😐

Thermophil

Die Gattung *Aerides* ist eng mit der Gattung *Vanda* verwandt; sie stellt die gleichen Ansprüche an die Umwelt und die grünen Teile sind ähnlich gebaut: der längliche, am Ende stets weiterwachsende Stiel trägt zwei Reihen robuster, sukkulenter Blätter. Die eher kleinen Blüten bilden mehrere dichte, herabhängende Kugeltrauben und sind prächtig gefärbt. Die Blütenlippe weist einen konischen, spornartigen Auswuchs auf, der gewöhnlich nach vorn gebogen ist. Die botanischen Arten und einige Hybriden der Gattung *Aerides* werden hauptsächlich in den USA kultiviert; in europäischen Sammlungen sind sie nur sehr selten zu finden. Sie benötigen eine warme bis sehr warme Umgebung mit möglichst viel diffusem Licht; man muss sie nur relativ selten sprühen, aber sehr gut belüften. Die Ideallösung scheint die Kultur in kleinen Flechtkörben mit einer Handvoll groben Epiphytensubstrats zu sein. Die Sukkulenz der *Aerides*-Arten lässt vermuten, dass sie Trockenheit vertragen; daher gedeihen sie auch ungeschützt in gut belichteten Räumen. In Europa blühen *Aerangis*-Orchideen jedoch nur sehr zögerlich – wenn überhaupt, dann im Spätsommer oder im Herbst.

Zu dieser Gattung gehören über 60 Arten (beispielsweise die hier abgebildete *A. houlletiana*), die als Epiphyten oder auf Felsen wachsen. Diese asiatischen Orchideen haben ein großes Verbreitungsgebiet: es reicht im Nordosten bis Südchina und Neuguinea; die meisten Arten kommen allerdings im Himalaja, in Burma, auf den Philippinen und in Indonesien vor.

Aerides houlletiana

Alamania punicea

Alamania punicea ⊡ ☹

Kryophil bis intermediär

Ein Gang durch einen dichten üppigen Eichenwald kann ein sehr angenehmes Erlebnis sein – umso mehr, wenn man in den dunklen Baumkronen überall ziegelrote Orchideenbüschel wie chinesische Lampions aufleuchten sieht. Das ist kein Phantasiebild: genauso sieht es am Fundort dieser seltenen, schönen Orchideen aus! Die Spezies *A. punicea* ähnelt äußerlich ein wenig einer *Sophronitis*-Art: ihre Pseudobulben sind stark reduziert; die unteren Hälften schmiegen sich an die Unterlage, und sie enden in 1–2 rötlich-dunkelgrünen, leicht verdickten Blättern. Die orangen Blüten bilden mehrere vielteilige Dolden: ihr Durchmesser beträgt allenfalls 2 cm, doch strahlen sie förmlich in den Raum hinaus.

Amesiella philippinensis

Obwohl man kaum einen Liebhaber finden dürfte, der diese Pflanze nicht gern besäße, wird sie sehr selten gepflegt. Um wirklich gedeihen zu können, benötigt sie nämlich die spezifischen Umweltbedingungen des tropischen Bergwaldes – ständig bewegte, nicht zu warme Luft, fast ständigen Nebel, Regen und viel Licht. All das kann man ihr in Kultur kaum jemals bieten. *Alamania punicea* blüht von März bis April; sie stammt aus Mexiko.

Amesiella philippinensis □ ⊡ 😐 ☺

Intermediär bis thermophil

Ein winziger Epiphyt mit kurzem Stamm und Einzelblüten – was kann sich der Orchideenfreund noch wünschen? Den kurzen Stamm bedecken zwei Reihen bis zu 5,5 cm langer Blätter, und der sehr kurze Blütenstiel trägt 1–3 auffallend große Blüten (ihr Durchmesser beträgt bis zu 5 cm). Sie sind weiß gefärbt, während die Innenseite der dreilappigen Lippe honigbraun ist.

Gepflegt wird sie wie die *Angraecum*-Arten (die monotypische Gattung *Amesiella* wurde 1972 abgetrennt). Sie blüht im Frühjahr und stammt von den Philippinen.

Ancistrochilus rothschildianus

Angraecum distichum

Ancistrochilus rothschildianus ⊡ ▣ ☺

Intermediär bis thermophil

Typisch für die kleine, relativ unbekannte Gattung *Ancistrochilus* sind breit-kegelförmige, bis zu 3 cm große Pseudobulben mit 2–3 Blättern. Die kurzen Blütenstände tragen je 3–4 große, auffällige Blüten. Die purpurne Lippe ist dreilappig mit einem dünnen, spitzen, gekrümmten Fortsatz. Die schmalen, spitzen Blütenblätter sind purpurnweiß.
Ancistrochilus rothschildianus ist ein Epiphyt mit ähnlichen Ansprüchen wie laubabwerfende *Dendrobia* – warmer Halbschatten, reichliches Gießen und Düngung im Sommer sowie mäßige Temperaturen mit sehr viel Licht und vorsichtig reduziertem Wässern im Winter. Die Blüten erscheinen im Sommer. Diese Pflanze ist im tropischen Westafrika zuhause.

Angraecum distichum □ ⊡ ☺

Thermophil

Eine winzige Orchidee, die wie eine kletternde Sukkulente wirkt – Habitus und Form unterscheiden sie radikal vom Rest ihrer Gattung. *A. distichum* besitzt 10–15 cm lange hängende oder kriechende Stämme, deren verdickte, maximal 1 cm lange Blätter zwei dichte Reihen bilden. Den Blattachseln entsprießen weiße Einzelblüten, deren haubenförmige Lippen einen rückwärts gekrümmten Sporn tragen.
Die Art ist bei Liebhabern als Kuriosität begehrt, als winzige „Ergänzungs-Orchidee“, die Sammlungen nicht durch ihre Blüten, sondern die interessanten, raschwüchsigen Triebe bereichert. Ihre Pflege bereitet keine Probleme – die Pflanze begnügt sich mit einem aufgehängten Rindenstück oder Zweig mit etwas Moos, gelegentlichem Sprühen und Halbschatten. Im Winter braucht sie es kühler – weniger sprühen!
Diese Orchidee blüht im Spätsommer, kann aber auch zu anderen Jahreszeiten Blüten treiben. *Angraecum distichum* stammt aus dem tropischen Westafrika.

Angraecum germynianum ⊡ ▣ 😐

Thermophil

Anders als die eben erwähnte Spezies ist *A. germynianum* ein typischer Vertreter dieser Gattung. *Angraecum*-Arten werden im Allgemeinen größer und besitzen einen mehr oder minder langen Stamm mit zwei dichten Blattreihen. Die Blüten erscheinen entweder nacheinander, öfter jedoch in Trauben, und sind weiß gefärbt. Am schönsten ist bei der abgebildeten Spezies die muschelförmige Lippe mit dem auffällig entwickelten Sporn; beides sind typische Merkmale dieser Gattung.
Alle Arten lassen sich recht leicht kultivieren: die robustesten Pflanzen benötigen Töpfe mit einer groben Substratmischung für Epiphyten; kleinere Arten gedeihen besser auf Rindenplatten oder Aststücken. Sorgen Sie bei raschwüchsigen Spezies für größere Unterlagen! Ansonsten lassen sich alle wie *A. distichum* pflegen. Die Art *A. germynianum* blüht im Herbst und im zeitigen Frühjahr; sie stammt aus dem tropischen Westafrika.

Angraecum germynianum

Angraecum scottianum

Angraecum scottianum ▣ 😐

Thermophil

Diese Art hat einen dünnen, herabhängenden Stamm, der bis zu 30 cm lang ist und etwa 10 cm lange länglich-runde Blätter trägt. Die weißen, relativ großen Blüten (bis zu 6 cm) stehen einzeln oder paarweise. Sie besitzen schneeweiße Lippen von typischer Muschelform mit langem, dünnem, rückwärts gekrümmtem Sporn. Die übrigen Tepalia sind gelblich.
Diese Spezies lässt sich recht einfach kultivieren (vgl. die vorigen Arten). Sie blüht im Spätsommer und Herbst. Entdeckt wurde sie auf den Komoren.

Angraecum sesquipedale ■ 😐 ☺

Intermediär bis thermophil

Die Gattung *Angraecum* zählt zu den größten Orchideengruppen Afrikas – sie umfasst etwa 200 epiphytische, litophytische und sogar terrestrische Arten. *A. sesquipedale* ist eine absolut typische Art – die am besten bekannte und meistgepflegte ihrer Gattung. Für Liebhabersammlungen mit wenig Platz eignet sich die robuste Pflanze weniger. Ihr dicker, verholzender Stamm ist dicht mit Blättern besetzt und wird über 1 m hoch. Die herabhängenden Dolden tragen 2–4 sternförmige Blüten. Sie sind für afrikanische Orchideen erstaunlich groß – der Durchmesser beträgt oft 12 cm! Alle Tepalia – auch die Lippe – sind schneeweiß, an der Basis verbreitert und laufen in spitze Enden aus. Ein weiteres auffälliges Merkmal ist zweifellos auch der mächtige grünliche Sporn, der unter Umständen die Rekordlänge von 30 cm erreichen kann!
Man sollte *A. sesquipedale* genau wie verwandte Arten pflegen; wegen ihre stattlichen Maße ist sie nur für Liebhaber mit wirklich großen Kulturanlagen geeignet. Sie blüht im Winter und stammt aus den noch ungestörten Resthabitaten der Insel Madagaskar.

Anguloa uniflora ▣ 😐

Kryophil bis intermediär

Zur kleinen Gattung *Anguloa* gehören gerade einmal 10 Arten, die sich anhand der typisch aufgebauten und nur teilweise geöffneten Blüten leicht von nah verwandten Orchideen unterscheiden lassen. Diese Spezies werden in einigen Sprachen „Tulpenorchideen“ genannt, offenbar wegen ihrer großen Ähnlichkeit mit den Blüten jener berühmten Zwiebelgewächse.
Die Art *A. uniflora* besitzt relativ große Pseudobulben mit 2–4 schlaffen, der Länge nach bewimperten Blättern. Die später auf langen Stielen sitzenden Einzelblüten bilden sich an den Basen der Pseudobulben. Sie sind grünlich bis purpurn-weiß

Angraecum sesquipedale

Anguloa uniflora

mit einem Streumuster aus kleinen purpurnen Punkten mit dekorativen gelblichen Zentren. Die Tepalia im oberen Teil der Blüte formen ein typisches helmartiges Gebilde, während die unteren einen kaum zu übersehenden kinnähnlichen Vorsprung bilden.
Die Pflege ist nicht besonders schwierig: man kultiviert sie als Epiphyten in mäßig warmen Räumen und gönnt ihnen im Winter eine kühlere Ruhephase. Die Art blüht im Spätfrühling und Sommer; ihre Heimat sind die südamerikanischen Anden von Kolumbien bis Peru.

Ansellia nilotica ■ ☺

Intermediär

Die Taxonomie der variablen Spezies *A. nilotica* hat eine interessante Geschichte: Von den ursprünglich beschriebenen sechs Arten der Gattung bleibt nur eine übrig. Aus diesem Grund taucht sie in verschiedenen Publikationen unter abweichenden Namen auf (etwa als *A. africana*, *A. congoensis*, *A. gigantea*, *A. humilis* etc.). Die geteilten Pseudobulben sind wahrhaft riesenhaft – sie messen bis zu 60 cm und tragen als Schmuck 4–7 lanzettförmige, lederartige und sehr lange Blätter. Die Blütenrispen bilden sich am Ende, d.h. an einer Wachstumsspitze zwischen den Blättern. Der Blütenstand misst bis zu 30 cm und besteht aus 10–15 etwa 3 cm weiten Blüten. Die dreilappige Lippe trägt eine charakteristische Dreiergruppe gelber Kiele: die Tepalia sind gelblich mit zahlreichen braunen Flecken.
Die Pflege ist einfach: die epiphytischen Orchideen gedeihen am besten in mäßig warmer Umgebung bei normalem Gießen, Düngen und Belüften. Sie blühen im zeitigen Frühjahr – zwischen März und Mai – und bewohnen weite Gebiete in West-, Ost- und Südafrika.

Ansellia nilotica

Arachnis flos-aeris

Arachnis flos-aeris ▣ ■ ☺

Thermophil

Die asiatische Gattung *Arachnis* trägt einen sehr passenden Namen: ihre Blüten erinnern tatsächlich an Spinnen (das griechische Wort *arachne* bedeutet „Spinne"). Diese Pflanzen sind nah mit der Gattung *Vandopsis* verwandt, nur haben *Arachnis*-Arten sehr dünne, spärlich belaubte Stämme. Auch ihre Blütenstände sind oft nur spärlich bestückt. Sie tragen sehr gattungsspezifische Blüten mit sichelförmigen Tepalia und einem kinnartigen Sporn an der Lippenbasis. Orchideen dieser Gattung dienen (botanisch rein oder als Eltern von Hybriden) als Schnittblumen – gezüchtet v.a. in Thailand, Malaysia und Hawaii, wo man sie im Freien kultiviert. Die Spezies *A. flos-aeris* kann recht sperrig werden, da ihre ständig wachsenden Stämme Höhen von bis zu 4 m erreichen; der Durchmesser des Blütenstands beträgt dann 1,5 m! Die prächtigen, allmählich aufblühenden Blüten sind bis zu 9 cm weit und grüngelb mit braunen Flecken. Diese auf Borneo fotografierte Art blüht von August bis November und kommt auch in Malaysia (Festland), Sumatra und Java vor.

Ascocentrum ampullaceum ⊡ ▣ ☹

Thermophil

Diese Art vertritt eine weitere stammbildende Gattung aus den Tropen Asiens. Ihre Ähnlichkeit mit den winzigen *Vanda*-Arten macht *Ascocentrum*-Orchideen in Liebhaberkreisen äußerst beliebt. Dem haben auch ihre recht hohen und oft unvorhersehbaren Ansprüche kaum Abbruch tun können. *A. ampullaceum* ist eine attraktive Zwergpflanze – ihr Stamm trägt zwei dichte Reihen von Blättern und kann 15–18 cm hoch werden. Die Blätter werden bis zu 10 cm lang; sie sind unge-

Ascocentrum ampullaceum

Ascocentrum miniatum

wöhnlich fest und zäh, sodass sie sogar der prallen Tropensonne widerstehen. Die Blüten bilden dichte, aufrechte Blütenstände von bis zu 10 cm Höhe. Sie werden bis zu 2 cm lang, und ihr leuchtendes Kirschrosa erfreut das Auge.
A. ampullaceum ist eine wahre Sonnenanbeterin: in der freien Natur gedeiht die Spezies sogar an völlig kahlen, felsigen Südhängen. Das macht die Kultur nicht nur bei *A. ampullaceum*, sondern allen *Ascocentrum*-Arten problematisch: die Pflanzen hungern im Winter förmlich, während sie im Sommer bei zu starker Sonneneinstrahlung geradezu leiden, sodass sie nur langsam wachsen und zögerlich blühen. Man sollte diese Pflanzen wie *Vanda*-Arten pflegen. Die Blütezeit von *A. ampullaceum* beginnt im Spätfrühling; zuhause ist diese Spezies in den unteren Höhenlagen des Himalaja, Burma und Thailand.

Ascocentrum miniatum ⊡ ▣ ☹

Thermophil

Ascocentrum-Orchideen sind sehr schwer zu pflegen: die in europäischen Labors gezogenen Sämlinge wachsen nach dem Umsetzen in eine normale Umgebung extrem langsam, während sich Importpflanzen nur schwer und „widerwillig" eingewöhnen. Sie leiden unter einem langwierigen „Lichtschock", der sie stagnieren lässt, bilden keine neuen Wurzeln und blühen oft jahrelang nicht. *A. miniatum* ähnelt äußerlich *A. ampullaceum*, hat aber schmalere Blätter und gelbe, gelborange und orange-rote Blüten.
An die Kultur stellen beide Arten die gleichen Ansprüche. Gönnen Sie den Pflanzen reichlich Wärme und Sonnenlicht; ihre Umgebung braucht nicht übermäßig feucht zu sein – die Pflanzen sind zufrieden, wenn man sie im Freien auf besonnte Fensterbänke stellt. Sorgen Sie dafür, dass die Blätter nicht verbrennen, wenn die Orchideen in schlecht belüfteten Glasbehältern stehen. Das Gießen richtet sich nach dem Zustand der Wurzeln und der Jahreszeit; reduzieren Sie es im Winter ebenso wie die Umgebungstemperatur. Pflanzen bzw. setzen Sie die Orchideen in Epiphytenkörbe mit einer groben Substratmischung oder auf hölzerne Unterlagen. Sie lassen sich vegetativ vermehren, indem man ausreichend entwickelte Seitentriebe abtrennt. *A. miniatum* blüht von Mai bis Juni und kommt in Malaysia, Java und Borneo vor.

Ascocentrum semiteretifolium ⊡ ▣ ☹ 😐

Thermophil

Nicht alle Vertreter dieser Gattung sehen so schön aus wie die beiden eben beschriebenen Arten. *A. semiteretifolium* gehört zu den kleinblütigen Epiphyten, die nur für die passioniertesten Freunde thermophiler *„Vanda"*-ähnlicher asiatischer Orchideen infrage kommen. Sie sind unauffällig und sehr schwer zu pflegen. Von ihren nächsten Verwandten unterscheidet sich *A. semiteretifolium* auch durch ihre spärlichen, fleischigen, im Querschnitt fast kreisrunden Blätter. Manchmal bilden sie kurze Blütenstände mit teilweise geöffneten, 1 cm weiten Blüten; diese sind purpurrot und außen weiß angehaucht.
Man kann sie wie die vorigen Arten pflegen. *A. semiteretifolium* blüht zwischen Februar und April; sie stammt aus Thailand.

Ascocentrum semiteretifolium

Aspasia lunata

Aspasia variegata

Aspasia lunata ▣ ☺

Intermediär

Die kleine Gattung *Aspasia* umfasst nur etwa 10 Arten, die als Epi- oder Lithophyten wachsen und äußerlich den Vertretern der Gattung *Odontoglossum* ähneln. Die Spezies *A. lunata* ist wegen ihrer farbenprächtigen Blüten beliebt. Sie bildet rebstockartige Rhizome mit weit verteilten Pseudobulben von 5 cm Höhe, die je zwei Blätter an der Spitze und mehrere kleinere an der Basis tragen. Die Blüten sind etwa 4 cm weit und sitzen einzeln oder paarweise auf kurzen Stielen. Ihre Lippe ist flach und weiß mit rosa-purpurner Äderung und einem Fleck im Zentrum. Die grünen, mit braunen Punkten übersäten Tepalia passen gut dazu. Die Pflege ist sogar für Neulinge möglich: am besten gedeiht die Pflanze auf hölzernen Unterlagen im Halbschatten bei normaler Sprühintensität und guter Belüftung. Im Winter kann man die Temperaturen ein wenig senken. Diese Art blüht im zeitigen Frühjahr – zwischen April und Mai – üppig. *A. lunata* stammt aus Brasilien.

Aspasia variegata ▣ ☺

Intermediär

Diese Art besitzt im Vergleich zu der vorigen Spezies etwas größere Pseudobulben und kleinere, riemenförmige, bis zu 15 cm lange Blätter. Die prächtigen Blüten sind bis zu 5 cm weit und haben krause, dreilappige Lippen mit Purpurakzenten und zwei gelben Mittelflecken. Die Tepalia sind grünlich mit unterbrochenen braunen Längsstreifen.
Ökologisch stellt die Art ähnliche Ansprüche wie *A. lunata*, nur ist sie vielleicht ein wenig thermophiler. Man sollte sie als Epiphyt auf einem Stück Rinde oder einem ausreichend großen Ast pflegen. Sie blüht im zeitigen Frühjahr und wurde in Nordbrasilien, Guyana und Trinidad nachgewiesen.

Baptistonia echinata ⊡ ☺

Intermediär

Ein seltener, nah mit der Gattung *Oncidium* verwandter Epiphyt. Die einzige Vertreterin dieser monotypischen Gattung ist bei Liebhabern wegen der interessanten Blütenform sehr begehrt. Ihre zylindrischen, nur 3–10 cm großen Pseudobulben tragen an der Spitze 1–2 Blätter. Die langgestreckten Gebilde messen bis zu 15 cm. Die herabhängenden, oft verzweigten Stiele tragen zahlreiche Blüten – in der Wildnis weit mehr als in Kultur (vgl. das ziemlich kleine Exemplar auf unserem Foto). Die winzigen, teilweise geöffneten Gebilde sind meist gelb mit dunkel-purpurner Lippe.
Man pflegt sie besser epiphytisch als eingetopft; die Pflanzen gedeihen im Halbschatten auf Kork-

Baptistonia echinata

platten mit ein wenig Moos. Nach dem Reifen der Pseudobulben ist eine kurze Ruhephase geboten. Die Blüten erscheinen im Winter und Frühling. Entdeckt wurde die Art in Brasilien.

Barkeria lindleyana ■ ☺

Intermediär

Blühende *Barkeria*-Orchideen sind äußerst attraktiv. Die Spezies *B. lindleyana* empfiehlt sich dennoch nicht für kleine Liebhabersammlungen, da sie extrem groß wird. Die Arten dieser Gattung bilden keine Pseudobulben; ihre Blätter entsprießen einem recht dicken, verholzenden Stamm. Die Triebe von *B. lindleyana* werden bis zu 90 cm hoch; dazu kommen noch die 90 cm (!) hohen endständigen Blütenstiele! Das ergibt wahre Giganten. Über den doldenartigen Blütenstand sind sparsam 5–20 purpurne, bis zu 5 cm weite Blüten verteilt; ihre dicke Lippe trägt einen weißen Fleck. Trotz ihrer Größe (und Schwere!) wächst diese Art als Epiphyt; wer es also wagt, sie zu pflegen, sollte sie am besten an einem großen Stück Rinde befestigen. Die Pflanze benötigt viel gedämpftes Licht und nach dem Welken eine kurze winterliche Ruhephase. Sie blüht von Oktober bis November und ist aus den höheren Lagen von Mexiko und Costa Rica bekannt.

Barkeria lindleyana

Barkeria skinneri ▣ ☺

Intermediär

Diese Pflanze wurde bereits in der „vorsintflutlichen“ Periode der Orchideenkultur gepflegt, und zwar durch abenteuerlustige Botaniker, die Mexiko – das „Gelobte Land“ der Botanik – im 19. Jahrhundert erforschten. Im Falle von *B. skinneri* hatten sie eine glückliche Hand: die Art ist (im Vergleich zu den vorigen) recht klein, attraktiv und leicht zu pflegen. Ihre Stämme werden bis zu 40 cm hoch; die Blätter sind schmal-lanzettförmig. An der Spitze des reifen Triebes sitzt ein drahtiger Blütenstand mit 5–20 purpurnen, ungefähr 4 cm weiten Blüten; ihre Tepalia sind recht schmal, und die breite Lippe mit dem gelben Fleck läuft gewöhnlich in eine schmale Spitze aus.
Diese Spezies lässt sich als Epiphyt oder im Blumentopf pflegen; im letztgenannten Fall erreicht sie jedoch leicht unerwünschte Proportionen. Ansonsten wird sie genau wie die vorigen Arten kultiviert. *Barkeria skinneri* blüht im Winter und stammt aus den höheren Berglagen von Mexiko.

Barkeria skinneri

Batemannia colleyi

Batemannia colleyi ▣ ☺

Intermediär bis thermophil

Alle 5 Arten der Gattung *Batemannia* wachsen im Regenwald des Amazonas-Beckens. Die mittelgroße, epiphytische *B. colleyi* wird sehr selten gepflegt. Ihre Pseudobulben messen bis zu 5 cm und sind im Querschnitt viereckig. Ihre Spitzen tragen je zwei lange lanzettförmige Blätter. Manchmal entsprießen den Basen dieser Pseudobulben sogar mehrere hängende, bis zu 15 cm lange Blütenstiele mit 2–6 Blüten. Ihre Tepalia sind fleischig und cremeweiß mit einem Hauch von braun. Pflegen Sie die Pflanzen als Epiphyten oder in Töpfen mit grobem Substrat (zur besseren Drainage). Sie blühen im zeitigen Frühjahr. Die Art hat ein riesiges Verbreitungsgebiet (von Kolumbien und Guyana bis Bolivien und Brasilien).

Bifrenaria aureofulva

Bifrenaria aureofulva ⊡ ▣ ☺

Intermediär

B. aureofulva unterscheidet sich kaum von den folgenden Arten und anderen Vertretern der Gattung. Untypischerweise sind ihre spärlichen goldgelb-orangen Blüten, die einen aufrechten Stiel zieren, viel kleiner (2 cm) und nur schwach geöffnet. Pflegen Sie die Art als Epiphyt auf Rindenstücken oder Zweigen im Halbschatten; sorgen Sie für gute Belüftung bei normalem Sprühen und Düngen. Sie weiß nach dem Welken eine winterliche Ruhephase mit spärlichem Gießen und niedrigeren Temperaturen zu schätzen. Diese Orchidee blüht im Winter oder Vorfrühling und stammt aus Brasilien.

Bifrenaria harrisoniae ▣ ☺

Intermediär

Die Orchideen dieser Gattung ähneln in ihrer Morphologie und im Blütentypus den *Lycaste*-Spezies. Der Unterschied liegt in der geringeren Größe der Blüten und dem Umstand, dass ihre Lippe behaart ist. *B. harrisoniae* ist die bekannteste Vertreterin dieser insgesamt 20 Arten zählenden Gattung. Die Pflanze bildet vierkantige Pseudobulben, welche bis zu 8 cm hoch werden und jeweils nur ein ungefähr ovales, zähes, ausdauerndes Blatt von 20–30 cm Länge tragen. Die ihren Basen entsprießenden aufrechten Stiele tragen jeweils 2–3 gelbliche Blüten. Letztere sind ziemlich groß (7 cm) mit einem auffälligen spornartigen „Kinn“. Die Lippe ist purpurn und mit einem dichten Haarpelz bedeckt. Die Pflege ist leicht – vgl. *B. aureofulva*. Die Spezies *B. harrisoniae* blüht von März bis Mai; ihre natürliche Heimat ist Brasilien.

Bifrenaria harrisoniae

Bletia sp., Mexiko

Bletia ▣ ☺

Intermediär

Zur neuweltlichen Gattung *Bletia* gehören etwa 50 terrestrische Orchideenarten. Die 2–4 langen spitzelliptischen Blätter entsprießen unter- oder oberirdischen Knollen, um während der Trockenzeit restlos abzusterben. Die aufrechten Blütenstiele erscheinen nach dem Ende der Ruhephase und tragen jeweils 3–15 prächtige mittelgroße Blüten. Diese beliebten Orchideen sind pflegeleicht: sie benötigen ein sandig-torfiges Substrat, Halbschatten und nach dem Welken eine Ruhephase. Die Taxonomie ist bei *Bletia* noch verworren; häufig werden sie mit den *Bletilla*-Arten verwechselt, die ähnlich aussehen und teilweise frosthart sind. Man kann sie jedoch leicht unterscheiden: die Blütenstiele der *Bletia*-Spezies entstehen aus alten, blattlosen Pseudobulben, jene der anderen bei der Bildung von Neutrieben. Die abgebildete Pflanze blüht im zeitigen Frühjahr; unser Foto entstand bei Lagos de Monte Bello (Mexiko); die Gattung *Bletia* ist im gesamten tropischen Amerika zuhause.

Bollea coronaria ▣ ☹

Intermediär bis thermophil

Die Gattung *Bollea* ist erst unvollständig erforscht und „gezählt“; die sieben bisher bekannten Spezies kommen in gemäßigt-warmen Regionen Südamerikas vor. Die Pflanzen ähneln *Huntleya*- oder *Pescatorea*-Arten (mit denen sie nah verwandt sind): sie besitzen kleine Pseudobulben mit zwei Reihen robust-ledriger länglicher Blätter. Den Blattachseln entsprießen sehr schöne Einzelblüten auf kurzen Stielen: diese haben auffällige Stempel und stumpfe Lippen. Die Tepalia von *B. coronaria* sind burgunderrot; ihre Lippen bedecken fransige Auswüchse. Pflegen Sie *B. coronaria* genau wie die folgende Art. Die Blütezeit fällt gewöhnlich in den Herbst. Die Pflanze auf unserem Foto stammt aus Venezuela.

Bollea coronaria

Bollea heximantha ▣ ☺

Intermediär bis thermophil

Die Blüten der Spezies B. *heximantha* sind schneeweiß; ihre fleischige Lippe ist sattgelb mit leicht gefranstem Rand. Die Art lässt sich leicht pflegen, wenn man dafür sorgt, dass sie während der Vegetationsperiode ziemlich feucht steht. In der freien Natur wachsen diese Orchideen im Inneren des Regenwaldes; daher muss man sie vor praller Sonne schützen. Die feinen Wurzeln von epiphytischen und terrestrischen Arten sind gleichermaßen an hohe organische Substratschichten „gewöhnt"; sie brauchen daher hohe Töpfe mit einem humosen Medium, das stets leicht feucht sein muss. *B. heximantha* blüht vom Herbst bis zum Frühjahr.

Brassavola cucullata ▣ ☺ ☺

Intermediär bis thermophil

Zur Gattung *Brassavola* gehören einige sehr eigenartige Orchideen; mit ihren schmalen, hoch sukkulenten Blättern, die winzigen, dünnen, stabförmigen Pseudobulben entsprießen, erregen sie sogar außerhalb der Blütezeit Aufmerksamkeit. Die Spezies *B. cucullata* ist die längste und krummste aller *Brassavola*-Orchideen. Das betrifft sowohl die Blätter als auch die Blüten: die schmalen Blätter sind im Querschnitt kreisrund und bis zu 35 cm lang, und die gelblich-weißen

Bollea hemixantha

Brassavola cucullata

Blüten besitzen gebogene Tepalia, die 11 cm lang werden. Auch die Lippe ist so stark verlängert, dass sie bandartig wirkt. Und es gibt noch ein verlängertes Organ: jede Blüte sitzt auf einem Fruchtknoten, dessen Länge bis zu 15 cm betragen kann! In der Wildnis wächst sie fast vertikal auf dürrer Baumrinde, weshalb man sie am besten an Rindenstücken oder dicken Ästen befestigt. Die Kultur im Topf ist unnatürlich und riskant (die Wurzeln faulen allzu leicht). Im Sommer hängt man das Ganze im Freien auf – im Halbschatten und vor Regen geschützt. Nach mehrwöchigem „Fasten" kann die Pflanze sogar zweimal jährlich blühen, wenn man ansonsten regelmäßig gießt und düngt. *B. cucullata* blüht unregelmäßig, in Kultur jedoch bis zu zweimal im Jahr. Sie stammt aus Mexiko, anderen Ländern Mittelamerikas und Venezuela.

Brassavola martiana ⊡ ▣ ☺

Intermediär

Eine kleine, attraktive und daher in Sammlungen sehr beliebte Orchidee. Sie wächst gekrümmt oder herabhängend. Ihre dünnen Blätter werden bis zu 30 cm lang und sind im Querschnitt rund. Die eher kurzen Stiele tragen 3–8 prächtige, 5–6 cm große

Brassavola martiana

Blüten; ihr Hauptmerkmal ist der gekräuselte Rand der weißen Lippe. Die übrigen Tepalia sind grünlich-weiß. Pflegen Sie diese Art genau wie die vorherige. Ihre Blüten erscheinen im Sommer. *Brassavola martiana* stammt aus dem heißen Amazonas-Tiefland von Brasilien und Guyana.

Brassavola nodosa ⊡ ◼ ☺

Intermediär bis thermophil

Die Spezies *B. nodosa* gehört zu einer Gruppe von kleineren Orchideen, die bereitwillig blühen – was sie in Liebhaberkreisen mit Recht zum absoluten Favoriten unter ihresgleichen macht. Überdies ist sie sehr anspruchslos und widerstandsfähig gegen Trockenheit und Haltungsfehler. Die unauffälligen Pseudobulben tragen dicke Blätter mit halbkreisförmigem Querschnitt, die nicht länger als 15 cm werden – je trockener und heller das Habitat der Pflanze, desto gedrungener und kürzer die Blätter. Den einzelnen Pseudobulben entsprießen kurze Stiele mit 1–5 überaus dekorativen grünlich-weißen Blüten. Die Pflege ist einfach: obwohl *B. nodosa* keine „hängende" Art ist, empfiehlt sich die Montage auf Ästen oder Rindenstücken, da ihre Wurzeln sehr empfindlich gegen Nässe sind. Im Winter – oder wenn sich gerade keine neuen Blätter bilden – weiß sie eine mehrwöchige Ruhe zu schätzen: danach blüht sie üppiger. Heimat von *B. nodosa* sind die Länder Mittelamerikas.

Brassavola nodosa

Brassavola subulifolia

Brassavola subulifolia ⊡ ▣ ☺

Intermediär

Die Blüten aller Arten der Gattung *Brassavola* duften äußerst intensiv; da sie ihren Geruch aber nur bei Nacht verströmen, rekrutieren sich die Bestäuber in erster Linie aus dem Kreis der Nachtfalter. *B. subulifolia* ist eine ganz oder halb aufrechte Orchidee mit bis zu 20 cm langen Blättern; ein kurzer Stiel (6 cm) trägt 2–4 Blüten. Letztere nehmen die Form eines symmetrischen Sterns an und sind mit 3–4 cm ungewöhnlich klein. Klein und anspruchslos wie sie sind, würden sie jede Sammlung kleiner Orchideen bereichern; leider sind sie jedoch kaum bekannt und werden fast nie gepflegt. Ihre Kultur erfolgt nach den gleichen Regeln wie die der Art *B. cucullata*. *B. subulifolia* stammt aus Brasilien und Bolivien.

Brassia bidens ▣ ☺

Intermediär bis thermophil

Noch eine unvergleichliche Art! Die Vertreterinnen der Gattung *Brassia* sind von seltener Schönheit – ihre Blüten nehmen wahrhaft außergewöhnliche Dimensionen und Farben an. Nimmt man noch die gattungstypischen Farben und Düfte hinzu, ist das Resultat umso attraktiver. Die Spezies *B. bidens* ist eine litho- (unser Bild) oder epiphytische Orchidee mit länglich-eiförmigen gelblichen Pseudobulben von bis zu 8 cm Länge. Jeder der drahtigen Stiele trägt 3–8 Blüten. Die gelblichen, mit braunen Punkten übersäten Tepalia sind wie beim Rest der Gattung langgezogen mit dicken Säumen. Die weißliche Lippe wirkt im Vergleich mit den übrigen Teilen der Blüte recht gewöhnlich. Man pflegt sie wie die folgenden Arten. Die Pflanze blüht im Winter und Frühjahr; sie stammt aus Venezuela und Kolumbien.

Brassia bidens

Brassia longissima

Brassia maculata

Brassia longissima ▣ ☺

Intermediär bis thermophil

Der lateinische Gattungsname (die „längste") spielt auf ihre Tepalia (namentlich die seitlichen Sepalia) an, die abwärts hängen und bis zu 20 cm lang werden! Die übrigen Teile der Blüte wirken ein wenig bescheidener – die länglich-herzförmige Lippe ist ausdruckslos und weißlich, während die übrigen Tepalia kaum die Länge der eben erwähnten „Rekordbrecher" erreichen. Verschönert werden die Blüten weiterhin durch die elegant verteilten braunen Flecken, die sich dekorativ vom gelben Untergrund abheben. Der aufrechte, bis zu 60 cm hohe Stiel mit seinen 10–15 Blüten entsprießt den Basen der flachen Pseudobulben. Da die Blätter recht lang sind, eignet sich *B. longissima* weniger für kleine Sammlungen mit wenig Platz. Ansonsten gestaltet sich ihre Pflege problemlos. Die Pflanze braucht mehr Licht und eine Ruhephase, damit sie im Frühjahr oder Sommer (Mai–Juli) regelmäßig blüht. Ihr Verbreitungsgebiet ist auffällig „gestreut": sie kommt in Costa Rica und Panama, aber auch in Ecuador und Peru vor.

Brassia maculata ▣ ☺

Intermediär bis thermophil

Diese Art verdient Erwähnung, obwohl ihre Blüten weniger stark als die von *B. longissima* ausgezogen sind. Ihre Kulturansprüche und das Aussehen der grünen Teile lassen beide Spezies fast identisch wirken, doch besitzt *B. longissima* etwas größere Pseudobulben. Der Stiel kann bis zu 20 grünliche Blüten mit weißlichen, glänzend braun gesprenkelten Lippen tragen. Die langen Sepalia erreichen maximal 10 cm. *B. maculata* blüht vom Spätsommer bis in den Spätherbst. Sie ist aus Kuba, Jamaika, Guatemala und Honduras bekannt.

Brassia mexicana

Bulbophyllum sessile

Bulbophyllum

□ ⊡ ☺

Thermophil

Die Gattung *Bulbophyllum* ist die größte innerhalb der Familie der *Orchidaceae* – kein Wunder, zählt sie doch wenigstens 1100 Spezies! Die Formulierung „wenigstens" deutet schon an, dass die Gesamtzahl der *Bulbophyllum*-Arten noch nicht genau bekannt ist (und es wohl auch nie sein wird): man entdeckt laufend neue Wildformen. Außerdem herrscht auch innerhalb der Gattung reichlich Verwirrung: wegen der großen Varianz und Heterogenität der Formen gibt es keine verlässlichen Bestimmungsschlüssel. Ein gemeinsames Merkmal aller *Bulbophyllum*-Orchideen sind aber die kleinen, flachen, rundlichen bis ovalen Pseudobulben mit je 1–2 lederartigen Blättern an den Enden (daher ihr lateinischer Gattungsname). Die Pseudobulben entspringen in größeren Intervallen

Bulbophyllum sp., Thailand

Brassia mexicana

▣ ☺

Intermediär

Das einzige Merkmal, das *Brassia mexicana* deutlich vom Rest der Gattung unterscheidet, sind die kräftigen, länglichen, purpurbraunen Flecken an den Basen ihrer Tepalia und einige dunkel-purpurne Punkte im Zentrum der weißen Lippe. Das Aussehen der grünen Teile sowie die Ansprüche an Ökologie und Kultur machen sie zu einer typischen Vertreterin ihrer Gattung. *B. mexicana* blüht im Frühjahr und stammt – wie man unschwer errät – aus Mexiko.

Bulbophyllum vaginatum

Bulbophyllum falcatum

einem kräftigen Kriechtrieb und bilden doldenartige Blütenstände. Die weitaus meisten Blüten sind klein und hässlich mit zungenförmiger Lippe. Früher rechnete man zu dieser Gattung zahlreiche Spezies mit winzigen Blüten auf doldenartigen Blütenständen, doch heute hat man die meisten in die etwas künstlich wirkende (aber züchterisch wichtige) Gattung *Cirrhopetallum* gestellt. Bei einigen *Bulbophyllum*-Arten sitzen zwei Reihen der winzigen Blüten auf einem spiralig gekrümmten Stiel oder einem länglichen Blütentrieb (*B. falcatum*); andere haben Lippen mit hübschen haarigen oder bürstenartigen Anhängseln. Damit nicht genug: einige *Bulbophyllum*-Orchideen zeichnen sich durch ziemlich große, bizarre Einzelblüten aus – die bekannteste und am längsten gepflegte ist wohl *B. lobbii*. Wegen der großen Artenzahl gibt es bei dieser Gattung keine Faustregeln für die Pflege; die verfügbaren Spezies stellen in dieser Hinsicht aber keine ungewöhnlichen Ansprüche – sie eignen sich sogar für Anfänger mit mäßig gut beleuchteten Zimmerkulturbehältern. Da *Bulbophyllum*-Orchideen fast ausnahmslos Epiphyten sind, fühlen sie sich auf größeren Rindenstücken oder Ästen wohler – sogar im Gewächshaus, denn ihre kriechenden Wurzeln „entkommen" schnell aus jedem Blumentopf. Man bindet sie entweder auf trockenem Holz oder über einer dünnen Spagnum-Schicht auf. Die Pflanzen vertragen sogar Halbschatten und eine spärliche Belüftung, blühen in solcher Umgebung aber weniger üppig und werden unangenehm groß. Ihr Verbreitungsschwerpunkt liegt in Südostasien, doch einige Arten kommen auch in den Tropen Amerikas, Afrikas und Australiens vor.

Bulbophyllum gadgarrense

Bulbophyllum auriculatum

Calanthe-Hybride

Calanthe vestita

Calanthe

▣ ☹ ☺

Intermediär bis thermophil

Zur Gattung *Calanthe* gehört ein ungemein interessanter „Ausreißer“: fast alle 150 Arten sind in Asien, Australien und Afrika zuhause – aber eine einzige hat es bis in die Neue Welt verschlagen! Botaniker gliedern die Gattung in zwei ökologisch verschiedene Gruppen. Die Vertreter der ersten (*Eucalanthe*) haben nur reduzierte Pseudobulben mit Büscheln großer, ausdauernder Blätter. Wegen ihrer Robustheit sind sie bei Liebhabern nicht sehr populär. *Eucalanthe*-Orchideen sind Epiphyten, die das ganze Jahr hindurch wachsen; sie brauchen humoses Substrat, Halbschatten, ständiges Gießen und eine warme bis gemäßigte Umgebung. Zu ihnen gehört die abgebildete *C. arcuata*. Die andere Gruppe (*Preptanthe*) ist artenreicher und für die Kultur wichtiger. *Preptanthe*-Orchideen bilden große, jährlich ihre Blätter wechselnde Pseudobulben; das gilt auch für die beliebteste und am häufigsten gepflegte *C. vestita*. Im Lebens einer *Preptanthe*-Orchidee gibt es drei Phasen: Wachstum, Blüte und Ruhe. Ihr Lebenszyklus ist daher einzigartig: der bis zu 70 cm lange Blütenstiel entsprießt der Flanke eines „kahlen“ Pseudobulbus und trägt zahlreiche Blüten, deren auffälligstes Merkmal die vierlappige Lippe darstellt. Die Pflanzen blühen im Herbst und im Winter; zuvor werfen sie stets sämtliche Blätter ab. Darauf folgt eine Ruhephase, an die sich die Bildung der neuen

Calanthe triplicata

Calanthe vestita var. *rubrooculata*

Triebe anschließt. Die meisten *Preptanthe*-Orchideen sind interessante terrestrische Arten, die in Freiheit humusgefüllte Kalkfelsspalten besiedeln. Die Kultur hat einige Besonderheiten: lagern Sie die Bulben nach dem Welken an einem trockenen, schattigen Ort (etwa unter dem Gewächshaustisch) und gießen Sie erst nach dem Austreiben vorsichtig. Sie wachsen atypisch – in normaler Gartenerde mit etwas Humus und Kalkgrit. Auf dem Höhepunkt der Wachstumsperiode werden sie im Halbschatten (!) reichlich gegossen und gedüngt. Beim Sprühen niemals die Blätter benetzen – sie schätzen das gar nicht! Sobald sich neue Pseudobulben bilden und die Blätter allmählich gelb werden, reduziert man das Gießen. Die Fotos zeigen vier Vertreter der *Preptanthe*-Gruppe.

Calanthe rubens

Calanthe arcuata

Catasetum macrocarpum

Catasetum macrocarpum ▣ ■ ☺

Kryophil bis thermophil

Die Orchideen der Gattung *Catasetum* sind wirklich ungewöhnlich, da jede Pflanze zwei völlig verschiedene Blütenformen hervorbringt – männliche und weibliche.
C. macrocarpum ist eine robuste Orchidee mit spindelartigen Pseudobulben, die in der Wachstumsphase mehrere lanzettförmige Blätter tragen. Ihren Basen entsprießen Blütendolden auf bis zu 45 cm langen Stielen (daher auch der lateinische Artname), deren 3–10 Blüten am Ende „auf dem Kopf stehen". Ihre grün-gelben Lippen sind wie Helme geschlossen, konvex geformt und innen dunkel. Die männlichen Blüten schmücken fühlerartige Anhängsel, während bei weiblichen die Innenseite der Lippe gelb ist.
Die Pflege ist recht einfach: man sollte während der Wachstumsperiode ausreichend düngen und gießen; darauf folgt eine kühlere, trockenere Ruhephase. Die Blüten erscheinen im Spätsommer und Herbst. Die Art bewohnt große Teile der Tropen Mittel- und Südamerikas.

Catasetum pileatum ▣ 😐 ☺

Intermediär

Berühmt sind *Catasetum*-Orchideen für ihre auffälligen Blüten. Diese werden von Lippen geprägt, die entweder weit offen oder helmartig geschlossen sind. Sie stehen sozusagen auf dem Kopf, sodass ihre Lippen eine Art Dach bilden; bei vielen Arten besitzen sie merkwürdige fühlerähnliche Fortsätze.
Die Spezies *C. pileatum* zählt dank der weißlichgelben, bizarr geformten Blüten zweifellos zu den schönsten Vertreterinnen der gesamten Gattung. Sie bildet 3–6 bis zu 10 cm weite Blüten, die auf langen Stielen sitzen. Die Lippe ist so stark verbreitert, dass sie wie eine Satellitenschüssel wirkt, und besitzt im unteren Teil eine dunkle Höhlung.
Pflegen Sie diese Art wie die vorigen. *C. pileatum* kann uns im August und September mit Blüten erfreuen. Ihre Heimat sind die unteren Höhenlagen Venezuelas und Ecuadors.

Catasetum pileatum

Catasetum sp. ▣ 😐 ☺

Intermediär

Für den normalen Orchideenfreund ist es schon ein Erlebnis, in der freien Natur einer blühenden *Catasetum*-Orchidee zu begegnen. Daran ändert auch die Tatsache nichts, dass sich die Pflanze gewöhnlich nicht bestimmen lässt: selbst Spezialisten können das nur anhand von lebenden oder Herbarien-Exemplaren tun … und da man wildwachsende Orchideen nicht pflücken darf, unterbleibt die Bestimmung. Dies war auch bei der abgebildeten Pflanze der Fall, die wir in Mexiko fanden.
Wer glücklicher Besitzer einer *Catasetum*-Orchidee ist, hat mit ihrer Pflege kaum Probleme. Man sollte die Pflanze ausreichend gießen und düngen,

Catasetum sp., Mexiko

Catasetum sp. Bolivien

sobald sich neue Pseudobulben zu bilden beginnen; anschließend folgt eine kühlere, trockenere Ruhephase.
Die Art lässt sich als Epiphyt, in Körben oder in Töpfen kultivieren. Die abgebildeten Pflanzen blühen im Frühjahr und stammen aus Bolivien und Mexiko.

Cattleya aclandiae ⊡ ▣ ☹

Thermophil

Diese Orchideen nehmen unter ihren Verwandten eine Sonderstellung ein – sie sind die kleinsten. Das tut ihrer Schönheit keinen Abbruch, eher im Gegenteil. Die schmalen, bis zu 15 cm langen Pseudobulben tragen 1–3 länglich-ovale Blätter. In scharfem Kontrast zu ihren Dimensionen stehen die farbenprächtigen, bis zu 10 cm weiten Blüten. Jede Blüte bekrönt eine purpurne Lippe. Die übrigen Tepalia sind grünlich-gelb und mit großen rostroten Flecken übersät.
Ihre Proportionen machen *Cattleya aclandiae* zu einer heiß begehrten Rarität; allerdings ist sie die heikelste unter allen botanischen *Cattleya*-Arten. Sie blüht vom Sommer bis in den Herbst und stammt aus Bahia (Brasilien).

Cattleya aclandiae

Cattleya amethystoglossa ■ ☺

Intermediär

Die Blüten dieser Art wirken im Wortsinne hypnotisierend – so ungewöhnlich und interessant ist ihre Farbe. Es ist schade, dass *C. amethystoglossa* in der Kultur nur so schwer blüht und ziemlich sperrig ist. Ihre Pseudobulben werden bis zu 80 cm hoch und tragen 2–3 endständige Blätter. An reifen Trieben zwischen den Blättern bildet sich eine flache Blütenscheide, aus der nach dem Aufplatzen der üppige Blütenstand mit 5–10 Blüten austritt. Letztere sind kräftig und bis zu 8 cm weit; ihre kleine mauve Lippe hat weiß überhauchte Seitenlappen. Die weißlichen bis rosa Tepalia sind mit burgunderroten Punkten übersät. Man kultiviert diese Art wie *C. bicolor*. Diese Pflanzen blühen etwa von Februar bis April; entdeckt wurden sie zuerst in Bahia (Brasilien).

Cattleya amethystoglossa

Cattleya aurantiaca

Cattleya aurantiaca ▣ ☺

Intermediär

Wie der Artname andeutet, sind die lebhaft gelb gefärbten Blüten das Schönste an dieser Orchidee. Für die Zucht neuer Kulturformen kommt ihr große Bedeutung zu, obwohl sich die kleinen Blüten nachteilig auswirken. Die Spezies bildet keulenförmige, nur schwach verdickte Pseudobulben von bis zu 35 cm Länge mit zwei Blättern. Aus der Blütenscheide, die sich zwischen den Blättern an der Spitze der Pseudobulben bildet, schiebt sich schließlich ein kurzer Stiel mit bis zu 15 Blüten. Letztere sind etwa 3,5 cm weit und blühen höchstens 6–9 Tage.

Halten Sie die Pflanze während des Wachstums feucht, aber vermeiden Sie Staunässe. Im Winter sollte sie trockener gehalten und nicht gedüngt werden. In ihrer Heimat wächst die Pflanze häufig auf alten Bäumen in Kaffeeplantagen; im Primärwald besiedelt sie nachweislich große Teile Mittelamerikas (von Mexiko bis nach Costa Rica).

Cattleya bicolor ▣ ■ ☺

Intermediär

Diese epi- oder lithophytische Orchidee liebt kühlfeuchte Luft – in der Natur wächst sie in Flusscañons mittlerer Höhenlagen. Die Pflanze bildet schlanke, bis zu 60 cm hohe Pseudobulben, die anders als bei den übrigen *Cattleya*-Arten nicht verdickt sind. Der Blütenstiel trägt bis zu 5 maximal 12 cm weite Blüten mit rosa-scharlachroter Lippe und oliv-braunen Tepalia. Jene erscheinen von August bis September und halten sich höchstens 3–4 Wochen.

Ihre Pflege ist nicht schwer: am besten hängt man sie im Gewächshaus in einem Epiphytenkorb an einer gut belüfteten und ziemlich kühlen Stelle auf. Während der Sommermonate kann man sie in eine Obstbaumkrone hängen, doch muss sie dann oft übersprüht werden, wenn es sehr schwül wird. *C. bicolor* stammt aus Brasilien, wo die Art bereits im Jahre 1836 entdeckt wurde.

Cattleya bicolor

Cattleya dowiana var. *aurea*

Cattleya dowiana var. *aurea* ▣ 😐

Thermophil

C. dowiana ist die schönste und „duftigste“ aller *Cattleya*-Arten – und eine der hübschesten Orchideen überhaupt, soweit der Kontrast ihrer Formen und Farben in Betracht kommt. Die riesigen Blüten haben bis zu 16 cm Durchmesser. Ihr Hauptanziehungspunkt ist die Lippe, durch deren Purpur sich goldgelbe Streifen ziehen. Die anderen Tepalia sind breit, gekräuselt und sattgelb. Diese Spezies braucht es wärmer als andere *Cattleya*-Arten; man kultiviert sie am besten im Topf. Die Art stammt aus Panama, Costa Rica und Kolumbien, wo man im Tal von Antigua ihre seltene Spielart *aurea* entdeckte. *C. aurea* hat eine Lippe mit vergleichsweise sattgelben Streifen, während die Tepalia an der Basis rötlich gefärbt sind (unser Bild). Wegen ihrer wertvollen Eigenschaften wird *C. aurea* oft bei der Zucht eingesetzt.

Cattleya elongata ■ 😐

Intermediär

Diese *Cattleya* ähnelt von ihrer Größe und Erscheinung her *C. amethystoglossa*. Sie wird also ziemlich groß und ist daher für kleine Liebhabersammlungen ungeeignet. Als Träger willkommener Erbeigenschaften – v. a. langer Pseudobulben – erfreut sie sich bei Züchtern großer Beliebtheit. Der maximal 40 cm lange Stiel trägt 3–8 große, bis zu 8 cm weite Blüten. Die dreilappige, purpurne Lippe umgeben bräunlich-purpurne Tepalia mit welligen Blattsäumen. In der freien Natur kommt diese Art an trockeneren Stellen vor; deshalb braucht sie mehr Licht und Luftbewegung als üblich. Sie blüht im Frühjahr und wurde in Brasilien nachgewiesen.

Cattleya elongata

Cattleya forbesii ⊡ ☺

Intermediär

C. forbesii ist eine der „zweiblättrigen“ *Cattleya*-Orchideen und eignet sich wegen ihrer bescheidenen Dimensionen auch für kleinere Sammlungen. Die höchstens 25 cm hohen Pseudobulben tragen 1–5 robuste, bis zu 10 cm weite Blüten. Die Lippe ist weiß und am Rand gewellt, außen gelb und innen zusätzlich rot geädert. Die Tepalia sind olivgelb. Die Art könnte kaum einfacher zu pflegen sein. Sie blüht etwa von Juli bis Oktober sehr üppig. Zuhause ist *C. forbesii* in Brasilien.

Cattleya forbesii

Cattleya guttata

Cattleya guttata ■ ☺

Intermediär

Noch eine robuste *Cattleya*: die Großwüchsigkeit der Pflanzen wird durch ihre Resistenz gegen Haltungsfehler und ihre wahrhaft üppigen Blütenschübe ausgeglichen.
Die Pseudobulben können bis zu 70 cm hoch werden und bilden meist zwei, manchmal drei feste, lederartige Blätter. Der aufrechte Blütenstiel trägt bis zu 15 sehr kräftige Blüten. Der mittlere, kreisrunde Lappen der dreilappigen Lippe sticht purpurn hervor, während die Tepalia grün und mit bräunlichroten Punkten verziert sind. Die Pflanzen werden durch starkes Wuchern sehr unansehnlich, wenn man sie zu schattig hält. Ansonsten hat die Kultur dieser Art keine Überraschungen zu bieten. *C. guttata* blüht zwischen September und Dezember; in der freien Natur findet man sie nur stellenweise in Brasilien.

Cattleya intermedia ■ ☺

Intermediär

Dies ist gemeinsam mit *C. bowringiana* die am häufigsten gepflegte zweiblättrige *Cattleya* – obwohl sie im Sommer blüht, also zu einer aus züchterischer Sicht eher ungünstigen Zeit. Ihre Pseudobulben erreichen mit bis zu 40 cm stattliche Dimensionen. Der Blütenstand besteht aus 3–7 blassrosa-purpurnen Blüten mit purpurner Äderung und einem gelben Fleck im „Schlund“.
Neben der typischen Form gibt es bei dieser Spezies mehrere Varianten und Abarten, die genetisch und für die Zucht von Bedeutung sind. Erwähnung verdienen die beliebten Albinos und eine als „Aquini“ bezeichnete Anomalität: dort sind Petalia wie die Lippen gefärbt, und Züchter haben mit Hilfe dieser Variante zahlreiche hübsche Hybriden (so genannte Aquini-Typen) produziert. Die Art blüht zwischen Mai und August; sie stammt aus Brasilien.

Cattleya intermedia

Cattleya iricolor

Cattleya iricolor ▣ 😐

Intermediär

C. iricolor sieht nicht besonders schön aus, verdient aber Aufmerksamkeit – und sei es nur wegen ihrer interessanten (Wieder-)Entdeckung. Zuerst fand man die Spezies vor über 100 Jahren in Ecuador. Anschließend „verschwand“ sie für viele Jahrzehnte, um in den 1980er-Jahren abermals „entdeckt“ zu werden, und heute wetteifern Züchter und botanische Gärten weltweit darum, in ihren Besitz zu kommen.

Morphologisch entspricht sie anderen zweiblättrigen Orchideen – die Blüten sind ziemlich klein und stehen in Gruppen von 3–7 auf relativ kurzen Stielen. Ihre Tepalia sind schmal und gelblich; die schlauchartig verlängerte Lippe ziert ein purpurnes Muster, das an einen Regenbogen erinnert (daher auch der Artname).
Die Pflege ist nicht schwierig: die Pflanze braucht zum Heranreifen der Neutriebe eine Ruhephase.

Cattleya leopoldii ▣ ☺

Thermophil

Diese äußerst beliebte Art ist leider kaum zu bekommen, da sie sich in Kultur schwer züchten lässt.
C. leopoldii ist eng mit der Spezies *C. guttata* verwandt, von der sie ihre geringere Größe und die gewaltigen Trauben aus bis zu 20 Blüten unterscheiden. Beeindruckend auch deren Färbung: die mahagonibraune, purpurn überhauchte Lippe zieren unregelmäßig gestreute rote Flecken. Es gibt auch eine hoch interessante, sehr geschätzte farblose (apochromatische) Spielart: hier treten zur weißen Lippe myrtengrüne Tepalia.
Die Kultur gestaltet sich wie bei den übrigen *Cattleya*-Arten. Diese Spezies blüht zwischen August und Oktober. Ihre Urheimat ist Brasilien.

Cattleya leopoldii

Cattleya loddigesii ▣ ☺

Intermediär

Diese recht kleine Pflanze ist pflegeleicht; sie blüht bereitwillig und sehr schön – kurz: sie hat alle wichtigen Vorteile und eignet sich unbedingt für kleine Liebhabersammlungen. Die zweiblättrigen Pseudobulben messen bis zu 35 cm, und der Blütenscheide entsprießt ein kurzer Stiel mit 2–5 Blüten. Jene sind bis zu 10 cm weit; ihre dreilappige, kräftig gekräuselte Lippe ist innen gelb. Die übrigen Tepalia sind glänzend rosa-purpurn. *C. stanleyi*, eine in der Natur entdeckte Albino-Variante von *C. guttata*, erfreut sich sehr großer Beliebtheit. Die Blüten beider Spielarten sind robust und ungewöhnlich ausdauernd, sodass man sie als Schnittblumen züchtet.
Die Pflege gestaltet sich wie bei den übrigen intermediären *Cattleya*-Arten. Ein Nachteil dieser Spezies besteht darin, dass manche Exemplare im Sommer blühen; die Blüten erscheinen zwischen Juni und November. *C. loddigesii* stammt aus Brasilien.

Cattleya loddigesii

Cattleya luteola

Cattleya luteola ⊡ ☺

Thermophil

Diese einblättrige Zwergart eignet sich sogar für die Kultur in kleineren Zuchtanlagen. Die Blüten sind zugegebenermaßen klein (4 cm), doch schätzt man sie wegen ihrer Farbe sehr, da Schwefelgelb bei *Cattleya*-Arten recht selten vorkommt.
Die Pseudobulben dieser Spezies werden bis zu 15 cm lang; die kurze Ähre besteht aus 2–5 Blüten. Die Lippe ist gelb mit weißem Saum und orangeroten Abzeichen im auffällig schlauchartigen „Schlund". *C. luteola* muss man wärmer, aber auch feuchter halten; diese Kombination lässt sich bei manchen Pflegern nur schwer erreichen. Die Art blüht im Herbst und im Winter; sie ist ein Epiphyt und stammt aus dem Amazonas-Becken nördlich und westlich von Manaus (Brasilien).

Cattleya maxima ▣ ■ ☺

Intermediär

Diese Spezies taucht in Sammlungen seltener auf als sie es verdienen würde. Ihre flachen, keulenförmigen Pseudobulben messen etwa 25 cm und enden in einem schmalen, bis zu 20 cm langen Blatt. Die maximal 15 cm langen Blütendolden passen gut zum Artnamen, denn es gibt nicht viele annähernd so hohe Cattleya-Spezies. Mehr noch: an dem langen Stiel können bis zu 8 Blüten sitzen. Die lange, schlauchförmige Lippe besitzt einen welligen Saum; sie ist goldgelb mit dunkel-purpurner bis oranger Äderung an der Innenseite. Die übrigen Tepalia sind hell-purpurn mit krausen Rändern.
Die Pflege ist unkompliziert; zur Blüte kommt es zu einer für europäische Züchter günstigen Zeit – zwischen Oktober und Januar, also in einer düsteren, lichtarmen Saison. *C. maxima* stammt aus den Vorbergen der Anden Perus, Ecuadors und Kolumbiens.

Cattleya maxima

Cattleya mossiae var. *wageneri*

Cattleya percivaliana

Cattleya percivaliana ⊡ ▣ ☺

Intermediär

Eine Art von seltener Schönheit – ihr einziges Manko ist der etwas muffige Geruch der Blüten. Die einblättrigen Pseudobulben bringen es gerade auf 15 cm, während die Blätter 10 cm länger werden. Der 25 cm lange Stiel trägt 3–4 Blüten, deren Durchmesser bis zu 12 cm betragen kann. Die Farbe der Tepalia liegt etwa zwischen rosa und purpurn; die schlauchförmige Lippe ist innen purpurn-rot mit gelbem bis gelb-orangem Schlund und gekräuselten Säumen. Die Pflanze ist leicht zu pflegen. Ihre Blüten erscheinen zwischen Januar und März. *C. percivaliana* kommt nur in Venezuela vor, und zwar in Regionen mit hoher relativer Luftfeuchtigkeit.

Cattleya schilleriana ⊡ ☺

Intermediär

Eine kleine „Schaufenster"-*Cattleya* mit großen Blüten. Die zweiblättrigen Pseudobulben werden kaum 10–15 cm lang. Die bis zu 10 cm weiten Blüten sitzen einzeln oder paarweise auf kurzen Stielen. Sie haben eine dreilappige, blass purpurne Lippe mit bräunlicher Zeichnung. Die grünen, rötlich angehauchten Tepalia sind mit purpurn-braunen Flecken übersät. Diese Orchideen blühen unregelmäßig zwischen Februar und Juli. *C. schilleriana* stammt aus Brasilien.

Cattleya schilleriana

Cattleya mossiae var. *wageneri* ▣ ☺

Intermediär

Die voll ausgefärbte Variante dieser Art wird nicht so hoch geschätzt wie die albinotische *C. mossiae* var. *wageneri*; jene hat reinweiße Blüten mit gelblicher Lippe und steht den weißblühenden *Cattleya*-Hybriden kaum nach. Die ziemlich dicken, keulenförmigen Pseudobulben enden jeweils in einem dicken, kräftigen Blatt. Der Stiel trägt bis zu 5 große Blüten. Typisch für diese Art sind sehr wellige Lippen mit gelber Kehle und purpurner Äderung. Die übrigen Tepalia sind blass rosa-purpurn.

Die Pflanze ist anspruchslos und blüht zwischen Juni und August. Sie stammt aus Venezuela.

Cattleya skinneri ▣ ■ ☺

Intermediär

Diese Orchidee – die Nationalblume des mittelamerikanischen Staates Costa Rica – wird leider nur selten gepflegt. Sie ist eine recht robuste Vertreterin ihrer Gattung – die dicken, zweiblättrigen Pseudobulben werden bis zu 25 cm lang. Durch ihre schmaleren Basen unterscheidet sich die Art von der sehr ähnlichen *C. schilleriana*. Ein kurzer Stiel trägt 3–7 bis zu 10 cm weite, purpurfarbene Blüten, deren lange, röhrenartige Lippe innen gelb gefärbt ist. Es wurde auch eine albinotische Spielart namens var. *alba* mit reinweißen Blüten beschrieben, deren Lippe innen grünlich ist.
Diese Art gedeiht bei „normaler" Pflege – am besten in einem Blumentopf, dessen Substrat einen hohen Anteil Kiefernrindenmulch enthält. Sie blüht im Frühjahr und stammt aus Mexiko, Costa Rica und Guatemala.

Cattleya sp. ▣ ☺

Intermediär

Man möchte meinen, dass die Taxonomie der recht auffälligen, großblütigen *Cattleya*-Orchideen keinen Platz für Überraschungen mehr bietet – und dennoch finden sich in der Wildnis neue interessante Exemplare. Die abgebildete Pflanze sorgte unter Experten für Diskussionen: ist sie eine generische bzw. intergenerische Hybride oder gar eine neue Art?
Die zweiblättrige Orchidee mit den dünnen, bis zu 35 cm langen Pseudobulben ist ein Epiphyt mit ökologischen Ansprüchen wie andere brasilianische *Cattleya*-Arten. Entdeckt wurde sie 1999 unweit von Rio de Janeiro (Brasilien).

Cattleya velutina ▣ ☹

Thermophil

Diese Art entdeckte man im Tal von Parahiba zwischen Rio de Janeiro und São Paulo (Brasilien). Sie ist heute höchstwahrscheinlich ausgestorben,

Cattleya sp., Brasilien

Cattleya velutina

da man sie in den 1980er-Jahren ohne Kontrolle „erntete“. Das macht *C. velutina* zu einem wohl behüteten Schmuckstück jeder Sammlung. Sie ist nicht nur selten, sondern auch sehr schön (vor allem die Blüten). Ihre Lippe hat einen weit geöffneten Mittellappen und ist purpurn geädert. Die übrigen Tepalia sind rostrot und mit dunklen Flecken geziert. Außerhalb der Blüte ähnelt sie *C. bicolor*, doch hat sie kürzere, dickere Pseudobulben.

Man pflegt diese Spezies genau wie andere botanische *Cattleya*-Arten. *C. velutina* blüht im Juni und Juli.

Cattleya violacea var. *superba* ▣ 😐 ☺

Intermediär

Diese hübsche Art aus Amazonien wird trotz ihrer einzigartigen Schönheit und geringen Größe sehr selten gepflegt: sie wächst nämlich sehr langsam und blüht nur schwer. Ihre zweiblättrigen Pseudobulben erreichen 20 cm Länge; der kurze Stiel trägt 3–7 Blüten. Die flachen, kräftigen Blätter haben bis zu 14 cm Durchmesser. Zu den glänzend purpurnen Tepalia kommt eine rot-purpurne dreilappige Lippe.

Man pflegt die Art als Epiphyt oder in Rindenmulch gepflanzt. Die Blüten erscheinen im Juli/August an reifen Pseudobulben. Diese Art kommt im ganzen Amazonasbecken vor, von Kolumbien und Venezuela bis Brasilien und Bolivien.

Cattleya violacea var. *superba*

Cattleya walkeriana ⊡ ☺

Intermediär

Diese Spezies zeichnet sich durch ihre ungewöhnliche Blütenbildung aus – die Blüten entsprießen nicht der Scheide an der Pseudobulbenspitze, sondern speziellen blattlosen Trieben. Die einblättrigen Pseudobulben messen nur 10 cm, wobei der 2–3 Blüten tragende Stiel kaum länger wird. Die purpurnen Blüten sind mit bis zu 10 cm Durchmesser recht groß. Es gibt auch eine weißblühende Spielart (var. *alba*). Die dreilappige Lippe ist flach und an der Basis stark eingezogen. Ihre Größe macht diese Art zu einem begehrten Juwel für Kleingewächshäuser etc., nur ist sie schwer zu bekommen. Man sollte sie als Epiphyt auf Rinde oder Zweigen pflegen, da die Wurzeln leicht schimmeln. *C. walkeriana* blüht von Dezember bis April – zur richtigen Zeit für den Gärtner. Zuhause ist sie in Brasilien.

Cattleya walkeriana

Cattleyopsis lindenii

Cattleyopsis lindenii ⊡ ☺

Thermophil

Obwohl man sie früher in großer Menge aus Kuba importierte, wird die Art recht selten gepflegt. Man schreibt das ihrem langsamen Wachstum zu (mit anderen Worten: sie lässt sich nur begrenzt vegetativ vermehren). Diese Spezies bildet ein dichtes, zähes Geflecht winziger ovaler Pseudobulben mit harten, dicken, gesägten Blättern. Sie prunkt mit blassrosa, sich nie ganz öffnenden Blüten auf einem langen, häufig verzweigten Stiel. Die äußerst langlebigen Gebilde prägt eine hängende Röhrenlippe mit kraus-bewimpertem Saum, der irgendwie an *Cattleya*-Arten erinnert (daher auch der Gattungsname). Die Kultur ist recht kompliziert, da diese Art viel Licht liebt und im Winter stark leidet. Man sollte sie daher dann in nur mäßig warmen Räumen pflegen. Die Pflanze blüht im Spätsommer und im Herbst; sie stammt von Kuba und anderen Inseln der Karibik.

Caularthron bicornutum ▣ ■ ☺ ☺

Intermediär bis thermophil

Die Vertreterinnen dieser kleinen Gattung (nur 2 Arten) wurden früher zu *Epidendrum* gerechnet, aber von jener Gattung abgetrennt, weil die Lippe ihrer Blüten anders angeordnet ist. Die robusten, länglich-zylindrischen Pseudobulben sind innen hohl und dienen im Falle von *C. bilamellatum*

Caularthron bicornutum

Ameisen als Behausung. Die Pseudobulben der besser bekannten Art *C. bicornutum* werden bis zu 25 cm lang und tragen am oberen Teil jeweils 3–4 maximal 35 cm lange Blätter. Der buschig-aufrechte Stiel entsprießt der Spitze des Pseudobulbus und trägt bis zu 20 prächtige, etwa 6 cm weite Blüten. Diese epiphytische Art ist eine gesuchte Rarität. Man pflegt sie auf aufgehängten Unterlagen, besser noch in Töpfen mit durchlässigen Medien. Nach dem winterlichen Verwelken ist eine trockenere Ruhephase nötig. Die Art stammt aus Brasilien, Kolumbien, Guyana, Trinidad, Tobago und Venezuela (wo unser Bild entstand).

Ceratostylis rubra □ ⊡ 😐 ☺

Intermediär bis thermophil

Die kleinen epiphytischen Orchideen dieser Gattung bilden hübsche Büsche. Ihre Beliebtheit bei Sammlern verdanken sie den kleinen, farbenprächtigen Blüten, die oft in großer Zahl an einem Stiel sitzen. Die Spezies *C. rubra* hat einfache bis schwach verzweigte Stämme, die mit einer braunen Membran bedeckt sind. Die prächtigen ziegelroten Blüten mit den kaum sichtbaren weißen Lippen haben nur 2 cm Durchmesser. Sie stehen einzeln oder in kleinen Gruppen in den Blattachseln. Pflegen Sie die Art als Epiphyt mäßig feucht im Halbschatten: wegen der sehr zarten Wurzeln braucht sie Moos als Unterlage. Vom Eintopfen ist abzuraten, da die Wurzeln leicht schimmeln. Die Blüten erscheinen zu unregelmäßigen Jahreszeiten. Heimat dieser Pflanze sind die Philippinen.

Ceratostylis rubra

Chiloschista sp.

Chiloschista sp., Thailand

Chiloschista sp.

Chiloschista

□ ⊡ ☺

Thermophil

Morphologie und Lebensweise machen die Orchideen der Gattung *Chiloschista* zu absoluten Ausnahmen, nicht nur innerhalb der *Orchidaceae*. Die *Chiloschista-Orchideen* können keine Blätter mehr ausbilden (oder nur selten in verkümmerter Form), sodass die Assimilation hier vollständig Sache der abgeflachten Wurzeln ist. Auch der Stamm ist bis aufs absolute Minimum verkürzt und wird jedes Jahr nur um wenige Millimeter länger. Neue, orchideentypische grüne Wurzeln sprießen unterhalb seiner Wachstumsspitze, um dann noch jahrelang länger zu werden. Die Wurzeln kriechen großflächig über die Unterlage oder ragen frei in die Luft. Die Stiele mit den recht großen und sehr schönen Blütentrauben bilden sich an der gleichen Stelle wie die neuen Wurzeln, in allen möglichen Kombinationen von sattgelb, orange und kaffeebraun.

Die Pflege ist weniger kompliziert, als man zuerst denken möchte: montieren Sie die Pflanzen auf trockene Rinden- oder Holzstücke (Holunderzweige werden empfohlen, weil die Wurzeln in ihrer weichen Borke gut Halt finden). Die kleinen Orchideen brauchen recht feuchte Luft, häufiges Sprühen und einen luftigen Standort ohne übermäßige Sonne. Die beiden ersten Jahre nach dem Aufsetzen sind entscheidend; sobald die Pflanzen Fuß gefasst haben, ist das Verlustrisiko wesentlich geringer. Achten Sie darauf, die Wurzeln beim

Chiloschista sp.

Hantieren oder Befestigen nicht zu beschädigen! Hinsichtlich der Taxonomie bestehen bei den etwa 10 Arten der Gattung *Chiloschista* viele Unklarheiten.

Die Blüten erscheinen gegen Ende des Winters und im Frühjahr. Die Pflanzen stammen aus den warmen Regionen Asiens, von Südindien über Burma, Thailand und die Malaiische Halbinsel bis Java.

Chiloschista sp.

Christensonia vietnamica

Christensonia vietnamica ⊡ ▣ ☺

Intermediär bis thermophil

Diese Art ist der lebende Beweis dafür, dass es auch heute noch Orchideen mit prächtigen Blüten zu entdecken gibt. Sie ähneln äußerlich den *Vanda*-Arten: den Achseln der zweireihig angeordneten Blätter entsprießen wenige Blütenstiele mit großen gelb-grünen Blüten, die breite, reinweiße Lippen haben. Dieser kleine, lichtbedürftige Epiphyt stellt die gleichen Ansprüche wie *Vanda*-Orchideen. Im Winter gießt man etwas weniger und senkt die Temperaturen: nur so kommt die Pflanze mit dem Lichtmangel zurecht. Ihre Blüten erscheinen zwischen Dezember und Juli. Die Spezies wurde erst 1993 beschrieben, als man im Süden von Vietnam Orchideen sammelte.

Chysis bractescens

Cirrhopetalum pseudopicturatum

Cirrhopetalum □ ⊡ ☺

Intermediär bis thermophil

Die Vertreterinnen dieser Gattung wurden von der großen und formenreichen Gattung *Bulbophyllum* abgetrennt. Die Gründe dafür waren weniger wissenschaftlich, sondern hingen mit Gärtnerei und Kultur zusammen. Das einzige wichtige Merkmal, das *Cirrhopetalum*-Arten auszeichnet, sind ihre

Cirrhopetalum pachybulbum

Chysis bractescens ▣ ☹ ☺

Intermediär bis thermophil

Die Orchideen der kleinen Gattung *Chysis* haben eine einzigartige Morphologie, einen interessanten Lebenszyklus und hübsche Blüten. Charakteristisch für *C. bractescens* sind lange, spindelförmige Pseudobulben die herabhängen und zur Wachstumszeit 5–7 später abfallende Blätter tragen. Die seitlichen Stiele bilden sich gleichzeitig mit den Neutrieben und sind nur recht kurz. Jeder davon trägt 10 fleischige, etwa 10 cm weite gelbe Blüten, die porzellanartig wirken. Die Lippe ist gelb mit roter Zeichnung. Diese attraktive Art lässt sich leicht kultivieren: man pflegt sie als Epiphyt auf Borke im warmen Halbschatten. Nach dem völligen Reifen der Pseudobulben lässt man die Pflanze deutlich kühler und trocken ruhen. *C. bractescens* blüht von Mai bis Juni; sie stammt aus Mexiko und Guatemala.

Cirrhopetalum sikkimense

Cirrhopetalum umbellatum

Blütenstände: die winzigen Blüten bilden charakteristische, meist herabhängende Köpfchen oder Dolden. Bisher wurden schon über 60 Arten beschrieben. In gewissem Abstand voneinander bilden sich an den kriechenden Rhizomen kleine, eiförmige Pseudobulben, die je ein Blatt tragen. Die Morphologie der Blüten ist sehr vielgestaltig, und die Tepalia weisen unterschiedliche Formen und Größen auf. Die Blüte ist dank ihrer dünnen Verbindung zum Blütenboden oft seltsam beweglich.

An die Kultur stellen die lichtliebenden Pflanzen keine besonderen Anforderungen; sie gedeihen sogar in kleinen Anlagen. Ganzjährig feuchtwarme Haltung garantiert die gute Bildung neuer Pseudobulben. Die Pflanzen blühen meist zwischen Frühjahr und Herbst, können es aber jederzeit tun, da sie ganzjährig wachsen. Die bekannteste und am häufigsten gepflegte Art ist *C. medusae*. Die Gattung hat ein großes Verbreitungsgebiet – von Ostafrika über Madagaskar bis Asien, Neuguinea und Neukaledonien.

Cirrhopetalum longissimum

Cirrhopetalum curtisii var. *purpureum*

Cleisostoma simondii

Cleisostoma simondii ⊡ ☺

Intermediär bis thermophil

Eine Vertreterin der Zwergepiphyten Asiens. *C. simondii* hat grüne, kaum verholzende und nur selten verzweigte Triebe, die bis zu 30 cm lang werden. Diese tragen zwei schüttere Reihen fleischiger, 5–8 cm langer Blätter von fast rundem Querschnitt. Den Stämmen entsprießen zahlreiche Luftwurzeln. Die hängenden Blütenstände bestehen aus bis zu 15 recht auffälligen, etwa 1,5 cm weiten Blüten. Ihre Tepalia sind braun-gelb mit dunklen Längsstreifen; die purpurne Lippe hat unten einen stumpfen, spornartigen Fortsatz.

Cochleanthes discolor

Cleisostoma-Orchideen zählen zu den beliebtesten Bestandteilen kleiner botanischer Sammlungen und werden oft von Thai-Farmen angeboten. Haben Sie keine Angst vor der Kultur: setzen Sie die Pflanzen z.B. auf Korkunterlagen und sorgen Sie während der Wachstumsperiode für genug Licht, Wärme und reichlich Wasser. Im Winter senkt man die Temperatur und gießt weniger. *C. simondii* blüht zwischen Oktober und November und stammt aus Südostasien, vor allem aus Thailand und anderen Staaten.

Cochleanthes discolor ▣ ☺

Intermediär

Bei der etwa 15 Arten zählenden Gattung *Cochleanthes* gibt es einige Unklarheiten. Lange Zeit konnten sich die Botaniker nicht über die genaue Klassifikation dieser Pflanzen einigen. Die recht stattlichen Pseudobulben von *C. discolor* tragen große, bis zu 25 cm lange Blätter, die fächerartig angeordnet sind. Den Basen der Pseudobulben entsprießen ziemlich kurze Stiele mit Einzelblüten. Jene messen bis zu 8 cm und erinnern von der Form her an *Lycaste*-Orchideen. Sie sind weißlich bis grünlich mit einem Hauch von violett; ihre kräftige, röhrenartige Lippe ist innen tief purpurn und unten gelblich.

C. discolor ist ein Epiphyt, der Halbschatten und eine höhere relative Luftfeuchte benötigt. In mäßig grobes Epiphytensubstrat gepflanzt, kann man bei ihr nach einer kurzen Ruheperiode im folgenden Mai/Juni mit einer größeren Anzahl von Blüten rechnen. Diese Art ist aus Kuba, Panama, Costa Rica und Honduras bekannt.

Coelogyne asperata

Coelogyne asperata ▣ ■ ☺

Intermediär bis thermophil

C. asperata ist eine etwas obskure Vertreterin der *Coelogyne*-Orchideen, einer Gattung von höchster Bedeutung für die Orchideenzucht (die Gesamtzahl der gewöhnlich sehr prächtig blühenden Arten bewegt sich um 100, je nach Sicht des betreffenden Autors).

Die Pseudobulben dieser recht robusten Art messen bis zu 15 cm, während die Blätter manchmal über 50 cm lang werden. Der hängende Blütenstand erreicht eine Länge von bis zu 30 cm und besteht aus 10–15 schönen, stark duftenden Blüten. Ihre Tepalia sind weiß, und die sehr hübsch gekräuselte Lippe schmückt ein kompliziertes gelbbraunes Muster.

Pflegen Sie diese Art genau wie die thermophile Spezies *C. dayana*. Die Pflanze blüht im Herbst und im Winter; sie stammt von der Malaiischen Halbinsel sowie aus Borneo und Sumatra.

Coelogyne cristata ⊡ ▣ ☺

Kryophil

„Eine Orchidee für Kaktusfans“. Da sie es gern kühl hat und eine Winterruhe benötigt, ist *G. cristata* zu einer häufigen und beliebten Bewohnerin von Kakteen-Gewächshäusern mit minimaler Heizung geworden. *C. cristata* bildet glatte, kugelförmige Pseudobulben von bis zu 6 cm Länge. Jede davon trägt ein Paar langer, fester Lanzettblätter. Im zeitigen Frühjahr entsprießt jeder Bulbenbasis eine Traube mit 3–9 Blüten, deren prächtige Lippen gelbe Fortsätze zieren. Ein Nachteil der Blüten liegt in ihrer ungewöhnlichen Schlaffheit und dem schrumpligen Aussehen. Pflegen Sie diese Orchideen in Blumentöpfen mit durchlässigem und stets leicht feucht gehaltenem Substrat; im Winter fühlen sie sich in einer halbschattigen Umgebung wohl. Ihr Kältebedürfnis verdankt die Orchidee ihrem Habitat – Höhenlagen um 2000 m im Himalaja.

Coelogyne dayana

Coelogyne dayana ■ ☺

Intermediär

Diese robusten Pflanzen wirken außerhalb der Blütezeit recht unauffällig. Das ändert sich aber vollständig, sobald den Haufen robuster Pseudobulben seltsame Stiele entsprießen. Diese verwandeln sich in wenigen Tagen in einen tauartig herabhängenden Blütenstand von bis zu 1 m Länge,

Coelogyne dayana

der zahlreiche prächtige Blüten trägt. Leider ist deren Schönheit äußert vergänglich: die ganze Pracht dauert nur ein paar Tage! Diese Spezies besitzt schmale, eiförmige Pseudobulben, an deren Spitzen je zwei längliche, lanzettartige und der Länge nach gewellte Blätter sitzen. Die Lippe ist weiß mit schokoladenbrauner Musterung und weißen „Kämmen", während die übrigen Tepalia cremeweiß sind. Die Blütenstände bilden sich an den oberen Enden von Neutrieben. Die Pflege ist leicht: diese Pflanze braucht mittlere Wärme, Halbschatten und ein ständig leicht feuchtes Wurzelumfeld. Man darf sie nur im äußersten Notfall umsetzen oder transportieren! Diese Spezies hat in der Natur keine klar definierte Ruheperiode, und ihre Blüten bilden sich auch bei der Kultur in Europa zu unregelmäßigen Zeiten. Sobald sie damit beginnt, muss man sie so aufstellen bzw. -hängen, dass sich die Blüte ungestört nach unten entwickeln kann. Zuhause ist diese Art in Thailand, auf der Malaiischen Halbinsel sowie Sumatra, Java und Borneo.

Coelogyne fimbriata ⊡ ☺

Kryophil bis intermediär

Die zweiblättrigen ovalen Pseudobulben von *C. fimbriata* werden maximal 3 cm lang und sitzen im Abstand von 3–5 cm an einem rankenartigen Rhizom. Ihre Blätter sind schmal und lanzettförmig; die Blütenstiele treiben aus deren Achseln aus und tragen 1–2 Blüten. Deren Farbe ist ein ungewöhnliches cremiges Braun; sie sind ein wenig transparent, und die Lippe schmückt ein rotbraunes Muster. Die Pflanzen wirken äußerst dekorativ, vor allem wenn man sie größer werden lässt. Ihre Kultur glückt sogar Anfängern, die für eine etwas kühlere (und folglich auch schattigere), feuchtere Umgebung sorgen müssen; im Sommer kann man sie im Garten in einer Baumkrone oder an ähnlichen Orten aufhängen. Man sollte sie besser im Topf statt als Epiphyt pflegen. Die Pflanze blüht zwischen August und November; sie besiedelt in Asien ein weites Gebiet.

Coelogyne fimbriata

Coelogyne lactea ▣ ☹

Intermediär

Eine attraktive Vertreterin der Gattung *Coelogyne.* Sie wächst zusammen mit den laubabwerfenden *Dendrobium*-Orchideen in trockeneren, lichten Wäldern. Ihre eiförmigen Pseudobulben messen 12 cm und tragen ein Paar bis zu 20 cm lange Blätter mit den für *Coelogyne*-Arten typischen Furchen. Die waagerecht vorspringende Blütentraube besteht aus 5–10 hübschen, cremeweißen Blüten, deren Durchmesser etwa 4 cm beträgt. Die prächtige Lippe schmückt ein zierliches gelbes bis hellbraunes Muster. Pflegen Sie diese Spezies genau wie die eher thermophilen Vertreterinnen der Gattung (vergleichen Sie zum Beispiel *C. dayana*). Die Pflanze bildet eher Blüten, wenn man sie im Winter kühler stellt und weniger gießt. Diese Spezies blüht zwischen Februar und April; sie stammt aus Burma (Myanmar), Thailand, Laos und Vietnam.

Coelogyne lactea

Coelogyne massangeana ■ ☺

Intermediär

Diese Orchidee ähnelt äußerlich der Spezies *C. dayana.* Sie bildet einen hängenden, etwa 80 cm langen Blütenstand mit etwa 15–20 weit geöffneten cremegelben Blüten, deren Lippe ein zierliches braunes Muster schmückt. Auf den ersten Blick scheint er der Basis einer reifen Pseudobulbe zu entsprießen, aber der Schein trügt: in Wirklichkeit bildet sich der Stiel an der Spitze eines separaten blattlosen Triebes mit einem winzigen Pseudobulbus am Ende (heteranther Blütenstand). Dieser hört nach dem Verwelken der Blüten zu wachsen auf, lebt aber – völlig zwischen normalen vegetativen Pseudobulben versteckt – noch mehrere Jahre weiter. Man pflegt diese Art genau wie *C. dayana. C. massangeana* ist in Thailand, Sumatra, Java und Borneo daheim.

Coelogyne massangeana

Coelogyne nitida ▣ ☹

Intermediär

Diese Art ist ideal für die Kultur: relativ klein, anspruchslos, mit schönen Blüten; trotzdem sieht man sie selten. Daran ändert auch die Tatsache nichts, dass sie bereits 1822 beschrieben wurde. Die elliptischen Pseudobulben dieser epiphytischen Orchidee werden bis zu 8 cm hoch, die 1–2 Blätter an der Spitze 15–25 cm. Der waagerecht herausragende Blütenstand erreicht 20 cm Länge und trägt 3–6 prächtige, höchstens 4–5 cm weite Blüten. Den Schlund ihrer flachen, schneeweißen Lippe ziert eine eindrucksvolle orange bis gelbe Markierung. Die Art ist ökologisch sehr anpassungsfähig. Man pflegt sie genau wie *Coelogyne lactea.* Diese Pflanze blüht zwischen Februar und April, sie besiedelt ein weites Gebiet – vom Himalaja über Burma bis Thailand und Laos.

Coelogyne nitida

Coelogyne ovalis

Coelogyne speciosa

Coelogyne ovalis ⊡ ▣ ☺

Kryophil bis intermediär

Diese Pflanze ist eine etwas vergrößere Ausgabe der Spezies *C. fimbriata*. Selbst die Blüten sind identisch; allerdings werden sie hier bis zu 50% größer und entsprießen gewöhnlich einzeln den Spitzen der Pseudobulben. Auch die Kultur dieser hübschen Orchidee gestaltet sich wie bei ihrer kleineren „Schwester", nur ist *C. ovalis* etwas stärker kryophil. Die Art blüht früher, d.h. im Juni und Juli. Mit ihrer Heimat – den mittleren bis hohen Lagen (maximal 2000 m) des Himalaja – hängt zusammen, dass sie nur in einer kühlen, gut durchlüfteten Umgebung gedeiht.

Coelogyne speciosa ▣ ☺

Intermediär

Diese Art hat Blüten von ungewöhnlicher Farbe und Größe. Ihre Pseudobulben erreichen Längen von 8 cm und tragen schmale, 20–30 cm lange Lanzettblätter. Der Blütenstand besteht aus maximal 2–3 Blüten, die mit bis zu 12 cm für eine *Coleogyne*-Art ungemein groß sind. Ihre Lippe ist leicht rotbraun gemustert und hat eine runzlige Oberfläche; die übrigen Tepalia sind gelblich bis bräunlich gefärbt. Es gibt auch eine Albinoform, var. *alba*. Die Kulturansprüche dieser Art gleichen denen von *C. dayana*, nur braucht sie etwas weniger Wärme. Man kultiviert sie am besten in einem Topf mit leichterem, feinerem Substrat, doch lässt sie sich auch als Epiphyt pflegen.
Diese Spezies blüht früh im Jahr – zwischen Januar und April. Sie stammt aus den mittleren Höhenlagen (1000–1500 m über NN) der Malaiischen Halbinsel, Sumatras, Javas und Borneos.

Comparettia falcata □ ⊡ ☺

Intermediär

Dank ihrer geringen Größe, der prächtigen Blüten und der weiten Verbreitung ist diese Art ein häufiger Gast in kleineren Sammlungen. Sie besitzt reduzierte, 2–2,5 cm lange Pseudobulben, die mit häutigen Hochblättern bedeckt sind. Das einzige endständige Blatt ist kräftig, zungenförmig und bis zu 13 cm lang. Der Blütenstiel kann 40 cm Länge erreichen und besteht aus 4–5 rosa-purpurnen Blüten mit auffälligem Sporn. Jene werden nicht größer als 4 cm. Pflegen Sie die Art als Epiphyt im Halbschatten. Sie blüht im Winter (weshalb die Blüten in der Kultur bisweilen deformiert und schlecht ausgefärbt geraten) und ist aus ganz Mittelamerika, von den Westindischen Inseln und aus dem nördlichen Südamerika bekannt.

Comparettia falcata

Comparettia speciosa

Comparettia speciosa ⊡ ▣ ☺

Intermediär bis thermophil

Eine wirklich wunderbare Orchidee, die sich auch in der Kultur durch zahlreiche Besonderheiten auszeichnet. Die Spezies *C. speciosa* bildet kleine, verkümmerte Pseudobulben, die in dickeren, riemenförmigen Einzelblättern von bis zu 18 cm Länge enden. Der Blütenstand entsprießt der Basis einer Pseudobulbe; er wird maximal 50 cm hoch und trägt 6–25 auffällige Blüten (daher der lateinische Artname). Ihre glänzend orangen Blüten sind wie bei allen anderen *Comparettia*-Arten geformt; beherrscht werden sie von einer sehr stark verbreiterten Lippe. Diese Art ist nicht sehr schwer zu kultivieren – hüten Sie sich nur vor zu häufigem Gießen, weil dies die Wurzeln faulen lässt! Letztere sind auch sehr empfindlich gegen Versalzung. Die Art blüht im Herbst (Oktober–November) und wurde in den unteren Höhenlagen Ecuadors entdeckt.

Coryanthes alborosa

Coryanthes alborosa ⊡ ▣ ☹

Thermophil

Die kleine Gattung *Coryanthes* umfasst etwa 20 Arten und ist für ihre einzigartige Spezialisierung berühmt: sie wächst ausschließlich in den Baumnestern von Azteca-Ameisen. Dieses Phänomen führt dazu, dass diese Orchideen schwer zu pflegen sind. Die eiförmigen Pseudobulben der Spezies *C. alborosa* tragen je ein Paar recht schmaler Blätter. Die bizarren Blüten an ihren hängenden Stielen zeichnen sich durch ihre komplizierte Morphologie aus; sie sind weiß mit zierlichen roten Sprenkeln. Man pflegt die Pflanzen besser als Epiphyten, doch blühen sie nur sporadisch (und dann meist im Sommer). Die Art stammt aus Mittel- und Südamerika; genauere Angaben sind einstweilen noch nicht möglich.

Coryanthes macrantha ⊡ ▣ ☹

Thermophil

Die Bestäubung der ungemein komplexen Blüten der Gattung *Coryanthes* ist ein äußerst komplizierter Prozess: zunächst füllen spezielle Drüsen die „kopfstehende“ Lippe mit Flüssigkeit; danach werden die Bestäuber (Bienen) vom lieblichen Duft der Blüte angelockt, wobei sie oft in der Flüssigkeit untertauchen. Bei ihren Befreiungsversuchen erweisen sie sich als flugunfähig und müssen durch einen engen Tunnel an der Lippenoberseite kriechen; dabei haftet der Pollen an ihrem Körper. Sobald sie frei sind, wiederholt sich diese Prozedur am Stempel der nächsten Blüte, der sie so Pollen liefern. Erstaunlicherweise hat jede Art ihren spezifischen Duft und zieht so nur ihre „eigene“ Bienenart an – so wird jede Kreuzung vermieden! Die Spezies *C. macarantha* besitzt gelbweiße Blüten mit hübschen roten Flecken und sehr komplexer Morphologie. Man pflegt sie wie die vorigen Arten. Die Pflanze stammt aus Peru, Venezuela, Trinidad und Guyana.

Coryanthes macrantha

Cryptoceras sp., Mexiko

Cryptoceras □ ☺

Thermophil

Die Pflanzen dieser unbedeutenden Gattung ähneln *Masdevallia*-Arten: dem verkürzten, kriechenden Rhizom entsprießen kleine ovale Blätter, die auf kurzen Stämmen „kauern". Die Einzelblüten gehen aus Scheiden hervor, die sich an den Blattbasen bilden. Ein auffälliger Zug der *Cryptoceras*-Orchideen ist die Morphologie der Blüten: sie können sich nicht allzu weit öffnen, weil die Tepalia an den Spitzen verwachsen sind. Derzeit kennt man ungefähr 20 Arten; allerdings hat Mutter Natur ihr Füllhorn in der Neuen Welt sicher noch nicht ausgeleert, sodass noch einiges zu entdecken sein dürfte. *C.* sp. (Mexiko) blüht im Frühjahr. Die winzige, kaum 8 cm lange Pflanze auf unserem Bild fanden wir am Rand eines Regenwaldes unweit der Stadt Palenque (Mexiko).

Cycnoches chlorochilon

Cycnoches chlorochilon ▣ 😐 ☺

Intermediär bis thermophil

Bemerkenswert sind die Orchideen der Gattung *Cycnoches* wegen ihrer Lebensweise und der recht großen, auffälligen Blüten. Sie unterscheiden sich in Aussehen und ökologischen Ansprüchen kaum von den *Catasetum*- und *Mormodes*-Arten. Die Spezies *C. chlorochilon* gilt manchen als Unterart von *C. ventricosum*. Ihre Pseudobulben werden bis zu 35 cm lang, die Blätter noch länger. Ein kurzer Stiel trägt etwa 3–10 grün-gelbe Blüten von 8–10 cm Durchmesser. Wie bei anderen *Cycnoches*-Orchideen stehen die Blüten auf dem Kopf – ihre Lippe zeigt nach oben. Die Art blüht zwischen Juni und August; sie stammt aus Panama, Kolumbien, Venezuela und Guyana.

Cycnoches chlorochilon

Cycnoches loddigesii

Cycnoches loddigesii

Thermophil

Die Blüten der Gattung *Cycnoches* charakterisiert ein langer, dünner, schwanenhalsartig gebogener Fruchtknoten – daher ihr Spitzname „Schwanenhals-Orchideen“. Die Art *C. loddigesii* hat ungewöhnlich lange spindelförmige Pseudobulben von 15 cm Durchmesser. Ihre Blüten sind purpurn mit einem Hauch von Grün; die umgedrehte Lippe ist weiß mit feinen purpurnen Flecken. Der prächtige, dekorativ-säulenhafte „Schwanenhals-Fruchtknoten“ ist an der Basis tiefrot und am Ende grün-rot gestreift. Die Pflanze stellt keine besonderen Ansprüche: man pflegt sie wie verwandte Arten (vgl. *Catasetum macrocarpum*). Ihre Blüten erscheinen im Sommer; sie kommt in Kolumbien, Venezuela und Brasilien vor.

Cycnoches maculatum

Intermediär bis thermophil

In der Gattung *Cycnoches* ist die Synözie (d.h. das Auftreten von völlig verschiedenen männlichen und weiblichen Blüten an ein und derselben Pflanze) so weit getrieben, dass jene nicht nur unterschiedlich aussehen, sondern auch anders angeordnet sind. In vielen Fällen sind die weiblichen Blütenstände kleiner, blütenärmer und mehr oder minder aufrecht, während die männlichen herabhängen und viele Blüten tragen. Diesen Orchideentyp (der zur *Heteranthae*-Sektion gehört) vertritt *C. maculatum*. Unser Bild zeigt einen hängenden männlichen Blütenstand; die weiblichen Blüten sind etwas größer, sitzen an einer bescheidenen, halbaufrechten Traube und sind ebenfalls gelblich mit winzigen braunen Punkten. Die nur 15 cm langen Pseudobulben machen die Art zu einer interessanten, aber schwer zu pflegenden Kuriosität. Die Blüten erscheinen zwischen August und Oktober. Die Art stammt aus Venezuela.

Cycnoches maculatum

Cycnoches sp., Mexiko

Cycnoches sp. ▣ ☺

Intermediär bis thermophil

Einige Arten der Gattung *Cycnoches* kommen in Regionen mit stärker ausgeprägten Regen- und Trockenzeiten vor. Sie sind daran angepasst und überstehen die Dürre mit Hilfe massiver, hoch resistenter gefurchter Pseudobulben, die eine membranartige Hülle bedeckt. Mit dem Beginn der feuchteren Jahreszeit leben die scheinbar abgestorbenen Organe neu auf: sie bilden neue Laubtriebe mit seitlichen Blütenstielen. Anschließend entsteht an den Trieben eine neue Generation von Pseudobulben, die meist jedes Mal etwas größer geraten. Unser Foto einer noch unbestimmten Art entstand an einem besonnten Baumstamm in Südmexiko, unweit der Wasserfälle von Aqua Azúl.

Cymbidium-Hybride

Cymbidium-Hybride

Cymbidium aloifolium ▣ ■ ☺

Intermediär

Obwohl die Orchideen der Gattung *Cymbidium* die Gewächshäuser für Schnittblumen förmlich erobert haben, sucht man hier vergebens nach botanischen Arten. Kreuzungen wurden bei dieser Gattung fast bis zur Perfektion getrieben, und die neuen Pflanzen sind unschlagbar, was Schönheit, Ausdauer und Blütenfülle angeht, aber auch im Hinblick auf ihren niedrigen Energiebedarf: um sich gut zu entwickeln, benötigen sie im Winter nur Temperaturen von 10–12 °C (vgl. das Kapitel „Kreuzung und Zucht von Orchideen"). Während die weitaus überwiegende Mehrzahl der botanischen Arten dieser Gattung (ebenso wie ihre hybriden Abkömmlinge) stark kryophil sind, gedeiht *C. aloifolium* besser bei gemäßigten Temperaturen. Ihre Pseudobulben sind stark reduziert und kräftig; die zähen, riemenartigen Blätter können Längen von 40 cm erreichen. Der hängende Blütenstand bringt es auf bis zu 50 cm; die Lippen der spärlichen braun-roten Einzelblüten schmückt ein interessantes Muster. *C. aloifolium* ist ein Semi-Epiphyt (die Art wächst bspw. im Mulm der Astgabeln von Bäumen in tieferen Höhenlagen). Ihre Kultur ist einfach: die Pflanze stellt die gleichen Ansprüche wie andere intermediäre Orchideen. Sie braucht eine kurze Ruhephase, damit sie üppig blühen kann. Am besten gedeiht sie auf hölzernen Unterlagen mit ein wenig Epiphytensubstrat rund um den „Moosmantel" ihrer Wurzeln. *C. aloifolium* blüht zwischen Mai und Oktober; sie stammt aus den Regenwälder Ceylons, Burmas, Sumatras, Vietnams, Südchinas und anderer Länder.

Cymbidium aloifolium

Cymbidium finlaysonianum ▣ ■ ☺

Intermediär bis thermophil

C. finlaysonianum ist derart thermophil, dass sie bei den für andere *Cymbidium*-Hybriden gebotenen niedrigen Temperaturen unfehlbar eingehen würde! Die Art besitzt stark reduzierte Pseudobulben, welche jeweils mehrere bis zu 50 cm lange kräftige, riemenförmige Blätter tragen. Der herabhängende Blütenstand kann aus Dutzenden von 3–5 cm weiten Blüten bestehen; sie sind bräunlichgelb mit einigen roten Akzenten, während die Lippe heller abgesetzt ist. *C. finlaysonianum* wächst als Epiphyt; die Pflanze stammt aus den wärmeren und feuchteren Höhenlagen Südostasiens. Man pflegt sie im Wesentlichen wie die vorigen Arten, doch die Temperatur sollte auch im Winter nicht unter 20 °C sinken.

Cymbidium finlaysonianum

Cymbidium lowianum ■ ☺

Kryophil

Diese *Cymbidium*-Orchidee ist die am weitesten verbreitete botanische Art der Gattung, obwohl nur wenige Experten „reinblütige“ Exemplare von den zahllosen Hybriden unterscheiden können, an denen diese Spezies „beteiligt“ ist. Die buschige *C. lowianum* hat ovale Pseudobulben, die bis zu 10 maximal 75 cm lange spitze, riemenförmige Blätter tragen. Der Blütenstiel kann 75 cm lang werden und trägt bis zu 26 sehr ausdauernde, maximal 10 cm weite Blüten mit olivgrünen bis gelblichen Tepalia; die gelbliche Lippe hat einen rotgesäumten Mittellappen. Der Blütenstand ist stark gekrümmt; wenn man also Schnittblumen braucht, muss der Stiel durch Anbinden gestreckt werden. Ansonsten lässt sich diese Art sehr leicht pflegen. Das einzige Problem besteht darin, dass sie es im Sommer recht kühl braucht: man sollte sie jetzt im Halbschatten an die frische Luft stellen, wo alle *Cymbidium*-Arten dann bis zum ersten Frost bleiben können. Das Substrat darf niemals ganz austrocknen. Die Blütezeit dieser Pflanze liegt zwischen Januar und April; zuhause ist sie in Burma und im Himalaja.

Cymbidium lowianum

Cynorkis sp., Madagaskar

Cynorkis ▣ 😐 ☺

Intermediär

Diese terrestrischen Orchideen bilden eigenartige Pseudobulben, die der ganzen Gattung ihren Namen einbrachten: sie erinnern an Hundehoden (das griechische *kynos* bedeutet „Hund“, *orchis* hingegen „Hoden“). Die spärlichen Blätter wachsen nah am Boden; der aufrechte Blütenstiel mit seinen Drüsenhärchen trägt eine oder mehrere endständige Blüten. Der vielblütige Stiel der aus Madagaskar stammenden Art auf unserem Bild misst 35 cm. Die Tepalia sind grün; die prächtige, in vier Lappen ausgezogene Lippe trägt unweit der schmaleren Basis einen purpurnen Fleck. Als Halter dieser Art muss man zwei Wachstumsperioden bedenken: während der Entwicklungszeit braucht sie es feucht, schattig und warm, im Winter hingegen ist eine lange, trocken-kühle Ruhe angebracht. Aus Madagaskar sind 125 *Cynorkis*-Arten bekannt, aus dem kontinentalen Afrika nur 17.

Cyrtopodium glutiniferum ■ 😐

Intermediär

Für die Kultur eignen sich nur die epiphytischen *Cyrtopodium*-Arten, da die Pseudobulben der terrestrischen Spezies mit über 50 cm Länge einfach zu groß werden. Die traubenartigen Blütenstände tragen typische, auffällig große immergrüne Hochblätter, welche wie die Blüten gefärbt sind.

Cyrtopodium glutiniferum

Die terrestrische Art *glutiferum* hat kleinere, „nur“ 20 cm lange spindelförmige und kurzlebige Pseudobulben. Der Blütenstiel ist oft verzweigt und wird bis zu 1 m hoch; er trägt eine große Zahl kleiner (1,5 cm weiter) Blüten. Wer sich für die Pflege dieser Orchideenart entscheidet, sollte ein durchlässiges, mit Blumenerde vermischtes Substrat verwenden. Damit sie sich gut entwickelt und blüht, braucht die Pflanze im Sommer mäßig feuchten Halbschatten sowie eine winterliche Ruhephase. Sie blüht im Frühjahr. Diese Art kommt in Venezuela und den benachbarten Ländern Südamerikas vor.

Dendrobium aggregatum ⊡ ▣ 😐 ☺

Intermediär bis thermophil

Diese Spezies gehört innerhalb der Gattung *Dendrobium* zu einer Minderheit, da ihre eiförmigen, vierkantigen und dicht massierten (daher der lateinische Name) einblättrigen Pseudobulben atypischerweise nur eine Furche besitzen. Das ist einer der Gründe dafür, dass sie manchen als Vertreterin einer eigenen Gattung *Callista* gilt. Die den Seiten der Pseudobulben entsprießenden kompakten Trauben bestehen aus bis zu 15 sattgelben Blüten. In der Vegetationsperiode braucht es dieser Epiphyt warm, sonnig und feucht, im Winter hingegen kühler und trockener. Die Pflanze blüht zwischen März und Mai; sie stammt aus dem Himalaja, Burma, Thailand und Laos.

Dendrobium aggregatum

Dendrobium albo-sanguineum ⊡ ▣ ☺

Intermediär bis thermophil

Eine Zwergart mit üppigen, schönen Blüten. Normalerweise besitzt sie „nüchterne“, recht dicke Pseudobulben, die an Keulen erinnern und bis zu 25 cm messen. Den Internodien zwischen den endständigen Furchen entsprießen spärliche Blütenstände. Die schneeweißen Blüten haben purpurnrot gefleckte Lippen. Pflegen Sie die Art wie andere (teils) laubabwerfende Vertreterinnen der Gattung; im Winter unterstützt man die Bildung neuer Pseudobulben durch häufiges Gießen und Düngen sowie viel Licht und Frischluft. Regen Sie die Pflanze danach durch niedrigere Temperaturen und sparsames Gießen zum Blühen an – dann ist zwischen Februar und März mit Blüten zu rechnen. Entdeckt wurde sie in Thailand und Burma.

Dendrobium albo-sanguineum

Dendrobium amethystoglossum

Dendrobium antennatum

Dendrobium amethystoglossum ▣ ■ ☺

Thermophil

Eine typische Vertreterin der Gattung, was die Morphologie angeht: sie hat lange, gefurchte Pseudobulben mit dichtem Laub, die bis zu 80 cm messen. Der hängende Blütenstand mit den weißen, purpurlippigen Blüten (bis zu 3 cm weit) entsprießt der Spitze belaubter Pseudobulben; daraus folgt, dass die Pflanze wahrscheinlich keine lange Ruhephase braucht. Man pflegt sie als Epiphyt oder – besser noch – in Holzkörben mit leichtem Substrat. Blüten erscheinen zwischen November und März an reifen Pseudobulben. Die Art stammt von den Philippinen.

Dendrobium anosmum ⊡ ▣ ☺

Intermediär bis thermophil

Die recht großen Blüten mit den hübsch gekräuselten Lippen entsprießen paarweise den Internodien der blattlosen Pseudobulben. Pflegen Sie diese Art wie andere laubabwerfende (vgl. *D. albo-sanguineum*) als Epiphyt. Die Blüten erscheinen zu Beginn der Regenzeit, d.h. im März und April. Wie fast alle „Baumsiedler" (so die wörtliche Bedeutung von *Dendrobium*) wächst diese Art als Epiphyt in lichten, teilweise laubabwerfenden Wäldern mittlerer Höhenlagen und am Fuß von Gebirgen. Ihr Verbreitungsgebiet ist groß – es reicht von Sri Lanka und Indien bis zu den Philippinen und nach Neuguinea.

Dendrobium anosmum

Dendrobium antennatum ▣ 😐 ☺

Intermediär bis thermophil

Eine interessante immergrüne *Dendrobium*-Art – ihre Blüten weisen (wie die der sehr ähnlichen Spezies *D. stratiotes*) eine ungewöhnliche Morphologie auf. Die nüchternen, aufrechten und maximal 40 cm großen Pseudobulben sind dicht belaubt. Der spärliche, bis zu 30 cm hohe Blütenstand besteht aus 3–7 weißen, etwa 4 cm weiten Blüten. Die seitlichen Sepalia sind hinten erweitert und bilden so stumpfe, spornartige Fortsätze. Besondere Aufmerksamkeit erregen jedoch die aufrecht-spindelförmigen, bis zu 4,5 cm langen grüngelben Petalia. Die Lippe ziert ein hübsches rosapurpurnes Muster. Diese Orchidee stellt die gleichen Ansprüche wie *D. phalaenopsis*; sie blüht zwischen Mai und August und stammt aus Neuguinea.

Dendrobium bellatulum □ ⊡ 😐 ☺

Intermediär bis thermophil

Ein winziges Juwel mit großen Blüten – nur so lässt sich diese teils laubabwerfende Zwergorchidee charakterisieren. Die sehr dicken spindelförmigen Pseudobulben werden höchstens 7 cm groß; den Knoten ihrer Furchen entsprießen weiße, bis zu 4 cm weite Einzelblüten mit auffällig orangen

Dendrobium bellatulum

Lippen. Kultiviert wird diese Art wie die laubabwerfenden *Dendrobium*-Orchideen. Die Pflanze blüht im Herbst und im Frühjahr; sie stammt aus Indien, Burma, Thailand und Südchina.

Dendrobium capillipes

Dendrobium capillipes □ ⊡ 😐 ☺

Intermediär bis thermophil

Ein hübsche Zwergin mit schwefelgelben, stiefmütterchenartigen Blüten. Die kleinen, sehr dicken Pseudobulben messen bis zu 5 cm und bilden in großer Zahl dicke, kompakte Trauben. Die Blüten sitzen einzeln oder zu zweit auf dünnen Stielen, welche den Spitzen der völlig kahlen Pseudobulben entsprießen. In Europa ist die Art nur schwer in Form zu halten, da sie nicht so „fett" wird, wie man an sich erwartet; vielmehr vergeilt sie wegen des Lichtmangels und blüht auch nur schlecht. Bei gut überwinterten Pflanzen kann man zwischen März und April mit Blüten rechnen. Entdeckt wurde diese Spezies in Nordostindien, Burma, Thailand, Vietnam und China.

Dendrobium capillipes

Dendrobium chittimae ⊡ ▣ ☺

Intermediär

Eine kleinere Art, die vor allem für Sammler seltsamer Zwergorchideen mit merkwürdigen Blüten interessant ist. Die dünnen Pseudobulben sind stockartig verlängert und dicht belaubt. Die Blüten erscheinen jeweils einzeln an den Internodien. Der Durchmesser der cremeweißen Gebilde beträgt bis zu 2,5 cm; der untere Rand der kegelförmigen, purpurn-gelben Lippe ist auffallend gekräuselt. Die teils bis ganz laubabwerfende Art stellt keine besonderen Ansprüche. Sie blüht zwischen Februar und März und stammt aus Thailand sowie anderen Ländern Südostasiens.

Dendrobium chittimae

Dendrobium christyanum ⊡ 😐 ☺

Intermediär

Eine kongeniale Art, was Größe und Aussehen angeht! Sie bildet kurze, dicke, spindelförmige Pseudobulben mit 2–3 graugrünen, endständigen Blättern. Die Blüten stehen einzeln oder zu zweit; im Verhältnis zur Pflanze sind sie mit 4 cm recht stattlich. Jedes der schneeweißen Tepalia besitzt einen stumpfen, rückwärts herausragenden Fortsatz und eine nach vorn erweiterte Lippe; Schlund und Achse bedeckt ein imposanter roter Fleck, der sich später nach und nach orange bzw. gelb umfärbt. Diese Art braucht eine recht warme Ruhephase. Ihre späte Blütezeit (Juni bis August) erschwert die Kultur, da die Bildung neuer Pseudobulben im Winter nicht aussetzt, sodass sie wegen Lichtmangels zu klein oder deformiert geraten. Heimat der Pflanze sind Thailand und Vietnam.

Dendrobium chrysotoxum ▣ 😐 ☺

Intermediär bis thermophil

Die goldfarbenen, spindelförmigen Pseudobulben sind der Länge nach gefurcht. Sie enden in zwei (bisweilen drei) kräftigen längsovalen Blättern. Die Blütenstiele entsprießen den Spitzen der Pseudobulben und tragen bis zu 20 Blüten. Letztere sind gelb; ihre gelb-orange Lippe hat einen gekräuselten Saum. Wegen anatomischer Unter-

Dendrobium chrysotoxum

schiede rechnet man die Art manchmal zur Gattung *Callista*. Sie ist nicht schwer zu pflegen – sorgen Sie aber im Winter für eine lange und warme Ruhephase. Der Blütenstand erscheint manchmal schon im Dezember. Das große Verbreitungsgebiet umfasst Südchina, das Himalaja-Massiv, Burma, Thailand und Laos.

Dendrobium crepidatum

Dendrobium crepidatum ⊡ ☺

Intermediär

Eine hübsche, laubabwerfende Orchidee mit langen, gefurchten Pseudobulben; jene werden höchstens 20 cm lang, sodass *D. crepidatum* in Sammlungen sehr wenig Platz beansprucht. Einzelnen Gelenkstellen entsprießen je zwei kräftige, wachsartige Blüten. Ihre Lippen ziert ein sattgelber Fleck, während die übrigen Tepalia rosa sind. Die Blütezeit dauert von April bis Juni.
Diese Pflanze besiedelt ein weites Gebiet: es reicht von Indien und dem Himalaja über Burma und Thailand bis Laos.

Dendrobium cruentum ⊡ ▣ 😐 ☺

Intermediär bis thermophil

Eine der seltensten Orchideen überhaupt, die man kaum in Freiheit antrifft – sämtliche Habitate dürften zerstört sein. Zuhause war sie im warmen Tiefland der Malaiischen Halbinsel, wo seit über tausend Jahren intensiv Ackerbau betrieben wird. Die Spezies *D. cruentum* ist daher in Anhang 1 des CITES-Abkommens aufgelistet. Sie zählt zu den dauergrünen *Dendrobium*-Arten. Ihre stämmigen Pseudobulben erreichen 35–40 cm Länge und bilden an den Spitzen 1–2 prächtige, 3,5–5 cm weite Blüten mit gelb-grünen Tepalia. Die Lippe ist mit ziegelroten warzigen Auswüchsen übersät.
Pflegen Sie diese Pflanze genau wie andere thermophile *Dendrobium*-Orchideen. Die Blüten bilden sich unregelmäßig das ganze Jahr hindurch. *Dendrobium cruentum* stammt aus Malaysia und Thailand.

Dendrobium cruentum

Dendrobium cuthbertsonii

Dendrobium cuthbertsonii □ ▣ 😐

Kryophil bis intermediär

Diese Zwergorchidee sticht in ihrer Gattung nicht nur durch das Aussehen, sondern auch durch die Kultur hervor. Als heiß begehrte Rarität besitzt sie hübsche Röhrenblüten von bis zu 5 cm Durchmesser, welche die nur 2–3 cm kleinen stabförmigen Pseudobulben und die ebenfalls kleinen, rauen Blätter winzig anmuten lassen. Ihre Farbe variiert: es gibt solche in dunkelroten, ziegelrot-orange, gelben und purpurnen Pastelltönen. Die Pflanzen benötigen keine Ruhephase, und ihre Wurzeln dürfen nie zu stark austrocknen; deshalb pflegt man sie besser im Topf. Auch starke Sommerhitze kann schaden. Die Blüten sind langlebig und erscheinen das ganze Jahr hindurch, überwiegend im Frühling und Sommer.
Dendrobium cuthbertsonii stammt aus den alpinen Höhenlagen (2250–3000 m über NN) von Neuguinea.

Dendrobium dearei

Dendrobium dearei ■ 😐 🙂

Thermophil

Innerhalb der Gattung *Dendrobium* sind weiße Blüten recht selten; sie zählen daher zu den Eigenschaften, die *D. dearei* – nicht nur für Gärtner – zu einer wertvollen Art machen. Die Pflanze nimmt viel Platz ein – ihre Pseudobulben werden bis zu 80 cm lang und sind dicht mit ausdauernden, lederartigen Blättern besetzt. Der Durchmesser der schneeweißen Blüten mit den grünen Schlünden kann 7 cm betragen; gemeinsam bilden sie eine lockere Traube. Die Art gehört zu den immergrünen *Dendrobium*-Orchideen und braucht deshalb ganzjährig mehr Feuchtigkeit und Wärme. *D. dearei* blüht gewöhnlich zwischen Mai und Juni. Sie stammt von den Philippinen.

Dendrobium densiflorum ▣ ■ 😐 🙂

Intermediär

Diese prächtige Orchidee wird leider recht groß. Ihre schlanken, keulenförmigen Pseudobulben messen bis zu 40 cm und tragen 4–5 Blätter; nach einer Ruhephase bildet sich an der Triebspitze eine kompakte hängende Traube aus orange-gelben Blüten mit samtiger Lippe. Pflegen Sie diese Pflanze genau wie andere laubabwerfende *Dendrobium*-Arten als Epiphyt oder im Topf. Der Blütenstand erscheint zwischen März und Mai

Dendrobium densiflorum

Dendrobium exile

(oder erst im August/September). Heimat dieser Art sind die Vorberge und Hochlagen des Himalaja, Burmas und Thailands.

Dendrobium devonianum var. *album* ▣ 😐 ☺

Intermediär

Eine Art mit dünnen, stabförmigen Pseudobulben, die bis zu 40 cm messen. Nachdem jene herangereift sind, sprießen aus ihren Knoten 1–2 große Blüten mit krausrandigen, herzförmigen Lippen. Die Oberseite jeder Lippe zieren zwei gelb-orange Flecken. Die Säume der Lippe und der übrigen Tepalia sind bei typischen Vertreterinnen der Gattung rosa-purpurn gefärbt; im Gegensatz dazu besitzt die abgebildete Pflanze – wenn man von den unerlässlichen gelben Flecken absieht – reinweiße Blüten. Man pflegt sie am besten wie andere laubabwerfende Arten als Epiphyten. *D. devonianum* blüht zwischen Frühling und Sommer; sie stammt aus Nordostindien, Burma, Nordthailand und Südwestchina.

Dendrobium devonianum var. *album*

Dendrobium exile □ ⊡ ☺

Intermediär

Eine kleine, etwas obskure Art für alle Liebhaber ungewöhnlicher Orchideen. Ihre Pseudobulben sehen ungewöhnlich aus: die dünnen, langen Stämme dieser Spezies sind mit zwei Reihen einzigartiger fleischiger Blätter besetzt, die wie bei Bäumen invers angeordnet sind. Die Länge der teilweise abfallenden, im Querschnitt nahezu runden Blätter beträgt maximal 5–6 cm. Den Knoten, die sich im oberen Stammbereich bilden, entsprießen 1–2 recht große Blüten. Ihre weiße Lippe ziert ein orange-gelber Fleck im Schlund. Halten Sie diese Spezies in einer relativ feuchten Umgebung und ohne sonderlich ausgeprägte Ruhephase. *D. exile* blüht im Dezember; sie stammt aus Burma, Thailand, Laos und anderen Ländern.

Dendrobium farmeri

Dendrobium farmeri ▣ ☺

Intermediär

Diese Orchideenart ähnelt vom Aussehen und der Kultur her *D. densiflorum*, bleibt aber etwas kleiner. Identisch sind auch die Form der bis zu 20 Blüten tragenden Traube und ihrer einzelnen Blüten; allerdings haben jene (bis auf die orangegelbe Basis der samtigen Lippe) weißliche Tepalia. Sie erscheinen zwischen Februar und Mai. Die Pflanze stammt aus den unteren Höhenlagen des Himalaja, Burmas und Thailands.

Dendrobium farmeri

Dendrobium findlayanum

Dendrobium findlayanum ⊡ ▣ 😐 ☺

Intermediär

Diese Pflanze ist eine Augenweide für alle Freunde epiphytischer Kuriositäten, auch wenn sie nicht blüht. Sie besitzt seltsam geformte, laubabwerfende Pseudobulben von 20–25 cm Länge, deren birnenförmige (an der Basis schmale und oben breite) Glieder einander überlappen. Außerdem bildet diese Spezies an den Endgliedern sehr hübsche Blüten, die einzeln oder paarweise stehen. Ihre breite Lippe trägt in der Mitte einen auffallenden orange-gelben Fleck. Was ihre Kultur angeht, hat diese Art einen großen Nachteil: sie braucht sehr viel Licht. Die Pseudobulben nehmen bei Lichtmangel oft eine „normale“ Form an, was zu Missbildungen, Auswüchsen u. ä. führt.
Dendrobium findlayanum blüht zwischen Februar und April; sie stammt aus Burma, Thailand und Laos.

Dendrobium formosum ■ 😐 ☺

Kryophil bis thermophil

Eine stattliche Art mit großen, goldgelben Blüten. Die aufrechten, dicht belaubten Pseudobulben messen bis zu 45 cm und sind im oberen Teil gewöhnlich mit schwarzen Auswüchsen übersät. Der Durchmesser der schneeweißen Blüten beträgt 8 cm. Die Lippe mit ihrem 2 cm langen Sporn ist innen gelb gemustert. Die Art wirft ihre Blätter nicht ab; dennoch muss man sie im Sommer warm und

Dendrobium formosum

feucht halten, während man sie im Winter kühl-trocken setzt und weniger gießt.
Die Pflanze blüht zwischen Herbst und Frühjahr; sie stammt aus den höheren Lagen (bis 2250 m über NN) des Himalaja, Burmas und Thailands.

Dendrobium friedericksianum

Dendrobium friedericksianum

Dendrobium friedericksianum ▣ ☺

Intermediär

Eine teilweise laubabwerfende Art mit langen, keulenförmigen Pseudobulben, die während des Wachstums dicht belaubt sind. Ihre großen Blüten erscheinen an den Spitzen der reifen (und mittlerweile gewöhnlich kahlen) Pseudobulben. Die schwefelgelben Tepalia beherrscht der braun-rote Schlund der kräftigen, kegelförmigen Lippe. Man vermehrt die Spezies durch Teilung der Büschel, welche man danach auf bloße Holzstücke montiert. Da die Pseudobulben sehr schwer sind, muss man die Pflanzen in der Anfangsphase vor Entwurzelung schützen. Sie brauchen 1–2 Jahre, um sich sicher zu verankern. Die Art blüht zwischen Februar und März; sie stammt aus Thailand.

Dendrobium gratiosissimum

Dendrobium gratiosissimum ▣ 😐 ☺

Intermediär

Wer es schafft, für die richtigen Kulturbedingungen zu sorgen, wird von der Pflanze mit prächtigen Blüten belohnt. Jedem einzelnen Glied entsprießen weißliche Blüten mit purpurn gesäumten Tepalia und orange-gelber, rot geränderter Lippe. Im Idealfall können $^2/_3$ der Oberfläche der dünnen, langen (bis zu 40 cm), hängenden Pseudobulben mit Blüten bedeckt sein!
Die Kultur ist recht einfach: während der Wachstumsperiode (vom Frühjahr bis zum Herbst) braucht die Pflanze reichlich Dünger, Wasser und Wärme; im Winter hingegen wird sie deutlich trockener und kühler gesetzt. Nun braucht man sich nur aufs zeitige Frühjahr zu freuen: dann produzieren die kahlen Pseudobulben zahlreiche fantastische Blüten.
Dendrobium gratiosissimum stammt aus Südostindien, Südwestchina, Burma, Thailand und Laos.

Dendrobium gregulus □ ⊡ 😐 ☺

Intermediär

Diese etwas untypische Vertreterin der Gattung erfreut ihre Pfleger vor allem mit den winzigen (2–4 cm) ballförmigen, radikal reduzierten Pseudobulben. Die Blüten sind nicht sehr ausdauernd und erregen weniger Aufmerksamkeit; sie sind 3 cm weit

Dendrobium gregulus

Dendrobium gregulus

und weißlich mit violett geäderter Lippe. Sie erscheinen in großer Zahl zu 3–6 an aufrechten Stielen, die den Spitzen junger, meist zweiblättriger Pseudobulben entsprießen.
Die Ansprüche dieser botanischen Kuriosität unterscheiden sich nicht von denen der übrigen Gattung. Sie blüht im zeitigen Frühjahr und stammt aus Thailand und dessen Nachbarländern.

Dendrobium harveyanum ▣ 😐 ☺

Intermediär

Obwohl die Welt der Orchideen ungemein vielgestaltig ist, dürfte es schwer fallen, viele zu finden, deren Blüten schöner als die von *D. gratiosissimum* sind: ihre gelben Blattränder und die rundliche Lippe säumen prächtige lange „Volants“. Mehr noch: der Schlund der Lippe prunkt mit einem sattgelben Fleck. Zu schade, dass die Blüten nicht sehr langlebig sind! Die teils laubabwerfenden und hängenden Pseudobulben messen 30–40 cm; ihren Endgliedern entsprießen spärliche hängende Blütentrauben.

Dendrobium harveyanum

Pflegen Sie diese Art wie andere *Dendrobium*, die eine sehr trockene und kühle Ruhepause brauchen. Die Spezies blüht zwischen April und Juni; sie stammt aus Burma, Thailand und Vietnam.

Dendrobium hercoglossum ▣ ☺

Intermediär

Eine teils laubabwerfende Art mit langen Pseudobulben und ungewöhnlicher Blütenfarbe – zumindest nach *Dendrobium*-Maßen. Die hell-purpurnen (manchmal bläulichen), symmetrischen Blüten wirken wächsern und tragen in der Mitte eine dunkel-purpurne Kappe (den als Staubbeutel bekannten Teil der Fortpflanzungsorgane). Die Spitze der weißlichen Lippe ist purpurn.
Pflegen Sie diese Art als Epiphyt auf einem Stück Kork oder im Korb. Die teilweise herabhängenden Pseudobulben brauchen vor der Blüte eine lange Ruhephase. Die Blüten erscheinen zwischen März und Mai. Man findet die Spezies in Südwestchina, Indochina, Thailand und Malaysia.

Dendrobium hercoglossum

Dendrobium heterocarpum ▣ ■ ☹ ☺

Intermediär

Diese stattliche *Dendrobium*-Orchidee hat zylindrische, laubabwerfende Pseudobulben, die bis zu 40 cm messen. Die spitz-elliptischen Blätter erreichen 15 cm Länge. Die großen, wenigstens 6 cm weiten Blüten entsprießen auf dem Höhepunkt der Trockenzeit den Spitzen reifer, blattloser Pseudobulben. Ihre cremefarbenen Tepalia sind langgezogen und ungewöhnlich zugespitzt, während der Schlund der kleinen, herzförmigen Lippe einen braun-gelben Fleck aufweist.
Die Art ist weit verbreitet – von Sri Lanka und Indien über Burma und Thailand bis zu den Philippinen.

Dendrobium heterocarpum

Dendrobium infundibulum

Dendrobium infundibulum ■ ☺ ☺

Kryophil bis thermophil

Diese Orchidee erinnert, was Aussehen und Ansprüche betrifft, stark an die Spezies *D. formosum*. Ihre hervorstechenden Eigenschaften sind die etwas kleineren (7 cm) Blüten und die Form der Lippe. Die Unterart ssp. *jamesianum* wird öfter gepflegt und besitzt im Gegensatz zur Nominatform kräftigere, gerade wachsende Pseudobulben und Lippen mit filzigen Säumen. Kultiviert wird sie wie die Spezies *D. formosum*. Ihre Blüten erscheinen zwischen März und Juni. Die Pflanze stammt aus Indien, Burma, Thailand und Laos.

Dendrobium infundibulum

Dendrobium jacobsonii ▣ ☺ ☺

Intermediär

Rot ist als Blütenfarbe bei *Dendrobium*-Arten nicht sehr häufig, was jedes mit roten Blüten gesegnete Exemplar zum seltenen und heiß begehrten Juwel jeder Orchideensammlung macht. Die Spezies *D. jacobsonii* besitzt sehr lange, dicht belaubte Pseudobulben, die erst blühen, wenn sie völlig ausgereift sind und fast alle Blätter abgeworfen haben. Ihren Internodien entsprießen dann – manchmal über mehrere Saisons in Folge – ziegelrote Einzelblüten. Letztere erscheinen im zeitigen Frühjahr. Die Art stammt aus Südostasien.

Dendrobium jacobsonii

Dendrobium jenkinsii

Dendrobium jenkinsii ⊡ ☹ ☺

Intermediär bis thermophil

Diese kleine Orchidee ist wegen der Form ihrer winzigen (3–4 cm) einblättrigen Pseudobulben und der großen orange-gelben Blüten bei Liebhabern sehr populär. Sie wurde früher in großer Zahl aus Thailand importiert, verschwand aber allmählich aus den Orchideensammlungen, da sie schwer zu pflegen ist. Um sich gut zu entwickeln, braucht sie nackte Borke als Unterlage und pralle Sonne (Verbrennungen werden vermieden, indem man sie im Freien regensicher aufstellt). Gießen Sie ganzjährig in Maßen und im Winter noch sparsamer, um Wurzelfäule vorzubeugen. Die Blüten erscheinen zwischen März und April. Zuhause ist die Pflanze in Burma, Thailand und Laos.

Dendrobium kingianum ⊡ ☺

Kryophil bis intermediär

Bei *D. kingianum* handelt es sich um eine völlig anspruchslose Art. Da sie sich durch Teilung der Stauden oder Bildung von Tochter-Pseudobulben leicht vermehren lässt, ging sie von Hand zu Hand. Sie wurde nur deshalb nicht noch beliebter, weil sie nur schwer blüht und ihre Blüten klein und unansehnlich sind. Die konischen Pseudobulben messen 15 cm und tragen 4–5 Blätter. Der Spitze entsprießt eine aufrechte Traube aus 3–8 winzigen Blüten; ihre Farbe variiert zwischen purpurn und weiß mit etwas rosa. Was die Kultur angeht, ist *D. kingianum* eine sehr kryophile Art, die man etwa zusammen mit *Cymbidium*-Orchideen pflegen kann. Ihre Blütezeit liegt im Frühjahr. Die Spezies stammt aus dem Osten Australiens.

Dendrobium kingianum

Dendrobium lamellatulum

Dendrobium lamellatulum ▣ ☺ ☺

Intermediär bis thermophil

Diese Art besitzt längliche, beiderseits deutlich abgeflachte Pseudobulben. Die winzigen, 1,5–2 cm weiten Blüten sind weniger attraktiv, obwohl ihre bemerkenswerten Sporne, die aus rückwärtigen Verlängerungen der Tepalia hervorgingen, gewiss Beachtung verdienen. Die Blüten entsprießen bündelweise den Spitzen blattloser Pseudobulben; sie sind weiß, grünlich oder gelb mit einem honigbraunen Fleck im Schlund jeder Lippe. Man pflegt die Pflanze wie andere laubabwerfende Arten dieser Gattung. Sie blüht im März; ihre Heimat sind Thailand, Burma, Malaysia, Indonesien, die Philippinen und verschiedene andere Länder.

Dendrobium lanyiae □ ⊡ ☺ ☺

Intermediär bis thermophil

Ein wahrer Schatz für alle Sammler! Im Vergleich zur geringen Größe der Pflanze sind die Blüten geradezu gigantisch. Außerdem zeichnet sich diese Art – jedenfalls im Rahmen der Gattung – durch ihre unvergleichliche Blütenfarbe aus. Die laubabwerfenden, dicken, zylindrischen Pseudobulben werden nur 5–6 cm lang und sind während der Blütezeit völlig mit prächtigen orange-roten Blüten bedeckt, deren Lippe eine rote Äderung schmückt. Auf dem Höhepunkt der Trockenzeit entsprießen den Knoten blattloser Pseudobulben jeweils 2–3 Blüten. Wenn sie in Blüte steht, ähnelt die Art einem anderen „Hit" – *D. unicum*. Bei *D. lanyiae* erscheinen die Blüten im zeitigen Frühjahr. Zuhause ist sie in Burma, Thailand und Laos.

Dendrobium linguiforme □ ☺ ☺

Intermediär

Diese kuriose Orchidee ist vor allem dank ihres Aussehens beliebt. Ein Hauptmerkmal dieser epiphytischen oder lithophytischen Orchidee ist das kriechend-verzweigte Rhizom mit seinen sehr

Dendrobium lanyiae

Dendrobium linguiforme

Dendrobium loddigesii

dicken, kräftigen und seitlich gefurchten Blättern, die 4 cm lang werden und in kurzen Intervallen verteilt sind. Sie erinnern stark an eine Zunge (daher auch der Artname). Die Blüten zeigen sich in europäischen Sammlungen sehr selten; sie sitzen in großer Zahl in einer aufrechten Traube und stehen sozusagen auf dem Kopf (d. h. ihre winzigen Lippen zeigen nach oben). Sie haben 2 cm Durchmesser und sind weiß oder cremegelb mit rötlich gefleckten Blattsäumen.
Aus gärtnerischer Sicht ist *D. linguiforme* eine schwer einzuschätzende, ja „sprunghafte" Art, deren Kultur ihrem Halter viel Geduld abverlangt. Man pflegt sie als Epiphyt auf einem Stück harter Borke; teilen Sie die Stauden nicht zu oft und legen Sie unter frisch montierte Pflanzen eine Hand voll Spagnum. Zuhause ist die Pflanze in den tropischen Regionen Australiens.

Dendrobium lituiflorum ▣ ■ ☺

Intermediär

Eine Orchidee mit hübschen Blüten und dünnen, hängenden Pseudobulben, die 60 cm lang werden können. Die 10 cm langen Blätter werden restlos abgeworfen. In den Internodien zwischen den Einzelgliedern bilden sich 1–2 mit 5 cm Weite recht stattliche Blüten. Um die weißliche, konische Lippe mit ihrem purpurnen Schlund gruppieren sich violette Tepalia. Gut gepflegte Exemplare in voller Blüte bieten einen unvergesslichen Anblick!
Die Ansprüche an die Kultur entsprechen denen anderer laubabwerfender *Dendrobium*-Orchideen. Die Art blüht im Frühjahr (April–Mai) in den sonnigen, teils laubabwerfenden Wäldern Indiens, Burmas und Thailands.

Dendrobium loddigesii ⊡ ☺

Kryophil bis intermediär

Die stammartigen, teils laubabwerfenden, hängenden Pseudobulben messen bis zu 20 cm. Ihre winzigen Blätter werden teils abgeworfen. 1–2 auffällige purpurne Blüten mit orange-gelben Lippen bilden sich am oberen Teil „ausgeruhter" Pseudobulben. Früher lernten an ganz oder teilweise laubabwerfenden Arten interessierte Orchideenliebhaber in erster Linie an *D. loddigesii*, wie man sie richtig pflegt. Ganzjährig in warmen Glasbehältern untergebrachte Pflanzen wachsen üppig, blühen aber nie, wenn man ihr Wachstum nicht durch eine kühle, trockene und helle Haltung drosselt. Diese Spezies bildet erst Blüten, wenn die Ruhephase beendet ist (zwischen Februar und April). Die Pflanze stammt aus den mittleren Höhenlagen von Südchina und Laos.

Dendrobium lituiflorum

Dendrobium macrophyllum

Dendrobium macrophyllum ▣ 😐 ☺

Intermediär bis thermophil

Die keulenförmigen Pseudobulben dieser Art sind bis zu 30 cm lang und tragen je ein Paar großer (daher ihr lateinischer Name), lederartiger, längsovaler Blätter. Die grünlichweißen bis -gelblichen, bizarr anmutenden Blüten stehen in spärlichen Trauben an den Spitzen belaubter Pseudobulben. Die äußeren Zonen ihrer Sepalia sind stark behaart, und jede der kräftigen Lippen ziert ein schönes braunes Muster. Die Pflanze stammt aus relativ warmen und feuchten Regionen – darauf muss man bei der Pflege als Epiphyt oder im Topf achten! Die Blüten erscheinen zwischen Mai und Juni; zuhause ist die Art auf Sumatra, Java und Neuguinea.

Dendrobium nobile ▣ ■ ☺

Kryophil bis intermediär

Eine der bekanntesten Arten dieser Gattung: sie hat zur Entstehung zahlreicher dekorativer Hybriden beigetragen, die vor allem das Auge von Amateurgärtnern erfreuen. Die ursprüngliche Spezies wurde nahezu vollständig durch farbenprächtige Hybriden verdrängt, welche viel besser wachsen und auch leichter blühen. Der einzige Nachteil dieser Orchidee sind ihre dicken, langen, unregelmäßig aufgeblähten Pseudobulben. An den Einzelgliedern ihrer oberen Abschnitte bilden sich jeweils 2–3 Blüten, deren Farbe zwischen hell-purpurn und rosa variieren kann. Die Blütenlippe prunkt mit einem auffälligen dunkel-purpurnen Fleck in der Mitte des Schlundes. Diese Art ist in Liebhabersammlungen häufiger anzutreffen, unter anderem, weil sie an den Spitzen alter Pseudobulben Tochterpflanzen zu bilden vermag. *D. nobile* blüht zwischen März und Mai; ihre Heimat sind weite Teile Südasiens, unter anderem Südchina, Taiwan, der Himalaja, Nepal, Thailand, Laos und Vietnam.

Dendrobium parishii ⊡ 😐

Intermediär

Eine hübsche Zwergart, die bis vor kurzem auf den Schwarzmärkten von Bangkok in großer Zahl angeboten wurde. Ihre Pseudobulben sind unregelmäßig geschwollen, sehr massig und nur 15–20 cm lang. Die etwa 10 cm messenden Blätter wer-

Dendrobium nobile

Dendrobium parishii

den im Winter restlos abgeworfen. Die dunkelpurpurnen Einzelblüten entsprießen den oberen Teilen der Pseudobulben und erreichen stattliche Ausmaße (manchmal über 5 cm). Die Oberfläche der eher kleinen, weißlichen Lippe ist glatt und samtig; den Schlund ziert ein dunkel-purpurner Fleck. Da die Pseudobulben sehr schwer sind, muss man frisch montierte Pflanzen gut an der Unterlage befestigen. Wie andere laubabwerfende Arten stellt *D. parishii* während der Wachstumsperiode ganz andere Ansprüche als in der Ruhephase. Sie blüht zwischen Mai und Juni; ihre Heimat sind Nordindien, Burma, Thailand, Laos, Vietnam und Südchina.

Dendrobium peguanum □ ⊡ 😐 ☺

Intermediär

Eine sehr hübsche Zwergorchidee, ideal für Liebhaber mit wenig Platz. Die Pseudobulben dieser Spezies erinnern an Tonnen; sie sind stark aufgebläht und nur 3–4 cm lang. Während der Vegetationsperiode (Frühjahr bis Herbst) schmücken sie sich mit 4–5 sattgrünen Blättern, die später restlos abfallen. Die weißlichen Blüten mit braungrüner Lippe und einem purpurnen Mittelfleck entsprießen zwischen Januar und März als schüttere Trauben den Oberteilen der Pseudobulben. In ihrer Heimat (Burma, Thailand, Laos etc.) wachsen die Pflanzen auf den dickeren Ästen von teils laubabwerfenden Bäumen.

Dendrobium peguanum

Dendrobium phalaenopsis

Dendrobium phalaenopsis

Dendrobium phalaenopsis ▣ ■ ☺

Intermediär bis thermophil

Zweifellos die wichtigste Vertreterin der Gattung: die Existenz vieler (vorwiegend asiatischer) Gärtnereien, die mit Schnittblumen handeln, basiert auf der Kultur ihrer farbenprächtigen Zuchtformen. Neben ihrer Schönheit zeichnen sich die Blütenstände der Hybriden auch durch ihre ungewöhnliche Ausdauer sowie einen festen Stiel aus. Die biologische Art wird manchmal auch als *D. biggibum* ssp. *phalaenopsis* bezeichnet. Ihr Artname verweist auf die Ähnlichkeit der schönen Blüten (bzw. der gesamten Blütentrauben) mit denen der nicht verwandten Gattung *Phalaenopsis*. Sie gehört zu den immergrünen, thermophilen Orchideen: ihre langen, dicken Pseudobulben, die nicht länger als 60 cm werden, werfen die Blätter nach dem Reifen des Gewebes nicht ab. Der bis zu 50 cm lange Blütenstiel trägt 6–15 Blüten, deren Durchmesser 8 cm betragen kann. Die Blüten der Ursprungsart sind purpurn mit dunklerer Lippe, doch gibt es viele farbliche Ausnahmen (u. a. eine

Dendrobium phalaenopsis

Dendrobium phalaenopsis

Dendrobium phalaenopsis

hoch geschätzte schneeweiße Form namens var. *hololeucum*). Man hält die Pflanzen warm, mit viel Luft und Licht, in Hängekörben oder Blumentöpfen mit durchlässigem, grobem Substrat. Die Blüten erscheinen im Winter. Diese Art stammt aus Nordaustralien und Neuguinea, wo sie vorwiegend auf Felsen wächst.

Dendrobium phalaenopsis

Dendrobium primulinum

Dendrobium primulinum ⊡ ▣ 😐 ☺

Intermediär bis thermophil

Noch eine laubabwerfende Art dieser Gattung: sie besitzt aufrechte, mäßig dicke Pseudobulben, die bis zu 35 cm messen.
An den Knoten ihrer oberen Gelenke bilden sich 1–3 Blüten, deren Durchmesser 5 cm beträgt. Sie sind purpurn mit einem Hauch von rosa; die Lippe ist weißlich bis gelblich und hat eine samtige, ja filzartige Oberfläche.
Man pflegt die Spezies genau wie andere Vertreter dieser ökologischen Sektion ihrer Gattung. *D. primulinum* blüht zwischen April und Mai; ihr Verbreitungsgebiet umfasst China, den Himalaja, Burma, Thailand, Laos und Vietnam.

Dendrobium pulchellum ⊡ ▣ 😐 ☺

Intermediär bis thermophil

Eine während der Blüte sehr hübsche Orchidee; außerhalb der Blütezeit unterscheidet sie sich nicht von anderen *Dendrobium*-Arten mit langen, schmalen Pseudobulben. Anders als zumeist üblich sitzen die üppigen Blüten als hängende Trauben an den Enden der Pseudobulben. Sie sind weiß oder cremegelb mit einer haarig-samtigen Lippe, welche zwei imposante scharlachrote Flecken zieren.

Dendrobium pulchellum

Die Pflanze blüht in der Kultur und in Freiheit zwischen Februar und April; sie stammt aus Indien, Burma, Malaysia und Indochina)

Dendrobium sanderae ■ 😐 ☺

Thermophil

Diese Art ist eng mit der Orchidee *D. dearei* verwandt, welcher sie in Aussehen und Kultur gleicht. Sie zählt zu den immergrünen Vertreterinnen ihrer Gattung – die großen Blüten erscheinen zwischen den lebhaft grünen Blättern an den Spitzen der

Dendrobium sanderae

Pseudobulben. Jene werden mit 50–70 cm recht lang. Die großen, weißen Blüten messen bis zu 9 cm und sind mit einem großen Sporn und einer breiten, zweilappigen Lippe mit roter Zeichnung geschmückt.
Da die Art recht groß wird, eignet sie sich wenig für Liebhabersammlungen. Wenn man dennoch Wert darauf legt, muss man sie reichlich feucht und warm halten, ohne ausgeprägte Ruhephase. Die Blüten öffnen sich im Herbst, zwischen November und Dezember. Ihre Heimat ist Luzon (Philippinen).

Dendrobium scabrilingue ⊡ ▣ 😐 ☺

Intermediär bis thermophil

Eine Spezies mit auffällig gegliederten, teilweise laubabwerfenden Pseudobulben und farblich sehr variablen Lippen. Die Pseudobulben werden bis zu 25 cm lang; aus ihren Spitzen sprießen spärliche Blütenstände mit winzigen Blüten. Die Tepalia sind stets reinweiß, während das Farbspektrum der Lippe zwischen hellgelb und leuchtendorange changiert.
Pflegen Sie die Art als Epiphyt und ziemlich feucht, ohne übermäßig ausgeprägte Winterruhe. Sie blüht zwischen Dezember und März; ihre Heimat sind die mittleren Höhenlagen von Burma, Thailand und Laos.

Dendrobium scabrilingue

Dendrobium scabrilingue

Dendrobium secundum

Dendrobium senile

Dendrobium secundum ■ ☺

Intermediär bis thermophil

Eine Art, die Wissenschaftlern und Profigärtnern vertrauter ist als den Freunden exotischer Pflanzen. Das liegt daran, dass ihre Blüten mit 1 cm Durchmesser ungewöhnlich klein sind (was nicht einmal ihre Zahl pro Blütenstand ausgleichen kann). Die laubabwerfenden Pseudobulben messen bis zu 50 cm und enden schmal. Die Blüten sind rosa-purpurn mit winziger gelber Lippe. Die Pflanze muss als Epiphyt und während der Wachstumsphase sehr hell und luftig gehalten werden; im Winter senkt man die Temperatur nur leicht. Den Endknoten der Pseudobulben können zwischen Frühjahr und Herbst mehrere Blütenstände entsprießen. Die Pflanze besiedelt ein großes Verbreitungsgebiet, u. a. Malaysia, Thailand, Vietnam, die Philippinen und einige pazifische Inseln.

Dendrobium senile ⊡ ☺

Intermediär bis thermophil

Eine auffällige, hoch geschätzte und heiß begehrte Kuriosität. Sowohl die sehr dicken laubabwerfenden Pseudobulben als auch die lebhaft grünen, riemenförmigen Blätter tragen einen dichten weißen Haarpelz. Neben ihrer „Greisenhaftigkeit“ besticht die Art durch halterfreundliche Maße (die Pseudobulben messen maximal 20 cm) und ihre prächtigen gelben Blüten mit der rot-grün gezeichneten Lippe. Leider stagniert sie in Europa häufig, bildet zwergenhafte oder deformierte Pseudobulben, blüht nicht und schimmelt sogar. Das liegt vermutlich an mit übermäßiger Feuchtigkeit einhergehendem Lichtmangel und Stickluft. Montie-

Dendrobium senile

Dendrobium sukhakulii

ren Sie die Pflanze auf bloßer Kiefernrinde und gießen Sie im Winter weniger (ohne die Temperatur zu senken). Vom zeitigen bis zum mittleren Frühjahr bilden sich an den Enden der Pseudobulben 1–2 Blüten. Die Art kommt wild noch in Burma, Thailand und Laos vor.

Dendrobium sukhakulii

Intermediär

Ein hübsche kleine Orchidee, deren Bedeutung für Züchter und Sammler noch nicht voll gewürdigt wurde. Die glatten Pseudobulben sind mäßig dick und bis zu 20 cm lang; an ihren oberen Knoten bilden sich lange, hängende Trauben aus sattgelben Blüten, die große, flache Lippen besitzen. Das Zentrum der Blüte betont ein auffälliger gelber Fleck.
Pflegen Sie diese Art als Epiphyt, genau wie andere laubabwerfende Vertreterinnen der Gattung. Mit Blüten kann man zwischen Februar und April rechnen. *D. sukhakulii* kommt in Burma, Thailand und Laos vor.

Dendrobium sulawesiense

Intermediär bis thermophil

D. sulawesiense, der unerfüllte Traum vieler Orchideenfreunde, ist eine schöne, doch leider sehr seltene Art. Die Pseudobulben des Stammes sind nicht sehr dick; sie messen bis zu 35 mm und werden gewöhnlich nach der Wachstumsperiode abgeworfen (allerdings nicht ausnahmslos). An den oberen Teilen reifer Pseudobulben bilden sich Büschel wunderschöner großer Blüten. Die riemenförmigen Gebilde beleben die Umgebung mit ihrer rosa-purpurnen Färbung. Die Tepalia sind im hinteren Teil der Blüte rückwärts gekrümmt, sodass ein spornartiger Fortsatz entsteht.
Die Blüten erscheinen im Frühjahr und Frühsommer. Zuhause ist die Art auf Sulawesi (Indonesien).

Dendrobium sulawesiense

Dendrobium sulcatum

Dendrobium sulcatum ⊡ ▣ 😐 ☺

Intermediär bis thermophil

Die Pseudobulben dieser imposanten Art sind stark aufgetrieben und seitlich gefurcht bzw. abgeflacht; sie tragen an der Spitze 3–4 eiförmige Blätter, welche eine Länge von bis zu 15 cm erreichen. In außergewöhnlich trockenen Sommern werfen sie ihre Blätter restlos ab; wenn es relativ feucht bleibt, können sich zwischen den verbliebenen Blättern hängende Blütenstände bilden. Diese sind bei 3,5 cm Durchmesser gelb mit samtiger, gefranster Lippe, die ein rotes Muster ziert; jeder der kompakten Blütenstände besteht aus 10–20 Blüten. Pflegen Sie die Art als Epiphyt. Obwohl im Winter weniger gegossen wird, darf man sie nicht durch übermäßige Trockenheit zum Abwerfen der Blätter zwingen. Die Art blüht im Frühjahr und stammt aus Thailand.

Dendrobium thyrsiflorum ▣ ■ 😐 ☺

Intermediär

Diese Art wird manchmal auch als *D. densiflorum* var. *albo-lutea* eingestuft. Das sagt schon viel über ihre Verwandtschaftsverhältnisse, ihr Aussehen und ihre Ansprüche aus, doch besitzt diese Spezies spärlichere, hängende Blütenstände aus winzigen weißen Blüten mit orange-gelber Lippe. Sie blüht im zeitigen Frühjahr und stammt aus dem Raum zwischen Nepal und Thailand.

Dendrobium tobaense ▣ 😐 ☺

Intermediär bis thermophil

D. tobaense ist eine hoch geschätzte und sehr selten gepflegte Art. Sie stammt aus wärmeren Gebieten ohne ausgeprägte Trockenzeit, sodass die sehr langen und ziemlich dünnen Pseudobulben meist ihre Blätter behalten. Größter Vorzug der Pflanze sind ihre mittelgroßen, sternförmigen Blüten, deren Farbkombination für *Dendrobium* untypisch ist: die gelb-weißen Tepalia ziert eine grüne Äderung, und ihre Spitzen laufen in schmale weißliche Fortsätze aus, die wie Zungen geformt sind. An die Kultur stellt diese Art ähnliche Ansprüche wie andere thermophile Vertreterinnen der Gattung. Sie blüht im Frühsommer und kommt im Norden von Sumatra vor.

Dendrobium thyrsiflorum

Dendrobium tobaense

Dendrobium unicum ⊡ 😐

Intermediär

Wer sich *D. unicum* per Postversand liefern lässt, ist vom Ergebnis manchmal ziemlich enttäuscht: die langen, dünnen, rötlichen Pseudobulben wirken wie Stöcke und lassen kaum vermuten, dass diese Art Bemerkenswertes zu bieten hat. Aber da irrt man sich! Nach dem Ende der Ruhezeit entstehen an den Knoten der gegliederten, bis zu 15 cm langen Pseudobulben prächtige orange-rote Blüten, die an jene der Art *D. lanyiae* erinnern. Den rückwärts gekrümmten Tepalia steht die kräftig vorspringende weißliche Lippe mit ihrer zarten purpurn-roten Äderung um nichts nach. Damit sie neue Triebe bilden kann, braucht die Pflanze sehr viel Sonne, Wasser und Nährstoffe sowie eine ausgeprägte winterliche Ruhephase. Im Angebot asiatischer Orchideenfarmen wird sie oft als *D. arachnites* aufgeführt (dies ist eine verwandte, aber seltenere Art). Die Pflanze blüht zwischen März und Mai; sie stammt aus Thailand und Laos.

Dendrobium unicum

Dendrobium victoriae-reginae ▣ 😐 ☺

Intermediär bis thermophil

Ins Auge fällt diese Orchidee schon auf den ersten Blick durch ihre Tepalia, deren Färbung nicht nur innerhalb der Gattung *Dendrobium*, sondern bei allen Orchideen der Erde selten, ja einzigartig ist. Die teils laubabwerfenden Pseudobulben werden bis zu 50 cm lang, bleiben aber meist viel kürzer. An den Knoten im oberen Teil ausgereifter Pseudobulben bilden sich spärliche Blütenstände mit 1–3 Blüten. Letztere sind purpurn-blau gefärbt, mit einer etwas dunkleren Längsäderung auf den Tepalia und weißlichem Zentrum. Pflegen Sie die Spezies in einer recht warmen, feuchten Umgebung und gönnen sie ihr nur eine kurze Ruheperiode. Die Blüten erscheinen sporadisch, meist gegen Ende des Sommers. Diese Art stammt von den Philippinen.

Dendrobium victoriae-reginae

Dendrobium virgineum ▣ ☺

Intermediär bis thermophil

Eine kräftige, teilweise laubabwerfende *Dendrobium*-Spezies mit großen Blüten und 35 cm langen Pseudobulben. Die bis zu 7,5 cm weiten Blüten bilden sich zwischen den obersten der breiten, lederartigen Blätter. Die weiße Blüte mit dem spornartigen Fortsatz wird von ihrer kräftigen, gewellten und gelappten Lippe beherrscht, welche zwei orange-rote Flecken zieren. Pflegen Sie die Pflanzen als Epiphyten ganzjährig feuchtwarm und ohne längere Ruhephase. Die Blüten erscheinen in Kultur nur sporadisch. In ihrer thailändischen Heimat blüht diese Art meist zwischen Juni und August.

Dendrobium williamsonii

Dendrobium williamsonii ▣ ☺

Intermediär

Die Pseudobulben sind am oberen Teil belaubt und bis zu 30 cm lang. Sobald sie nach der Reife ihre Blätter verloren haben, bilden sich an den oberen Knoten 1–2 cremeweiße bis gelbe, 4,5 cm weite Blüten. Die gewellte Lippe trägt einen orange-roten Fleck und ist prächtig gefranst. Man pflegt diese Art wie die meisten laubabwerfenden Orchideen. Sie blüht im Frühling und stammt aus den mittleren Höhenlagen von Burma, Thailand, Laos und Vietnam.

Dendrochilum ianiariense ⊡ ▣ ☺

Intermediär

Zu einer Besonderheit wird die Gattung *Dendrobium* durch die „Architektur" ihrer Blüten: die winzigen Gebilde drängen sich in großer Zahl an hängend-gekrümmten Stielen. Die Spezies *D. ianiariense* besitzt (wie andere *Dendrobium*-Orchideen) stark reduzierte einblättrige Pseudobulben mit 4 cm breiten Bändern, die je ein schmales und sehr festes 20 cm langes Blatt tragen. Der Blütenstand besteht aus zwei gegenständigen Reihen schöner grün-gelber Blüten; sie wirken ein wenig eigenartig, da sie an Schornsteinfegerbesen erinnern. Diese Art wächst als Epiphyt, manchmal auch terrestrisch, sodass man sie aufgehängt (dann sollte man ein wenig Spagnum-Moos um die

Dendrochilum ianiariense

Dendrochilum weriselii

Wurzeln wickeln) oder in Töpfen mit durchlässig-feinkörnigem Substrat pflegen kann. Der Blütenstand bildet sich sporadisch, meist zwischen Frühjahr und Herbst. Zuhause ist die Art in Südostasien.

Dendrochilum weriselii ⊡ ▣ ☺

Intermediär

Orchideen der Gattung *Dendrochilum* sind vor allem für Freunde ungewöhnlicher Kuriositäten interessant. Ihre Blüten sind einzeln nicht sonderlich schön, wirken aber als Gruppe. Wer nur großblütige Arten als „echte" Orchideen gelten lässt, kann die ganze Gattung *Dendrochilum* vergessen. *D. weriselii* ähnelt (wie alle 130 Vertreterinnen dieser Gruppe) in der Morphologie ihrer grünen Teile den zuvor erwähnten Arten. Die Blüten sind ziegelrot, die unteren Teile hingegen gelblichgrün. Es gibt insgesamt etwa 40, die zwei gegenständige Reihen bilden: sie blühen – von unten her beginnend – nahezu gleichzeitig auf. Gepflegt werden sie fast genauso wie die zuvor behandelten Arten. Wenn eine Pflanze im Herbst blüht, färben sich ihre Tepalia oft nur unvollkommen aus. Gewöhnlich blüht diese Art indes zwischen Frühjahr und Herbst; nachgewiesen ist sie u. a. auf den Philippinen.

Diaphananthe pelucida ⊡ ▣ 😐

Intermediär bis thermophil

Die Gattung *Diaphananthe* wurde erst nachträglich von der afrikanischen Gattung *Angraecum* abgetrennt. Da die Pflanzen recht unattraktiv wirken, findet man sie nur in den Sammlungen spezialisierter Botanischer Gärten und eifriger Orchideenfreunde. *D. pelucida* bildet einen teils kletternden, festen und allmählich verholzenden Stamm mit zwei lockeren Reihen lederartiger, riemenförmiger Blätter, deren Spitzen zwei Lappen tragen. Der hängende Blütenstand entsprießt den Blattachseln und besteht aus 30–50 winzigen (1 cm) Blüten, welche prächtige Sporne schmücken. Pflegen Sie diese Art wie andere *Angraecum*-Orchideen. Sie blüht im Herbst und stammt aus den Regenwäldern Westafrikas.

Diaphananthe pelucida

Dimerandra emarginata

Dimerandra emarginata ▣ ■ ☺

Intermediär

Die insgesamt 8 Spezies der *Dimerandra*-Orchideen sind große, buschige Pflanzen, die ein wenig wie Schilfrohr wirken. *D. emarginata* besitzt einen fleischigen, bis zu 40 cm hohen Stamm mit zwei Reihen ziemlich fester, 10 cm langer Blätter, die in scharfe Spitzen auslaufen. Kurze Stiele mit Einzelblüten erscheinen büschelweise an den Enden der Triebe – sie blühen nacheinander auf und sind prächtig rosa-purpurn. Jede Blüte ziert eine fächerförmige, nach hinten gebogene Lippe, die in einem dunkleren Purpurton gefärbt ist; die weiße Basis dieser Lippe belebt das Zentrum der Blüte. Die stattlichen Maße der Art verhindern zwar, dass sie zu einer beliebten Kulturpflanze wird, doch sichern ihr die schönen Blüten ein gewisses Maß an Popularität. Diese Pflanzen lassen sich gleichermaßen als Epiphyten oder – mit durchlässigem Substrat – im Topf pflegen. Damit sie gut gedeihen, brauchen sie Halbschatten, hohe Luftfeuchte und eine kurze Winterruhe. Die Blüten erscheinen sporadisch, meist zwischen Herbst und Frühjahr. Die Art ist sehr weit verbreitet – von Mexiko bis Ecuador.

Dinema polybulbon □ ☺

Intermediär

Diese sehr hübsche Zwergorchidee ist eng mit der Gattung *Encyclia* verwandt. Zu schade, dass sich die großen, dekorativen Blüten nicht öfter bilden! Die ovalen Pseudobulben dieser Orchideen sind wahre „Westentaschenformate" – sie messen nur 2 cm, sind sparsam über ein kriechendes Rhizom verteilt und tragen zwei Paar etwa 5 cm langer Blätter. Die gelb-braunen Blüten mit ihrer verbrei-

Dinema polybulbon

terten weißlichen Lippe stehen einzeln auf kurzen Stielen. Ihre Größe und Lebenskraft (es bilden sich alljährlich mehrere Generationen neuer Pseudobulben) machen sie zu einer idealen Pflanze für jede Liebhabersammlung, die man sogar in Glaskästen kultivieren kann. Die Pflege fällt nicht allzu schwer, dieser Epiphyt begnügt sich mit Unterlagen aus Kiefernborke, halbschattigen Standorten und gelegentlichen Düngergaben. Problematisch ist nur, dass die Pflanze manchmal schwer blüht; um sie dazu zu bringen, sollte man ihr eine kurze Ruhe gönnen. Diese Art blüht in den Wintermonaten; sie stammt aus Mittelamerika (Mexiko bis Guatemala) und von den benachbarten Inseln der Karibik.

Diploprora championi ⊡ ☺

Intermediär bis thermophil

Die insgesamt vier Arten dieser kleinen Gattung sind für die Kultur ohne große Bedeutung; zu ihr gehören winzige Orchideen mit kurzen (18 cm) und dünnen Stämmen. Letztere bedecken etwa 10 cm lange Blätter, die manchmal wie Sicheln geformt sind. Die Spezies *D. championi* bildet kurze, traubenartige Blütenstände aus 3–5 gelblichen Blüten; jene besitzen eine kleine weißliche Lippe, die ein rostrotes Muster ziert. Man pflegt diese Spezies wie normale thermophile Orchideen. Die Pflanze blüht zwischen März und Juni; sie bewohnt ein großes Gebiet in Asien (unser Bild entstand in Thailand).

Diploprora truncata ⊡ ☺

Intermediär bis thermophil

Äußerlich unterscheidet sich diese Art nur unwesentlich von *D. championi*. Die monopodialen

Diploprora championi

Blattbüschel bestehen aus 3–6 Blättern. Die aufrechten, schütteren Trauben setzen sich aus 5–7 weißlichen, 1,7 cm weiten Blüten zusammen. Ihr einziger Schmuck ist die gebogene, am Ende „abgeschnittene“ Lippe. Aufgrund ihrer Dimensionen und ökologischen Ansprüche ist diese Art sogar für kleinere Zimmerglasbehälter mit eher dürftiger Durchlüftung geeignet. *D. truncata* blüht zwischen März und Mai; sie wächst auf den grünen Astenden von Bäumen in den mittleren Höhenlagen (1400–1800 m über NN) von Nordthailand.

Diploprora truncata

Domingoa hymenodes

Domingoa hymenodes □ ⊡ 😐

Thermophil

Diese Art ist mit ihren hübschen, recht großen Blüten vor allem bei Freunden von Zwergorchideen beliebt. Die Pflanze bildet winzige Stamm-Pseudobulben mit fleischigen, schmal-lanzettförmigen Einzelblättern; an den Spitzen der ersteren bilden sich lange Stiele mit 1–2 Blüten. Die Gesamtzahl der Blüten pro Stiel fällt jedoch oft höher aus, da er solche über viele Jahre in Folge produzieren kann. Die Lippe ist stark verlängert und scharlachrot, während die übrigen Tepalia gelb-grün mit erhabener roter Längsäderung sind. Die Dauer der Blütezeit variiert erheblich – manchmal blüht die Pflanze mehrmals im Jahr. Ihre Kultur ist unkompliziert: pflegen Sie diese Art als Epiphyt im Halbschatten auf einem Stück Borke. Man sollte die alten, scheinbar vertrockneten Ähren niemals nach dem Ende der Blütezeit entfernen! Außer auf Kuba kommt die Spezies auch auf Haiti und anderen Inseln der Karibik vor.

Doritis pulcherrima ⊡ ▣ ☺

Intermediär bis thermophil

Obwohl die Gattung *Doritis* nur eine Art umfasst, sorgt sie dennoch für Verwirrung, denn sie ist vom Aussehen her äußerst variabel und wird seit vielen Jahren zur Zucht verwendet. Wenn man sie mit Spezies der Gattung *Phalaenopsis* kreuzt, „beschenkt" sie die Hybriden (so gen. *Doritaenopsis*) mit Elastizität, Widerstandsfähigkeit gegen niedrige Temperaturen und Blüten in allen Schattierungen von rosa bis purpurn. Oft ist es nicht ganz klar, ob man es bei Sammlungsstücken mit „reinblütigen" *Doritaenopsis* oder Hybriden zu tun hat. Anders als bei *Phalaenopsis*-Orchideen ist der

Doritis pulcherrima

Stamm von *D. pulcherrima* teils verlängert, sodass er wie ein winziger Baumstamm wirkt; daher können die dunkelgrünen (leicht purpurnen), fleischigen und elliptischen Blätter einander überlappen. Der aufrechte Blütenstand besteht aus 10–15 rosapurpurnen Blüten mit dunklerer Lippe. Bei einigen Exemplaren treibt der Stiel nach dem Welken der Blüten neu aus; man sollte ihn daher niemals voreilig entfernen. In der freien Natur wächst *D. pulcherrimum* als Epiphyt; es empfiehlt sich also, die Art entweder in einer dicken Mooshülle auf einer hölzernen Unterlage oder – mit einer sehr leichten Borkensubstratmischung – im Topf zu pflegen. Die Pflanze blüht im Herbst und Winter; sie bewohnt weite Teile Südostasiens (Burma, Malaysia, Sumatra, Thailand und Vietnam).

Dracula sodiroea

Dracula bella

Dracula chimaera

Dracula

□ ☺ ☺

Kryophil bis intermediär

Der seltsame Gattungsname (das lateinische Wort *dracula* bedeutet „kleiner Drache“) deutet schon auf das malerisch-geheimnisvolle Aussehen der Blüten einiger Arten hin. Der Gattungsname sorgte – ebenso wie verschiedene Artnamen (*D. vampira*, *D. chimaera* etc.) – bei Orchideenfreunden für gewaltiges Interesse; dies führte dazu, dass viele Arten heute in ausreichenden Mengen kultiviert werden. Zur Zeit umfasst die Gattung *Dracula* etwa 30 epiphytische und terrestrische Orchideen. Sie ähneln sich morphologisch ungemein.

Dracula benedictii

Die Pflanzen bilden keine Pseudobulben, sondern gehen aus einem verkürzten Rhizom hervor; dieses ist mit dichten Büscheln dünner Stämmchen besetzt, die jeweils ein längliches Blatt tragen. Die Blätter sind manchmal sukkulent, sodass sie als Speicherorgane fungieren. Die Blütenstiele stehen gewöhnlich aufrecht oder hängen teils über; bei einigen epiphytischen Arten können sie sogar durch die Wurzeln wachsen – dann hängen die Blüten unter den Pflanzen. An ihrer Spitze befindet sich in der Regel nur eine Blüte. Wenn es mehrere gibt, öffnen sich diese allmählich nacheinander in sehr langen Abständen. Diese Blüten sind sehr kurzlebig und von bizarrer Erscheinung; beherrscht werden sie von einem symmetrischen Sepalia-Trio, dessen Spitzen extrem lang ausgezogen sind. Ihre Lippe ist klein und unauffällig, während die Säume der Tepalia oft gekräuselt sind. Die weitaus meisten *Dracula*-Arten wachsen in höheren Lagen der Anden Südamerikas. Sie bevorzugen sehr luftige und schattige Standorte mit dauerhaft kühlen Temperaturen. Ihre Wurzeln dürfen nie zu stark austrocknen: daher sollte man sie nicht als Epiphyten kultivieren. Pflegen Sie diese Pflanzen genau wie die kryophilen Orchideen der Gattung *Masdevalia*. Die meisten *Dracula*-Arten blühen im Frühjahr oder unregelmäßig. Zuhause sind sie in den höheren Lagen von Mittel- und vor allem Südamerika.

Drymoda siamensis

Drymoda siamensis □ ☺

Intermediär

Eine der kleinsten Orchideen unserer Erde, die sich dabei nicht nur wegen ihrer Proportionen für die Kultur eignet: auch ihre Blüten sind ungewöhnlich geformt. In freier Natur kommt diese Art zusammen mit laubabwerfenden *Dendrobium*-Orchideen vor, und im Jahresverlauf entwickelt sie sich ähnlich wie jene. Ihre kleinen, flachen, rundlichen Pseudobulben messen gerade 1 cm und werfen nach Beendigung der Vegetationsperiode all ihre winzigen Blätter ab. Bevor die Regenzeit einsetzt, erscheinen die Blüten. Sie stehen einzeln auf kurzen Stielen, haben eine ausgeprägte Lippe und sind grün mit rotbrauner Zeichnung. Man pflegt die Pflanzen wie laubabwerfende *Dendrobium*-Arten: sorgen Sie für gut belüftete, schattige Standorte; im Sommer wird reichlich gedüngt und gegossen, bevor im Winter eine lange kühl-trockene Ruheperiode folgt. *D. siamensis* blüht zwischen Februar und März; zuhause ist sie in Burma, Thailand und Laos.

Elleanthus ▣ ■ ☺

Intermediär

Elleanthus-Arten haben dünne, steife, rohrartige Stämme mit zwei Reihen längsgefurchter, pergamentartiger Blätter. Im Kontrast dazu sind die Blüten winzig und bilden mehr oder minder kompakte, sehr üppige Blütenstände. In den Tropen Amerikas kommen 70 terrestrische und epiphytische Arten dieser Gattung vor. Die meisten (50) kennt man aus Kolumbien. Für die Kultur sind sie wenig attraktiv; wer sich dennoch für *Elleanthus* interessiert, sollte sie in Töpfen mit leicht humosem Substrat pflegen. Die abgebildete Spezies

Elleanthus sp., Ecuador

(evtl. *E. sphaerocephalus*) misst bis zu 60 cm und hat prächtige, doldenförmige Blütenstände von leuchtendem Purpur. Sie blüht unregelmäßig (meist im Winter). Entdeckt wurde sie im Pululahua-Krater (Ecuador).

Encyclia alata ■ ☺

Thermophil

Die Gattung *Encyclia* gilt als „Klassiker", schließlich kennt man sie unter diesem Namen schon seit fast 180 Jahren. Die Pflanzen sind beliebt, weil sie prächtige, duftende Blüten bilden und Haltungsfehler ertragen. *E. alata* wird nicht gerade häufig kultiviert, da sie für normale Liebhabersammlungen zu groß wird. Die Art bildet konische, bis zu 10 cm dicke Pseudobulben, an deren Spitzen 2–3 feste Blätter sitzen, welche Längen von 40 cm erreichen. Der verzweigte Blütenstiel kann über 1 m lang werden und trägt 15–20 Blüten. Die Farbe der Blüten variiert beträchtlich: normalerweise sind sie gelb-grün mit bräunlichen Säumen an den Tepalia sowie einer weißen, rötlich geäderten Lippe. In der freien Natur besiedelt diese Spezies häufig extreme Standorte, etwa partiell laubabwerfende (also stark besonnte) Bäume direkt am Meeresstrand. Sie braucht daher sehr viel Licht. Pflegen Sie die Art als Epiphyt, aber gießen Sie sparsam, vor allem in der Ruhephase. Die Blüten erscheinen zwischen Mai und Oktober; nachgewiesen ist die Pflanze bisher in Mittelamerika, d.h. im Raum zwischen Mexiko und Nicaragua.

Encyclia alata

Encyclia aromatica

Encyclia aromatica ▣ ☺

Intermediär bis thermophil

E. aromatica eignet sich ideal für Liebhabersammlungen, obwohl ihr Blütenstiel manchmal recht lang wird. Die Pseudobulben messen bis zu 4 cm; sie sind nahezu kugelrund, sehr hart und mit zwei festen, riemenförmigen Blättern versehen, die um die 30 cm groß werden. Der Blütenstand – eine Rispe – kann bis zu 1 m lang werden; er hängt herab und trägt viele Blüten. Letztere sind mit 4 cm recht groß und blassgelb; die Lippe ziert ein sehr dekoratives Purpurmuster.

Kultiviert wird diese Spezies genau wie die vorgenannte Art; allerdings ist ihr Wärmebedürfnis etwas ausgeprägter als das von *E. alata*. Die Pflanze blüht zwischen Juli und August; sie stammt aus Mexiko und Guatemala.

Encyclia fucata

Encyclia fucata ⊡ ▣ ☺

Intermediär bis thermophil

Eine sehr schöne, recht kleine und anspruchslose Art. Die zweiblättrigen Pseudobulben messen 3–6 cm; die länglichen Blätter sind fest und zäh; sie lassen auf ein hohes Lichtbedürfnis schließen. Die bis zu 50 cm lange Rispe zieren etwa 15–30 kleine, 2,5 cm weite Blüten. Ihre Tepalia sind gelb, während die weiße Lippe eine rote Äderung schmückt. Die Spezies stammt aus recht trockenen, sonnigen Regionen und lässt sich leicht kultivieren. Man pflegt sie als Epiphyt und gleicht den winterlichen Lichtmangel durch Absenken der Temperaturen aus. *E. fucata* blüht im Spätfrühling und Sommer; ihre Heimat sind die Inseln der Karibik.

Encyclia garciana

Encyclia garciana ⊡ ☺

Intermediär bis thermophil

Eine hübsche, kleine Art mit recht großen und schön gefärbten Blüten. Ihr Feuchtigkeitsbedarf ist etwas größer als normal, sodass sich *E. garciana* gut für Halter mit kleinen, schlecht belüfteten Anlagen eignet. Die länglichen Pseudobulben tragen 1–2 grau-grüne, 10 cm lange Blätter mit Längsfurchen. Die Blüten sind recht ansehnlich; jeder der kurzen Stiele trägt 1–3 davon. Ihr Durchmesser beträgt 4 cm; das Profil ist dreieckig. Die weißlichen Tepalia sind mit zierlichen purpurnen Punkten übersät, während die Lippe grün-weiß gefärbt ist. Pflegen Sie diese Art als Epiphyt (dann muss man öfter sprühen), besser jedoch in einem Topf mit Epiphyten-Substrat. Sie blüht im Herbst und stammt aus Venezuela.

Encyclia gracilis ⊡ ▣ 😐 ☺

Intermediär bis thermophil

Noch ein hübsches Sammlerstück aus der Gattung Encyclia! Ihre prächtigen Blüten öffnen sich sogar im Winter. Die 5 cm großen Pseudobulben der Spezies *E. gracilis* wirken wie Zwiebeln und tragen jeweils ein Paar kräftiger Blätter, die 20 cm Länge erreichen können. Der gewöhnlich unverzweigte Blütenstiel trägt ungefähr 7–15 etwa 2,5 cm weite Blüten. Ihre Grundfärbung variiert von grün-gelb bis grün-braun; die weißliche Lippe zeigt eine rosa Äderung. An die Kultur stellt diese Art recht bescheidene Ansprüche; man sollte sie genau wie andere epiphytische *Encyclia*-Orchideen (s. *E. alata*) pflegen; allerdings braucht es *E. gracilis* nicht ganz so warm wie jene. Die Spezies blüht zwischen September und Dezember; ihre Heimat sind die Bahamas.

Encyclia gracilis

Encyclia phoenicea ⊡ ▣ 😐

Intermediär bis thermophil

Zum dekorativen Äußeren der Blüten dieser prächtigen Orchidee kommt noch ihr wahrhaft berauschender Schokoladenduft. Attraktiv wird sie auch durch ihre recht handlichen Dimensionen sowie die Widerstandsfähigkeit gegen Dürre und diverse Haltungsfehler. *E. phoenicea* besitzt – anders als die sehr ähnliche *E. atropurpurea* – konisch zugespitzte Pseudobulben, die jeweils zwei schmale, feste Blätter ausbilden. Der spärliche Blütenstand trägt auf einem starren, drahtigen Stiel 5–20 farblich sehr variable Blüten. Ihre Lippen sind weiß mit roter Äderung, die Tepalia hingegen grün bis dunkel-purpurn. Sie bleiben wenigstens sechs Wochen ansehnlich. *E. phoenicea* ist ein Epiphyt mit hohem Lichtbedürfnis. In der Kultur hat die Art einen großen Nachteil: ihre Büschel werden nur langsam größer und lassen sich nicht vermehren – deshalb ist sie in Sammlungen bis heute recht selten. Sie blüht im Spätsommer und Herbst; ihre Heimat sind Mexiko, Kuba und andere Inseln der Karibik.

Encyclia phoenicea

Encyclia vespa

Epidendrum ciliare

Encyclia vespa (Hormidium crassilabium) ▣ ■ ☺

Intermediär

Eine äußerst variable und kaum einzuordnende Pflanze: ihre zweiblättrigen, glatten Pseudobulben messen 5–40 cm und bestehen aus mehreren Gliedern, was sie als *Epidendrum*- oder eher noch *Hormidium*-Orchideen ausweisen könnte. Insgesamt wirkt sie recht schnörkellos: die kopfstehenden grünlichen Blüten sitzen zu 3–7 an einem aufrechten Stiel; ihre Tepalia schmücken purpurne Flecken. *E. vespa* ist eine völlig anspruchslose Art, die sich sogar für Amateursammlungen gut eignet. Sie lässt sich im Halbschatten kultivieren – entweder als Epiphyt (dann bleibt sie kleiner) oder in einem Blumentopf mit Epiphyten-Substrat (in diesem Fall muss man sich auf viel größere Exemplare einstellen). Die Pflanze blüht zwischen Herbst und Winterausgang; ihre Heimat sind die tropischen Regionen Amerikas.

Epidendrum ciliare ▣ ☺

Intermediär

Zur Gattung *Epidendrum* gehören zahlreiche sehr unterschiedliche Arten, deren Beziehung zu ihr oft äußerst unklar ist. Für die Kultur haben diese zumeist recht robusten Pflanzen keinen besonderen Wert – die Blüten sind ausdauernd, aber klein. Die normalerweise doldenartigen Blütenstände der kleinblütigen Spezies wirken recht imposant. *E. ciliare* wird meist als *Hormidium*- oder *Auliza*-Orchidee eingestuft, obgleich ihre flachen Pseudobulben an *Cattleya*-Arten erinnern. Der Blütenstand besteht aus 3–7 manchmal 10 cm langen „Spinnenblüten". Das Prunkstück der gelb-weißen, grünlich angehauchten Blüte ist ihre dreilappige Lippe, deren Mittelteil sich zu einem zungenartigen Gebilde erweitert, während die seitlichen Fortsätze eindrucksvoll bewimpert sind. Die Pflanze blüht zwischen November und Februar; ihr Verbreitungsgebiet umfasst das tropische Lateinamerika von Mexiko bis Brasilien.

Epidendrum coriifolium ⊡ ▣ ☺

Intermediär

Eine prächtige Orchidee mit zweiblättrigen Pseudobulben und eindrucksvoll geformten Blüten, deren Farbe von grün bis grün-gelb variiert. Diese Gebilde erreichen eine Länge von 5 cm und bilden gewöhnlich einen dichten Blütenstand aus insgesamt 4–8 Einzelblüten; jede einzelne wird von der breiten, kreisrunden Lippe beherrscht, die längs der Mittelader leicht „gefaltet" ist. Die Art lässt sich leicht pflegen – entweder als Epiphyt oder in Töpfen mit grobem Substrat. Sie blüht im Frühling oder im Herbst und wurde in Venezuela entdeckt.

Epidendrum diffusum ■ ☺

Intermediär

Die Spezies *E. diffusum* ist eine typische Vertreterin des Pseudobulben bildenden *Epidendrum*-Typs (die übrigen Arten besitzen große, „rohrartige“, dicht belaubte Stämme). Die Pseudobulben werden bis zu 20 cm lang; sie tragen 2–5 Blätter, und ihren Spitzen entsprießen riesige hängende Rispen, die aus vielen unscheinbaren braun-grünen Blüten bestehen. Diese Orchidee stellt die gleichen Kulturansprüche wie andere normale Epiphyten: sie braucht Halbschatten und gute Luftzirkulation. Die Spezies *E. diffusum* blüht zwischen Oktober und November; ihre Heimat sind Mexiko, Guatemala und Kuba.

Epidendrum falcatum ▣ ☺

Thermophil

Dieser Epiphyt ist nicht nur in der Blüte sehr interessant: die seltsam anmutenden Büschel seiner langen Blätter bereichern zweifellos jede Orchideensammlung. Erst recht dürfte jeder Orchideenfreund dieser Art verfallen, wenn ihre schneeweißen Blüten mit den merkwürdig angeordneten Lippen hinzukommen! *E. falcatum* war früher als *Auliza parkinsoniana* bekannt. Den Resten der stark verkümmerten Pseudobulben entsprießen fleischige, schmal-lanzettförmige, bis zu 30 cm lange Blätter. Den kürzeren Blütenstiel zieren maximal 3 große, weiße Blüten. Die Lippe verfärbt sich manchmal mit der Zeit gelblich. Sie hat drei Lappen – die beiden äußeren sind oval, während der mittlere schmal und spitz ist. Die Pflege ist einfach; größere Schwierigkeiten bereitet es, an diese hoch geschätzte, recht seltene Art zu kommen, die sich nur begrenzt vermehren lässt. Man kultiviert sie wie andere thermophile Orchideen, d.h. als Epiphyt auf Borke (am besten Korkeiche) im Halbschatten. Sie hält es ohne weiteres in kleinen, schlecht belüfteten Epiphytenkästen aus. Die Spezies blüht im Sommer und ist aus Mexiko, Guatemala, Honduras, Costa Rica und Panama bekannt.

Epidendrum coriifolium

Epidendrum diffusum

Epidendrum falcatum

Epidendrum oerstedii

Epidendrum oerstedii ⊡ ▣ ☺

Intermediär

Diese Art ist nah mit *E. ciliare* oder *E. falcatum* verwandt – alle drei werden wegen ihrer einzigartigen weißen Blüten manchmal auch der eigenständigen Gattung *Auliza* zugeordnet. *E. oerstedti* besitzt einen aufrechten Stamm; die beiden obersten Internodien sind zu einem länglichen Pseudobulbus umgebildet. Der endständige Blütenstand sitzt auf einem recht kurzen Stiel und trägt 2–3 Blüten. Jene sind etwa 11 cm weit; sie haben weiße Tepalia und eine Lippe mit drei Lappen; der mittlere ist dünn, spitz und äußerst stark verlängert – ein Charakteristikum dieser Art. Was die Kultur angeht, eignet sich diese Pflanze sogar für Anfänger. Man pflegt sie als Epiphyt im Halbschatten und gießt das ganze Jahr über. Ihre Blüten erscheinen im Frühling. Entdeckt wurde die Spezies in Costa Rica und Panama.

Epidendrum pseudepidendrum ■ 😐 ☺

Intermediär bis thermophil

Eine wirklich spektakuläre Orchidee, was das Aussehen der Blüten angeht; leider wird sie zu groß – die baumartigen Stämme mit zwei Reihen bis zu 16 cm langer Blätter erreichen ohne weiteres Längen von 80 cm! Zwischen Juni und Juli bilden sich 3–5 Blüten; sie sind ungewöhnlich groß und prunken mit orange-roten Lippen. Die Art ist

Epidendrum pseudepidendrum

nicht schwer zu kultivieren: wie alle Vertreterinnen der Gattung *Epidendrum* braucht sie sehr viel Licht (sonst werden ihre Triebe viel zu lang und bilden keine Blüten), regelmäßige Wassergaben und eine winterliche Ruheperiode. Entdeckt wurde diese Orchidee in Costa Rica und Panama.

Epidendrum radicans ▣ ■ ☺

Intermediär

Ein wahres Symbol der gesamten Gattung mit ihren orangen bis dunkelroten Blütendolden. Sie verändern ihre Form im Lauf der Zeit nur unwesentlich, obwohl sie nacheinander in großen Abständen aufblühen. Der Blütenstand hält sich mehrere Monate lang an der Pflanze, sodass er manchmal auch Schnittblumen liefert. *E. radicans* wird oft fälschlich mit der sehr ähnlichen und kaum von ihr zu unterscheidenden Spezies *E. ibaguense* verwechselt. Die rohrartigen, kletternden Triebe erreichen Längen von bis zu 2 m, und ihre ganze Oberfläche überzieht sich nach und nach mit zahlreichen Luftwurzeln (daher auch der lateinische Artname *radicans* = „wurzelnd“).
Die Spezies zeichnet sich durch ein außergewöhnliches Regenerationsvermögen aus und hält sich in den Tropen sogar auf regelmäßig gemähten Rasenflächen! Man pflegt sie genau wie *E. pseudepidendrum*. *E. radicans* blüht sporadisch das ganze Jahr hindurch; im tropischen Amerika gibt es zahlreiche Formen.

Epidendrum radicans

Epidendrum sp. ▣ ☹

Intermediär

Die Systematik der Gattung *Epidendrum* hat den Botanikern viel Kopfzerbrechen bereitet – eine große Anzahl von Orchideenarten wurde ihr wiederholt zugeordnet, nur um später anderen Gattungen zugewiesen zu werden! Außerdem entdeckt man in der Wildnis Lateinamerikas noch immer neue Arten – darunter vielleicht auch die beiden noch unbestimmten Pflanzen, die wir in Gran Saban (Venezuela) fotografierten (eine davon am einzigartigen Tafelberg Monte Roraima).

Epidendrum sp., Venezuela

Epidendrum sp., Roraima, Venezuela

Epigeneium amplum

Epigeneium amplum □ ⊡ ☺

Intermediär

Die kleine Gattung *Epigeneium* umfasst etwa 40 Arten winziger, bunter, „kulturfreundlicher" Orchideen. Ihr Aussehen macht *E. amplum* ideal für Liebhabersammlungen, doch ist sie sehr selten (noch rarer als *E. coelogyne*). Die Pflanzen besitzen kriechende Rhizome mit spärlichen ovalen, zweiblättrigen Pseudobulben. Deren Größe beträgt maximal 5 cm, während die Blätter meist doppelt so lang werden. Die gigantischen Blüten sind bis zu 10 cm weit und bilden sich nacheinander auf kurzen Stielen an den Spitzen der Pseudobulben. Ihre Grundfärbung ist grünlichgelb, doch wird dieser Ton fast vollständig von den purpurn-braunen Längsflecken überdeckt. Die Lippe ist dunkel-purpurn. Pflegen lässt sich diese Art leicht – am besten auf hölzernen Unterlagen und hinreichend feucht im Halbschatten. Sie blüht unregelmäßig, zumeist im Herbst (Oktober bis November). Nachgewiesen ist sie in den mittleren Höhenlagen von Burma und Thailand.

Eria □ ⊡ ▣ 😐 ☺

Intermediär bis thermophil

Die überwiegende Mehrzahl der Arten dieser Gattung hat winzige, einfarbige Blüten, die sich in Kultur überdies nur unwillig und sporadisch bilden. Nur eingefleischte Kuriositätensammler halten einige Arten mit auffälliger geformten Pseudobulben. Von den Letzteren gibt es zwei Arten: vielgliedrige, die auf einer Seite über die ganze Länge mit Blättern besetzt sind, und eingliedrige, ovale bis zylindrische mit zwei und mehr Blättern an der Spitze. Die meisten *Eria*-Orchideen wachsen als Epi- oder Lithophyten an den wärmsten

Eria sp., Vietnam

Eria sp., ein Lithophyt aus Thailand.

Standorten, weshalb man sie in der Kultur auf Holzunterlagen montieren sollte. Die Pflanzen brauchen möglichst viel Licht und überdies im Winter etwas niedrigere Temperaturen. Die hier gezeigten Fotos der Art entstanden in Thailand und Vietnam; die Gattung ist im ganzen tropischen Asien, Polynesien und Nordaustralien weit verbreitet.

Eria sp., Thailand

Eria panea

Erycina echinata

Erycina echinata □ ☹

Kryophil

Diese winzige, zarte Vertreterin ihrer Gattung würde wohl jeder Orchideenfreund gern besitzen. Allerdings gibt es einen großen Nachteil: sie ist schwer zu pflegen. Ihre winzigen, fast kugelrunden zweiblättrigen Pseudobulben sind transparent und durch trockene Hüllen vor dem Sonnenschein geschützt. Auf dem Höhepunkt der Trockenzeit werfen sie alle Blätter ab. Die schwefelgelben, komplex gebauten Blüten mit der großen Lippe verweisen auf die Verwandtschaft mit *Oncidium* und sind trotz ihrer Winzigkeit (2 cm) weithin zu sehen; sie sprießen in kleinen Trauben aus den Basen der Pseudobulben. Die hohen Ansprüche an die Kultur hängen mit ihrer Heimat zusammen, den kühlen Bergregionen Mexikos. Um sich in Kultur gut zu entwickeln, benötigen *Erycina*-Orchideen eine schwer herzustellende Kombination: viel Sonne, frische Luft und ganzjährig kühle Temperaturen. Im Übrigen pflegt man sie genau wie die Spezies *E. citrinum*, nur ist *E. echinata* wegen ihrer geringen Größe noch empfindlicher gegen Haltungsfehler. Die Art blüht zwischen März und Mai; entdeckt wurde sie im mexikanischen Bundesstaat Oaxaca.

Euchile citrinum ▣ ☹

Kryophil

Eine großblütige Rarität – wohl der geheime Wunschtraum jedes Orchideenfreundes! Leider ist sie selten und schwer zu kultivieren. Im mexikanischen Bundesstaat Oaxaca sammelt die örtliche Bevölkerung kurz vor Ostern in den lichten Eichenwäldern blühende Exemplare von *E. citrinum* (leider zusammen mit den Pseudobulben), um sie als Schmuck an Zäune und Häuser zu hängen. *E. citrinum* bildet eiförmige Pseudobulben von bis zu 5 cm Länge, die nur herabhängend wachsen und 2–4 lederartige Blätter tragen. Ihren Spitzen entsprießen Blütenstiele, welche jeweils 1–3 Blüten tragen. Letztere sind schön, 6–8 cm weit, teils geöffnet und zitronengelb (wobei sie überdies intensiv nach Zitrone duften). Unglücklicherweise halten sie nicht sehr lange aus. Die Kultur ist sehr schwierig und so etwas wie die Meisterprüfung für jeden Orchideenfreund: die Art wächst in Höhenlagen von mehr als 3000 m über NN und braucht

Euchile citrinum

Euchile mariae

daher kühle Temperaturen, sehr viel ungefiltertes Sonnenlicht und frische Luft. Man pflegt sie als Epiphyt und senkt die Temperatur im Winter auf 15 °C; gegossen wird dann nur sparsam, da die Entwicklung wegen Lichtmangels stagniert. *E. citrinum* blüht zwischen März und April; die Art ist nur aus Mexiko bekannt.

Euchile mariae ⊡ ▣ ☺

Kryophil bis intermediär

Die einzige Verwandte der vorigen Art hat ebenfalls exotische weiße Blüten. Anders als bei *E. citrinum* wachsen die birnenförmig-aufrechten Pseudobulben hier aufrecht. An ihren Spitzen bilden sich jeweils 2–3 längliche Blätter. Die grünlichen Blüten werden von einer gekräuselten, schneeweißen Lippe mit grüner Äderung und gelbem Zentrum beherrscht. Pflegen Sie diese Orchidee wie ihre gelbblühende Verwandte – allerdings benötigt *E. mariae* nicht ganz so kühle Temperaturen und eine geringere Luftbewegung. Entdeckt wurde diese Art erst 1937; man verwendet sie bis heute zum Züchten grünblütiger Hybriden. Sie blüht im Frühjahr und stammt aus den höheren Lagen Mexikos.

Eunanthe sanderiana

Eunanthe sanderiana ▣ ■ ☹ ☺

Thermophil

Diese Art gilt gemeinsam mit der blaublühenden Spezies *Vanda corulea* als „Schönheitskönigin“ unter den Baumstammorchideen Asiens. Ihr kletternder, kräftiger Stamm wird bis zu 60 cm lang und trägt zwei Reihen gegenständiger, 45 cm langer, riemenförmiger Blätter. Die Blütenstiele entsprießen den Blattachseln; kräftige Exemplare bilden mehr als einen. Jede Dolde besteht aus maximal 10 rosa Blüten, deren untere Tepalia eine eindrucksvolle scharlachrote Äderung aufweisen. In Europa blüht *E. sanderiana* nur äußerst selten; sie wächst überdies extrem langsam. Wenn sie es überhaupt tut, dann im Herbst. Die Art wurde unter dramatischen Umständen entdeckt – während des Erdbebens von 1880 auf den Philippinen.

Galeandra sp., Mexiko

Galeandra ⊡ ▣ ☹ 😐

Kryophil bis intermediär

Diese Pflanzen erregen auch durch ihre spindelförmigen Pseudobulben mit dünnem, teils abfallendem Laub Aufmerksamkeit. Ihr auffälligstes Merkmal sind jedoch die bizarren röhrenartigen Blüten mit rückwärts gekrümmtem Sporn. Die meisten *Galeandra*-Arten sind Epiphyten, doch gibt es auch einige terrestrische Spezies, die man in schwerem Substrat und mäßig warm kultivieren muss. Die epiphytischen Arten sind nicht gerade pflegeleicht und in Sammlungen nur selten zu sehen. Wichtige Voraussetzungen für die erfolgreiche Entwicklung bilden eine perfekte Belüftung, ein Höchstmaß an Licht und niedrigere Temperaturen im Sommer. Sogar im Winter bilden sich an den Pflanzen neue Pseudobulben, wobei es unter europäischen Verhältnissen zu Missbildungen und fortschreitendem Zwergwuchs kommt. *Galeandra*-Orchideen blühen gewöhnlich im zeitigen Frühjahr, sie kommen nur in den Tropen Amerikas vor; in dem weiten Gebiet zwischen Florida und Brasilien kennt man etwa 20 Arten. Die abgebildete Orchidee (*Galeandra* sp.) aus Arriaga (Mexiko) ähnelt ein wenig der Spezies *G. baueri* (?); die noch unbestimmte Pflanze vertritt eine kleine, sonderbare Art, die als Epiphyt in Kiefernwipfeln wächst, und zwar in Höhen um 1500 m über NN im Bundesstaat Chiapas (Mexiko).

Galeandra batemanii

Gastrochilus monticola

Gastrochilus monticola ⊡ ▣ 😐 ☺

Thermophil

Vertreterinnen der Gattung *Gastrochilus* bilden keine Pseudobulben aus – morphologisch erinnern sie irgendwie an *Vanda*-Orchideen. Der steife, manchmal verholzende Stamm ist bei einigen Arten verkürzt, bei anderen hingegen stark verlängert. Der Blütenstand ist stets kürzer als die kräftigen, in zwei Zeilen angeordneten Blätter und bildet sich in deren Achseln. Bei *G. monticola* erreicht er eine Länge von 20 cm; er trägt purpurnbraune, 1,5 cm weite Blüten mit dekorativer weißer Lippe, die jeweils Gruppen von 3–5 bilden. Die Pflanze benötigt reichlich diffuses Licht und eine gute Belüftung. Am besten kultiviert man sie als Epiphyt auf einer Holzunterlage. In der Vegetationsperiode muss sie reichlich gegossen werden, im Winter jedoch etwas sparsamer. In der Kultur blüht diese Spezies nur unregelmäßig (und dann im Herbst). Sie stammt aus Burma, Thailand, Laos und anderen Ländern Südostasiens.

Gastrochilus obliquus ⊡ ▣ 😐 ☺

Intermediär bis thermophil

Eine üppig blühende Vertreterin einer Gattung, der man in europäischen Sammlungen sehr selten begegnet. Anders als die vorigen Arten hat sie einen kurzen Stamm, und die Blätter sind größer und

Gastrochilus obliquus

fleischiger. Bis zu 25 etwa 2,5 cm weite Blüten bilden auf einem kurzen Stiel eine sehr dichte Rispe. Ihre sattgelben Tepalia sind mit feinen roten Punkten übersät: die Lippe ist weiß mit einem prächtigen roten Fleck an der Basis. Man pflegt *G. obliquuus* weitgehend wie die vorigen Arten. Ihre Blüten erscheinen zwischen November und Dezember; unser Foto wurde in Thailand aufgenommen.

Gastrochilus sp. ▣ ☺

Thermophil

Orchideen dieser Gattung sind in Sammlungen ausgesprochen seltene Gäste, und Botanikern bereiten sie Kopfzerbrechen. Die Blüten der abgebildeten Pflanze sind wie jene anderer *Gastrochilus*-Orchideen gattungstypisch geformt – ungewöhnliche, fleischige, löffelartig gebogene Tepalia mit brauner Flechtzeichnung, Lippe mit sackartigem Hypo- und bewimpertem Epichil. Der Blütenstiel

Gastrochilus sp.

Gomesa crispa

hat eine ungewöhnliche Länge. Man kultiviert diese Art im wesentlichen wie die vorgenannten; gleich anderen *Gastrochilus*-Spezies benötigt sie im Winter nur eine kurze Ruheperiode, die man durch behutsames Absenken der Temperatur und sparsameres Gießen einleiten kann. Die abgebildete Pflanze blüht im Herbst; sie stammt aus Südostasien (v. a. Thailand).

Gomesa crispa ▣ ☺

Intermediär

Zur kleinen Gattung *Gomesa* gehören nur etwa 20 allerdings recht auffällige Arten – sei es wegen der Form ihrer Fortpflanzungsorgane oder durch Gestalt und Proportionen der hängenden Blütenstände. Leider sind die zarten, ungefähr 2 cm weiten Blüten nur sehr kurzlebig. *Gomesa*-Orchideen wurden früher zur Gattung Rodrigueza gerechnet. Die Spezies *G. crispa* besitzt 6–9 cm große Pseudobulben mit je 2–3 spitzen, bis zu 25 cm langen Blättern. Die zahlreichen dichten, herabhängenden Blütenstände mit ihren gelblichen bis grünlichen Blüten entsprießen den Basen der Pseudobulben und messen bis zu 20 cm. In der Kultur stellt diese epiphytische Orchidee normale Ansprüche an Wasser und Licht. Sie blüht im Frühjahr (Mai–Juni) und ist in Brasilien zuhause.

Gomesa divaricata

⊡ ▣ ☺

Intermediär

Diese in der Blüte recht attraktive Art unterscheidet sich kaum von anderen *Gomesa*-Orchideen. Ihre Pseudobulben sind bis zu 6 cm groß, rund, abgeflacht mit scharfen Kanten und enden in drei langen Blättern. Der Blütenstand erinnert an die vorgenannten Arten. Die weißlichen Tepalia sind wellig, die sichtbar gewölbte Lippe trägt an der Basis zwei kammartige Gebilde. Die Art stellt keine sehr hohen Ansprüche: man pflegt sie als Epiphyt bei normalem Gießen, guter Belüftung und möglichst viel diffusem Licht. Sie blüht gewöhnlich in den ersten Frühlingsmonaten und wurde im Regenwald Brasiliens entdeckt.

Gomesa divaricata

Gongora purpurea

Gongora

▣ ☺

Intermediär

Alle Arten der bizarr blühenden Gattung *Gongora* bilden gefurchte, konische, frisch anmutende Pseudobulben, die gewöhnlich in einem Paar schlank-ovaler Blätter mit kräftiger, auffälliger Äderung enden und bis zu 8 cm hoch sind, während die Blätter etwa viermal länger werden können. Beachtung verdienen auch die Wurzeln: sie sind sehr dünn, schneeweiß und bilden in der Luft ein dichtes Netz. Manche von ihnen wachsen umgekehrt geotrop, d.h. vertikal nach oben. Diese Spezialisierung ist auch von einigen anderen Epiphyten bekannt (z.B. *Anthuria*-Arten aus der Gattung der *Araceae*) und führt zur Bildung von einer Art luftiger Wurzelballen oder Nester; darin sammelt sich nach und nach organisches Material an, das die Pflanze zu ihrer Ernährung nutzt. Eine andere Attraktion sind die Blüten der Gattung: den Basen der Pseudobulben entsprießen vielblütige Stiele, die zuerst lotrecht nach oben und dann vertikal nach unten wachsen. Die einzelnen Blüten sind nach hinten orientiert, d.h. ihre Lippen weisen aufwärts, während sie an fast kreisförmigen Stielen im Raum hängen, die einzigartig für diese Gattung und kaum überschaubar sind. Die ökologischen Ansprüche der Art (und damit ihre Kultur) entsprechen denen der übrigen *Gongora*-Spezies.

Gongora sp.

Ihr Lichtbedürfnis ist durchschnittlich. Man pflegt sie als Epiphyt auf größeren Unterlagen (etwa Pinienborke oder Rebwurzeln) oder in Körben bzw. Töpfen mit hochgradig durchlässigem Substrat (bei dieser Methode ist nachteilig, dass die Luftwurzeln absolut keine „Auftrittschance" bekommen). Da der Blütenstand nach unten hängt, muss man die Pflanzgefäße hoch aufhängen. Sobald sich die ersten zarten Ansätze künftiger Blüten zeigen, gießt man spärlicher, um das Fäulnisrisiko zu verringern. Nachdem die Blüten verwelkt sind, brauchen die Pflanzen eine kurze Ruhephase. Zur Gattung *Gongora* gehören insgesamt etwa 25 Arten, die im tropischen Amerika (von Mexiko und den Antillen bis Brasilien) vorkommen, zumeist in Mittelamerika.

Gongora cassidea

Gongora sp., Ecuador

Gongora galeata

Grammatophyllum scriptum var. *citrinum*

Haraella odorata

Grammatophyllum scriptum var. *citrinum* ■ ☺

Intermediär

Zur Gattung *Grammatophyllum* gehört eine der größten Orchideen unserer Erde – die riesenhafte *G. speciosum*, deren Pseudobulben 2,5 m lang werden können! Die Spezies *G. scriptum* ist zwar deutlich kleiner, aber für Liebhabersammlungen trotzdem immer noch zu wuchtig. Ihre Pseudobulben erreichen Längen von 20 cm und tragen 3–5 massige, bis zu 1 m lange Blätter. Der Blütenstand ist eine Ähre aus vielen symmetrischen, sternförmigen grünlichen Blüten. Bei typischen Arten dieser Gattung sind jene mit braunen Punkten geschmückt. Die Kultur dieser terrestrischen Spezies ist unkompliziert: sie begnügt sich mit Halbschatten, einem durchlässigen, mit Blumenerde vermischten Substrat und sparsamen Wassergaben. Sie blüht im Spätsommer und stammt aus Südostasien.

Haraella odorata □ 😐 ☺

Thermophil

Eine prächtige Zwergorchidee, die öfters in Sammlungen vertreten ist. Der Stamm der unauffälligen Miniaturpflanzen wird bis zu 1 cm lang und ist mit länglichen, fleischigen Blättern bedeckt, die Längen von bis zu 4 cm erreichen. An seinem unteren Abschnitt bilden sich kurze Blütenscheiden mit 2–3 cm weiten Einzelblüten, die auffällig verlängerte Lippen besitzen. Ihre Säume weisen eine typische Bewimperung auf. Die Art ist nicht schwer zu pflegen – bedenken Sie aber, dass Zwerge wie *H. odorata* empfindlicher auf Dürre und andere Haltungsfehler reagieren. Sie gedeiht im Halbschatten bei ganzjährig warmen Temperaturen, blüht zwischen Juli und November und stammt aus Taiwan.

Helcia sanquinolenta ⊡ 😐 ☺

Kryophil bis intermediär

Zur „Zwerggattung“ *Helcia* gehören nur zwei Arten, die *Trichopilia*-Orchideen ähneln, von denen sie die flache Lippe mit ihrer gefalteten Basis unterscheidet. *H. sanguinolenta* ist die bekanntere und öfter gepflegte. Es handelt sich um eine kleine Pflanze mit großen Blüten. Die Pseudobulben die-

ser Art sind länglich-eiförmig; sie werden höchstens 4 cm lang und enden jeweils in kleinen, ovalen Einzelblättern. Die Blütenähren tragen gelbgrüne Einzelblüten von bis zu 7 cm Durchmesser, deren weißliche Lippe eine scharlachrote Zeichnung schmückt.
Die epiphytische Art *H. sanquinolenta* stammt aus den höheren Lagen der Anden Südamerikas und sollte daher im Prinzip wie die kryophilen *Odontoglossum*-Orchideen kultiviert werden. Die Spezies blüht zwischen Januar und Februar; entdeckt wurde sie in Kolumbien und Ecuador.

Helcia sanquinolenta

Hexisea bidentata ⊡ 😐 ☺

Intermediär bis thermophil

Die Blüten der kleinen Gattung *Hexisea* ähneln Epidendrum-Orchideen. Ihre schlanken, spindelförmigen Pseudobulben zeichnen sich durch eine Besonderheit aus: sie bilden manchmal an ihren Spitzen so genannte „Tochterbulben“. An der gleichen Stelle wie die eben genannten Speicherorgane entwickeln sich auch die spärlichen Stiele mit ihren 3–5 leuchtendgelben, 3 cm weiten Blüten. Die epiphytische Art gedeiht im Halbschatten gut belüfteter Gewächshäuser. Sie blüht im Sommer; ihre Heimat umfasst die Region zwischen Costa Rica und Kolumbien.

Hexisea bidentata

Holcoglossum amesianum

Holcoglossum amesianum ▣ ■ ☺

Intermediär

Die Vertreterinnen dieser Gattung werden oft zu den *Vanda*-Orchideen gerechnet. Obgleich sie mit jenen recht nahe verwandt sind, weisen ihre Blüten doch eine andere Anatomie auf – zum Beispiel einen längeren Sporn oder eine abweichend geformte Lippe. Weitere Unterschiede gibt es im Gesamteindruck und bezüglich der Wuchsform der Blätter. Der blattlose, starre Stamm verholzt allmählich und hört niemals auf zu wachsen; er trägt zwei Reihen fester, dünner Blätter, die einen halbrunden Querschnitt aufweisen und bis zu 20 cm lang werden können. Der aufrechte Blütenstand bildet sich in den Achseln der oberen Blätter und trägt etwa 15–30 Blüten mit stumpfem Sporn, weißen, ovalen Tepalia und einer vorspringenden rosa Lippe mit dekorativem Saum. Man pflegt diese Art genau wie andere *Holcoglossum*-Orchideen (vgl. etwa *H. kimballianum*). Sie blüht im Winter und stammt aus Burma, Thailand, Kambodscha, Laos, Vietnam und Südchina.

Holcoglossum kimballianum ▣ ■ ☺

Intermediär

Die Tepalia der wunderschönen Blüten besitzen sehr stark eingezogene Basen, und ihre breite rotpurpurne Lippe überzieht eine scharlachrote Äderung. Obwohl *H. kimballianum* ein Epiphyt ist, sollte man diese Orchidee in Gefäßen mit ausdauerndem, kleinteiligem Substrat kultivieren. Oft wird sie auch völlig „nackt" gepflegt, also in hölzernen Hängekörben, aus denen die zahlreichen langen Luftwurzeln der Pflanze ungehindert nach unten hängen können. Orchideen dieser Gattung benötigen sehr viel Licht und mehr Wärme als die *Vanda*-Arten (man kann allgemein davon ausgehen, dass Orchideen dieser nah verwandten Gattungen umso thermo- und photophiler sind, je rundere bzw. schmalere Blätter sie besitzen). Im Winter setzt man die Pflanzen kühler und gießt weniger, da ihr Wachstum dann wegen des Lichtmangels stagniert. *H. kimballianum* blüht zwischen September und Oktober; sie stammt aus Burma, Thailand und Südchina.

Holcoglossum subulifolium ▣ ☹ ☺

Thermophil

In voller Blüte ist diese Art eine wahre Pracht – ansonsten eben eine unauffällige und schwer zu pflegende Orchidee. Äußerlich ähnelt sie den beiden vorgenannten Arten: die stabartigen Blätter variieren farblich zwischen grün und dunkelrot, je nach Lichtintensität; Der Stiel ist stets kürzer als die Blätter und trägt 2–5 weiße Blüten; jene werden bis zu 6 cm lang und wirken vor allem durch ihre breite, zungenartige Lippe mit dem bewimperten Saum. Die Basis der Lippe schmückt eine lohfarbene Zeichnung. Zu Haltungsfehlern wie langsamem Wachstum, mangelndem Blühwillen und Fäulnis kommt es wegen ihres enormen Lichtbedarfs – vor allem im Winter: dann leidet sie

Holcoglossum kimballianum

förmlich unter dem Lichtmangel in europäischen Sammlungen. *H. subulifolium* blüht im Spätfrühling und stammt aus Südchina.

Hormidium boothianum ⊡ ▣ ☺

Intermediär

Diese Art weicht ein wenig von den übrigen Orchideen der Gattung ab – ihre Blüten sind nicht um 180° gedreht (zeigen also nicht wie sonst üblich nach oben, s. u.). In europäischen Sammlungen gehört sie zu den häufigsten „Ostblock-Orchideen“: sie wurde häufiger als üblich in großer Zahl aus Kuba importiert. Die Pflanze hat hübsche, kreisrunde, lebhaft grüne Pseudobulben, die je ein Paar dünner Blätter tragen. Die Blütenstiele entsprießen den Basen reifer Pseudobulben und tragen 5–8 gelb-grüne Blüten mit braunen Flecken. Diese anspruchslose Orchidee sollte man als Epiphyt im Halbschatten auf Borke oder Holunderästen pflegen; sobald die neuen Pseudobulben voll entwickelt sind, gönnt man ihr eine kurze Ruhephase. Sie blüht zwischen Mai und Juli; außer auf Kuba kommt sie auch auf anderen Westindischen Inseln, im Süden Floridas und in Mexiko vor.

Hormidium boothianum

Hormidium cochleatum

Hormidium cochleatum ▣ ☺

Intermediär

Eine hübsche Kulturorchidee mit prächtiger purpurner, muschelförmiger, „umgedrehter" Lippe (vgl. die folgenden Arten), die seit vielen Jahren in großer Zahl gezogen wird. Schlanke, ovale Pseudobulben von 6–10 cm Länge tragen je zwei bis zu 20 cm lange Lanzettblätter. Der Blütenstand ist recht kurz und aufrecht; er besteht aus 5–8 Blüten, die sich langsam nacheinander öffnen. Zur Lippe kommen gelb-grün gestreifte Tepalia. Diesen sehr variablen und anpassungsfähigen Epiphyten kultiviert man auf Unterlagen oder in Töpfen mit Epiphytensubstrat.

Hormidium fragrans

Die Art blüht im Herbst und im Winter; ihre Heimat sind große Teile Mittelamerikas und die Westindischen Inseln.

Hormidium fragrans ▣ ☺

Intermediär

Der Status der Gattung *Hormidium* ist unter Botanikern umstritten – sie ordnen ihre Arten entweder den Epidendrum- oder den *Encyclia*-Orchideen zu. Wie bei anderen Arten der Gattung stehen die Blüten von *H. fragrans* „auf dem Kopf": durch die Drehung um 180° befinden sich die Lippen in der oberen Hälfte. Die schlanken Pseudobulben werden bis zu 5 cm groß und tragen je ein doppelt so langes riemenförmiges Blatt. Der Stiel mit den 2–5 Blüten steht aufrecht; die muschelförmige Lippe schmücken purpurne Streifen. Diese Orchidee lässt sich sehr leicht kultivieren, sodass sie sich in Europas Gewächshäusern schon um 1900 einen festen Platz erobern konnte. Als „Standardart" droht sie heute in Vergessenheit zu geraten. Ihre Blüten erscheinen im Spätwinter und im Frühjahr. Nachgewiesen ist die Pflanze in weiten Teilen Mittel- und Südamerikas.

Hormidium prismatocarpum

Hormidium prismatocarpum ▣ ☺

Intermediär bis thermophil

Die schmalen, eiförmigen Pseudobulben dieser Art werden bis zu 13 cm lang und tragen jeweils ein Paar riemenförmiger Blätter. Die Blütendolde wird etwa 30 cm lang und besteht aus vielen circa 6 cm weiten Blüten. Ihre gelblichgrünen Tepalia sind mit einem prächtigen braunen Fleckenmuster überzogen, während die Lippe in einer mauve Spitze ausläuft. Diese Art ist sogar für Anfänger leicht zu pflegen; man kann sie entweder auf Holzstücke montieren oder in Töpfen mit hochgradig durchlässigem Substrat kultivieren. Sie blüht zwischen Mai und Juli und stammt aus Costa Rica.

Hormidium vitellinum

Hormidium vitellinum ⊡ ▣ ☺

Kryophil bis intermediär

Im Gegensatz zu den übrigen *Hormidium*-Arten ist *H. vitellinum* eine viel stärker kryophile Pflanze. Dank dieser Eigenschaft und wegen ihrer prächtigen Blüten diente sie in den frühesten Tagen der Großgärtnereien als Schnittblumenlieferant. Die eiförmigen Pseudobulben werden bis zu 9 cm lang und tragen jeweils zwei feste, dünne Blätter. Den aufrechten, bis zu 30 cm hohen Stiel schmücken bis zu 20 leuchtend orange Blüten von 3–5 cm Durchmesser. Am besten gedeiht die Art an hellen, gut belüfteten Standorten. Im Winter muss man der Pflanze eine ausreichend lange Ruheperiode gönnen. Je nach der Blütezeit unterscheiden die Botaniker zwei Spielarten: Vertreterinnen der Variante *H. v.* var. *autumnalis* blühen im Herbst, jene von *H. v.* var. *majus* hingegen garantiert im Frühjahr. Zuhause ist die Art in Mexiko und Guatemala.

Hygrochilus parishii var. *marriottiana* ▣ 😐 ☺

Intermediär bis thermophil

Der Name *Hygrochilus* (griechisch *hygros* = feucht, *chilos* = Lippe) verweist auf die mit Nektar benetzte Lippe. Es handelt sich um eine epiphytische Art, deren dicker Einzelstamm bis zu 20 cm lang wird und zwei Reihen von 20–25 cm langen, länglich-elliptischen Blättern trägt. Der robuste Blütenstiel misst bis zu 40 cm und trägt 5–10 maximal 5 cm weite Blüten. Typische Vertreterinnen dieser Art haben gelbe Tepalia mit rötlichbraunen Flecken, während die Blüten bei var. *marriottiana* (unser Bild) rein braun sind. In beiden Fällen ist die Lippe purpurn und die Columna weiß. Die Kultur erfolgt ähnlich wie bei thermophilen *Vanda*-Arten; zwischen März und Mai erscheinen die Blüten. Nachgewiesen ist diese Art in Nordindien, Südchina, Laos und Vietnam.

Hygrochilus parishii var. *marriottiana*

Isochilus linearis

Isochilus linearis ⊡ ▣ 😐 ☺

Intermediär

Die beiden Arten dieser Gattung werden nur selten von Orchideenfreunden gepflegt; das liegt zum Teil an ihren höheren Ansprüchen, aber auch am unauffälligen Aussehen. Diese terrestrischen und epiphytischen Orchideen bilden steif-aufrechte Stämme, die mit zwei Reihen weicher, federartig angeordneter Blätter besetzt sind. Die endständigen Blütenstände tragen nur wenige dicht gedrängte glockenförmige Blüten. Sie werden bei *I. linearis* bis zu 50 cm lang, die Blätter jeweils maximal 6 cm. Die kleinen, in zwei Reihen angeordneten Blüten sind weiß, orange oder rot. Da die Wurzeln sehr leicht austrocknen, empfiehlt es sich, die Pflanzen in Blumentöpfen mit klassischem Epiphytensubstrat zu kultivieren. Die Art blüht unregelmäßig – meist im Frühjahr – und ist über das ganze tropische Amerika verbreitet.

Laelia anceps var. *alba*

Laelia anceps var. *alba* ▣ 😐

Kryophil

Die Gattung *Laelia* zählt dank ihrer schönen Blüten, der leichten Pflege und zahlreicher genetischer Veranlagungen zu den bekanntesten Gattungen der gesamten Orchideenfamilie. In einigen Fällen kann man sie nur anhand winziger morphologischer Details ihrer Blüten von der nah verwandten Gattung *Cattleya* unterscheiden. An der Spitze der schlanken, einblättrigen, eiförmigen Pseudobulben bildet sich eine bis zu 70 cm lange Ähre aus 3–5 lebhaft purpurnen Blüten. Neben dieser typischen Färbung existieren noch eine von Sammlern hoch geschätzte albinotische Variante, deren weiße Blüten (unser Bild) einen Hauch von gelb zeigen, sowie weitere Farbspielarten. Ihre Kultur ist recht einfach, genau wie die von *L. autumnalis*. *L. anceps* blüht zwischen Dezember und Januar – zu einer für den Halter günstigen Zeit – und stammt aus Mexiko.

Laelia autumnalis

Laelia autumnalis ▣ ☹

Kryophil bis intermediär

Diese Orchidee ist nah mit der vorigen Art verwandt. Sie hat spindelförmige, zweiblättrige, bis zu 8 cm lange Pseudobulben, deren lederartige Blätter 12–15 cm messen. Der bis zu 50 cm hohe Blütenstand besteht aus 3–5 leuchtend purpurnen Blüten. Von *L. autumnalis* gibt es auch eine sehr seltene weiße Spielart. Kultivieren Sie die Art in Hängetöpfen mit grobem, durchlässigem Substrat. Man kann sie auch als Epiphyt auf größere Äste oder Rindenstücke montieren. Die Pflanze braucht es im Winter kühl und nach dem Verblühen eine mehrwöchige Ruheperiode. Sie muss unbedingt ganzjährig genug Licht bekommen, aber vor Verbrennungen durch pralle Sonne geschützt werden. Die Spezies blüht im Winter und ist in Mexiko zuhause.

Laelia dayana ⊡ ☹ ☺

Intermediär

Diese Spezies gilt manchen Botanikern als bloße Unterart der sehr ähnlichen *L. pumila*. Sie gehört zu einer Gruppe sehr schöner Zwergorchideen. Ihre Pseudobulben sind kaum 3–4 cm lang und enden in festen, sukkulenten Einzelblättern, die bis zu 10 cm messen. Die reife Blütenscheide entlässt einen Stiel, der 1–2 Blüten trägt und etwas kürzer als die Blätter ist. Im Vergleich mit den übrigen Teilen der Pflanze ist jede Blüte ein wahrer Riese – ihr Durchmesser beträgt über 10 cm. Die Tepalia sind mauve, während die röhrenartige Lippe im Schlund weißlich und am Saum scharlachrot mit Längsäderung ist (*L. pumila* hat größere, hellere Blüten mit langer, dünnerer Lippe). Pflegen Sie die Art als Standard-Epiphyt auf Rindenstücken oder Ästen. Sie blüht zwischen Mai und Oktober; ihr Standort sind die Kronen hoher Bäume in Brasilien.

Laelia dayana

Laelia fidelensis

Laelia fidelensis ⊡ ▣ ☺

Intermediär bis thermophil

Diese Art lässt sich sogar in der Wohnung leicht pflegen, ist aber leider recht selten und in Freiheit von der Ausrottung bedroht. Hinzu kommt, dass sie nicht auf der Liste der am stärksten gefährdeten Arten steht (obwohl sie zweifellos darauf gehört) – was ihre Attraktivität allerdings noch erhöht hätte. Die Pflanze ist ziemlich klein und liegt am Boden an; sie bildet leicht Seitentriebe. Ihre einblättrigen, tonnenförmigen, gelblichen Pseudobulben messen nur 10–15 cm. Der leicht überhängende Stiel trägt 1–2 blasspurpurne, nur 1–2 cm weite Blüten. Die dunkler gefärbte Lippe ist wegen ihrer verbreiterten Basis herzförmig. Man pflegt diese Art ohne ausgeprägte Ruhephase an einem ganzjährig warmen und hellen Standort. Die Pflanze blüht im Frühjahr (manchmal auch im Herbst) und stammt aus Rio de Janeiro (Brasilien).

Laelia flava

Laelia flava ⊡ ☹ 😐

Intermediär

Die gelbblühenden Arten der Gattung *Laelia* haben im Bewusstsein von Orchideenfreunden keinen festen Platz, obwohl die Blüten zahlreicher *Laelia*-Spezies eben diese Farbe zeigen. Ihre Taxonomie ist mit einigen Unklarheiten behaftet, da zahlreiche bis vor kurzem als „reinblütig“ eingestufte Arten heute als bloße Unterarten oder Varianten der Orchidee *L. flava* gelten. Die Pflanze auf unserem Foto könnte demzufolge *L. itambana* heißen. Die Pseudobulben dieser mittelgroßen Orchidee messen 15 cm und enden in einem etwa 15 cm langen Blatt. Die sattgelben, überaus schönen Blüten haben 8 cm Durchmesser und sitzen sparsam auf länglichen Stielen. Man pflegt die Art genau wie *L. jongheana*. Sie blüht zwischen Winter und Frühjahr; ihre Heimat ist Minas Gerais (Brasilien).

Laelia furfuracea

Laelia fournierii ☐ ⊡ ☹ 😐

Intermediär

Diese Zwergart ist ein gutes Beispiel für die bemerkenswerte Anpassungsfähigkeit der Orchideen – man findet sie bisweilen sogar auf nacktem Fels in der prallen Sonne! An solchen Standorten schrumpfen ihre Blätter auf ein Mindestmaß: die einblättrigen, tonnenförmigen Pseudobulben messen kaum 4 cm, und das fleischig-kräftige Blatt ist noch kürzer. Die weißlichen bis blassgelben Blüten haben eine gelbliche bis orange Lippe. Als Epiphyten werden die Pflanzen etwas größer. Die Kultur dieser hochgradig extremen Art ist problematisch, da sie in den Gewächshäusern der gemäßigten Zone nicht genügend Licht bekommt. Man hat sie versuchsweise auf Rinde montiert (dazu eignet sich auch Korkeiche). *L. fournierii* blüht im Sommer und Herbst; sie stammt aus Brasilien.

Laelia furfuracea ⊡ 😐

Kryophil

Diese Orchidee steht ökologisch der vorigen sehr nahe. Ihre Proportionen sind mehr als erwünscht – die 6 cm langen Pseudobulben tragen feste, aufrechte Blätter, welche bis zu 12 cm messen. Die Blüten ähneln in Form und Farbe denen von *L. autumnalis*, sind aber bisweilen eine Spur heller gefärbt. Sie stehen in Gruppen zu 2–5 auf 30 cm langen Stielen und verströmen einen lieblichen Duft. *L. furfuracea* bildet ihre Blüten im Winter und wächst als Epiphyt in der Wildnis Mexikos – genauer gesagt in den bis zu 2700 m über NN gelegenen Bergen des Bundesstaates Oaxaca.

Laelia fournierii

Laelia grandis

Laelia gouldiana ▣ 😐

Kryophil

Diese Pflanze sieht *L. autumnalis* derart ähnlich, dass die Botaniker sie kurzfristig für eine natürliche Kreuzung mit der Art *L. anceps* hielten. Sie besitzt lebhaft purpurne, sternförmige Blüten mit einer schönen goldgelben Lippe, die hell-purpurn geädert ist – die schönsten in der gesamten Gruppe. In der Kultur unterscheidet sie sich kaum von ihren nächsten Verwandten. Die Spezies blüht im Winter und stammt ebenfalls aus Mexiko.

Laelia gouldiana

Laelia grandis ▣ 😐 🙂

Intermediär

Eine ziemlich große Art, deren einblättrige Pseudobulben maximal 15 cm messen. Die schmalen Blätter sind mit bis zu 25 cm etwas länger. Gewellte, lohfarbene Petalia umgeben eine trompetenartige rosa Lippe mit dunklerer Äderung. Die Blüten sind von stattlicher Größe; diesem Umstand verdankt die Art auch ihren Namen. Man pflegt sie am besten in Blumentöpfen mit grobem Substrat an Standorten mit viel diffusem Licht. Die Winterruhe braucht nicht allzu lang zu sein. Diese Pflanze wächst nicht nur als Epiphyt in den Wäldern der Atlantikküste, sondern auch terrestrisch im undurchdringlichen Gestrüpp fast wüstenhafter Binnenlandregionen. Man findet sie oft auch in Sekundärhabitaten wie Kakaoplantagen. Die Orchidee blüht im Frühjahr und stammt aus Brasilien.

Laelia jongheana ⊡ ▣ 😐

Intermediär

Eine weitere brasilianische Zwergart dieser Gattung: sie ist äußerst selten und in Freiheit fast ausgestorben – weshalb sie in Anhang I des CITES-Abkommens aufgenommen wurde. Die Pseudobulben dieser Pflanze messen kaum 6 cm und

Laelia jongheana

bilden dichte Haufen; sie enden in kräftigen, bis zu 12 cm langen Einzelblättern. Die Blüten stehen einzeln auf kurzen Stielen und sind mit bis zu 10 cm Durchmesser sehr groß. Ihre Tepalia sind mauve; die weiße, röhrenförmige Lippe hat einen gewellten Saum, purpurne Flecken und einen gelben Schlund. In der Wildnis wächst diese Spezies meist als Epiphyt an helleren Standorten, in Kultur auf Kork- oder Eichenrinde. Die Blüten erscheinen im Winter. Entdeckt wurde die Pflanze im Bundesstaat Minas Gerais (Brasilien).

Laelia pumila var. *semi-alba* ⊡ 😐 ☺

Intermediär bis thermophil

Eine hübsche, sehr beliebte und heiß begehrte Zwergorchidee aus dieser Gattung. Ihre Pseudobulben werden niemals länger als 3 cm und tragen jeweils ein ziemlich festes Einzelblatt, das bis zu 12 cm messen kann. Die Blüten stehen fast immer einzeln (nur selten paarweise) auf kurzen Stielen

Laelia pumila var. *semi-alba*

und sind farblich überaus variabel. Bei typischen Exemplaren zeigen sie eine mauve Färbung mit langer, röhrenförmiger Lippe, deren Inneres einen dunklen Saum besitzt. Die Blüten der Spielart *L.* var. *semi-alba* (unser Foto) zeigen hingegen eine weniger intensive Färbung – der Mauve-Ton ist dort auf den Saum der Lippe beschränkt. Pflegen Sie diese Pflanze als Epiphyt (dann wächst sie allerdings langsamer) oder – besser noch – in Töpfen mit grobem Epiphytensubstrat. Sie braucht sehr viel Licht, aber auch Schutz vor praller Sonne, die ungehindert durch die Glasscheiben einfällt.
L. pumila blüht im Frühsommer und stammt aus Bahia (Brasilien).

Laelia purpurata ■ ☺

Intermediär

Eine Riesin unter den *Laelia*-Orchideen – ihre schlanken, eiförmigen Pseudobulben erreichen Längen von bis zu 20 cm und tragen nur je ein doppelt so langes Blatt! Die kurze Ähre trägt 3–5 sehr große (bis zu 15 cm) mauve Blüten. Ihre Lippe ist lang und röhrenförmig, innen gelb und an den Säumen scharlachrot mit dunkler Äderung. Diese Orchidee wäre äußerst halter- und kulturfreundlich, hätte sie nur nicht solche monströsen Ausmaße! Kultivieren lässt sie sich leichter als die vorigen Arten. Eine kühle Winterpause ist nicht erforderlich, und sie braucht auch etwas weniger Licht.
L. purpurata blüht zwischen Mai und Oktober; zuhause ist sie in Brasilien.

Laelia purpurata

Laelia rubescens

Laelia rubescens ⊡ ▣ 😐

Kryophil bis intermediär

Systematisch gehört diese Spezies zu einer kryophilen mexikanischen Gruppe, die beispielsweise auch durch *L. autumnalis* vertreten wird. Sie ist allerdings die einzige Spezies, die auch in einem anderen Land Mittelamerikas vorkommt. Von den übrigen Arten der Gattung unterscheidet sie sich außerdem durch ihre geringere Größe und die flach-ovalen, glänzenden Pseudobulben, die jeweils ein längsovales Blatt tragen. Der dünne, feste Stiel wird bis zu 50 cm hoch und trägt 3–7 Blüten. Diese 5–6 cm weiten Gebilde sind entweder reinweiß oder rosa-purpurn gefärbt. Die Farbe der dreilappigen Lippe erinnert an *Dendrobium*-Orchideen; sie hat einen dunkel-purpurnen Schlund, der stark mit der gelben Zeichnung des Mittellappens kontrastiert. Gepflegt wird die Art wie *L. autumnalis*. Die Blüten erscheinen im Winter – sowohl in der Kultur als auch im heimatlichen Mexiko bzw. Guatemala.

Laelia sincorana

Laelia sincorana ⊡ 😐 ☺

Intermediär bis thermophil

Diese Art ist nah mit *L. pumila* verwandt, besitzt aber im Vergleich mit jener noch kürzere, tonnenförmige und einblättrige Pseudobulben von 2–3 cm Länge. Die Blätter sind ebenfalls breiter und kürzer (10 cm). Jeder der kurzen Stiele trägt gewöhnlich nur eine Blüte; letztere sind wirklich außergewöhnlich – nicht nur wegen ihres intensiven Scharlachrots, sondern auch aufgrund der Größe (10 cm und mehr!). Da sich ihre Habitate nicht gerade durch sehr hohe Luftfeuchtigkeit auszeichnen, kann man sie sogar erfolgreich auf dem Fensterbrett pflegen. Bei der Zimmerhaltung brauchen sie jedoch ein mittelgrobes Substrat, während sie im Gewächshaus auch als Epiphyten gedeihen. Auf jeden Fall wachsen sie extrem langsam. Die Blüten erscheinen im Frühjahr und Frühsommer. Die Pflanze stammt aus der Serra Sincorá (daher ihr Name) in Bahia (Brasilien).

Lemboglossum bictoniense ▣ ■ 😐 ☺

Intermediär

Viele Orchideenfreunde dürften die Vertreterinnen der Gattung *Lemboglossum* noch unter ihrem alten Namen *Odontoglossum* kennen, obwohl diese „klassische" Gattung bereits im Jahre 1984 aufgeteilt wurde. Wie dem auch sei: wenn Orchideenfans in einer Sammlung ein Exemplar von *Lemboglossum* in voller Blüte erblicken, werden sie ihre Bewunderung ausdrücken – nicht nur für die Pflanze, sondern auch für den erfolgreichen Halter. Kein Wunder, denn die ungewöhnlich schönen *Lemboglossum*-Orchideen sind leider auch ebenso schwer zu kultivieren. *L. bictoniense* ist noch die

Lemboglossum bictoniense

Lemboglossum cervantesii

anspruchsloseste der ganzen Gruppe und dient manchmal als Schnittblume. An den Spitzen der eiförmigen, bis zu 12 cm messenden Pseudobulben bilden sich Paare schmaler, bis zu 40 cm langer Blätter. Die Blütenähren bilden sich an der Basis der Pseudobulben und sind locker mit zahlreichen Blüten besetzt. Letztere sind mit 3–4 cm recht klein, ihre langen, schmalen Tepalia gelblichgrün und mit dunklen Punkten übersät. Die Lippe ist mauve. Die Blüten erscheinen zwischen Dezember und Mai. Entdeckt wurde diese Pflanze in Mexiko, Guatemala und EL Salvador.

Lemboglossum cervantesii ⊡ 😐

Kryophil bis intermediär

Die geringe Größe dieser Spezies macht sie „kulturfreundlich“; die eiförmigen, einblättrigen Pseudobulben messen 3–5 cm, die schmalen Einzelblätter bis zu 15. Die Blütendolden auf den kurzen Stielen sind kugelförmig. Ihre glänzendweißen Tepalia bilden einen schönen Kontrast zu den braunen Kreuzflecken rund um das Zentrum. Pflegen Sie diese Art ganzjährig kühl. Sie braucht ein Maximum an Licht und gehört daher zu den „schwierigen“ Sammlungsstücken. Mit Blüten kann man zwischen November und März rechnen. Die Pflanze stammt aus Mexiko und Guatemala.

Lemboglossum cordatum ▣ ☹ 😐

Kryophil bis intermediär

In den 1980er-Jahren teilte man die ursprüngliche Gattung *Odontoglossum* in viele neue auf, u.a. *Lemboglossum*, *Miltonioides*, *Osmoglossum*, *Rossioglossum* oder *Ticoglossum*. Bis heute werden aber viele damals den neuen Gattungen zugewiesenen Arten in der Literatur unter dem alten Gattungsnamen *Odontoglossum* weitergeführt, was für einige Verwirrung sorgt. Die Spezies *L. cordatum* besitzt eiförmige, 6 cm lange Pseudobulben, welche in schmalen, bis zu 20 cm messenden Einzelblättern enden. Die schütteren Dolden bestehen aus 5–8 Blüten, deren Tepalia eine stark variierende Länge aufweisen. Zur gelben Grundfarbe kommen braune Flecken. Die Lippe ist herzförmig (daher der lateinische Artname) und weiß mit spärlichen braunen Punkten. Pflegen Sie die Art genau wie *Ticoglossum krameri* (vgl. S. 250). Die Pflanze blüht zwischen Juni und August in den Bergnebelwäldern von Mexiko, Guatemala, Honduras und Costa Rica.

Lemboglossum cordatum

Lemboglossum rossii

Lemboglossum wyattianum

Lemboglossum rossii □ ⊡ ☹ ☺

Kryophil bis intermediär

Ihre winzige Größe und die prächtigen Blüten machen *L. rossii* zu einer sehr beliebten Orchidee – doch bei ihrer Kultur gibt es oft die für die ganze kryophile Gattung typischen Probleme. Die ovalen Pseudobulben messen nur 2–3 cm, während die Blätter 12 cm erreichen. Die Blütenstiele tragen meist nur eine Blüte (selten 2–3). Ihr Durchmesser beträgt bis zu 6 cm; die Sepalia sind gelblich mit brauen Flecken, welche sich bei den breiteren Petalia auf die Basis beschränken. Die breite, gewellte Lippe ist rosa mit einem Hauch von weiß. Die Pflanze blüht zu einer für den Halter günstigen Zeit – zwischen Februar und April. Sie kommt in Mittelamerika von Mexiko bis Nicaragua vor.

Lemboglossum wyattianum ⊡ ▣ ☹ ☺

Kryophil bis intermediär

Die Blüten dieser Arten wollen anscheinend den Beweis dafür antreten, dass Mutter Natur zu jeder Farbkombination fähig ist und über eine endlose ästhetische Schöpferkraft verfügt! Die etwa 2–4 maximal 7 cm weiten Gebilde sitzen auf einem 15 cm langen Stiel und sind von schier unbeschreiblicher Schönheit – ein Blick auf die breite weißliche, auf beiden Seiten gekräuselte und mit einer komplexen roten Äderung geschmückte Lippe ist Beweis genug. Überdies sind die Pflanzen relativ klein. Sie bilden mäßig abgeflachte, länglich-eiförmige zweiblättrige Pseudobulben mit Längsfurchen, die Längen von 8 cm erreichen. Die dünnen Blätter werden maximal 20 cm lang. Die Art ist also attraktiv, aber leider schwer zu kultivieren. Sie stellt die gleichen Ansprüche wie die kryophilen Vertreterinnen dieser Gattung, blüht zwischen Herbst und Frühling und stammt aus Ecuador und Peru.

Leochilus sp. □ ⊡ ☺

Intermediär bis thermophil

Zur Gattung *Leochilus* gehören etwa 15 zumeist kleine und anspruchslose Arten, die sich auch für kleine Sammlungen eignen. Die abgebildete Pflanze (*L. oncidioides*?) ist nicht nur anspruchslos, sondern auch wegen ihrer zahlreichen winzigen – manchmal teils durchsichtigen – weißen Blüten mit zarter roter Äderung attraktiv. Die einblättrigen Pseudobulben sind ballförmig und winzig klein (1–4 cm); die glatten, streifigen Blätter messen 10–15 cm. Den Basen der Pseudobulben entsprießen 2–3 überhängende Blütenstände, die jeweils 1–8 kleine Blüten tragen. Die Pflanze hält es sogar an schlecht belüfteten, recht feuchten und halbschattigen Standorten aus, sodass sie sich auch für Zimmerglasbehälter eignet. Man pflegt sie als Epiphyt. Gewöhnlich blüht sie zwischen

Leochilus sp., Mexiko

März und April. Zuhause ist sie in den feuchtwarmen Regionen rund um die mexikanische Stadt Orizaba, doch wachsen *Leochilus*-Orchideen in den mittleren Höhenlagen ganz Mittelamerikas – von Mexiko bis Panama, aber auch auf Kuba.

Leptotes unicolor □ ☺

Intermediär

Alle drei Vertreterinnen dieser Gattung sind hübsche, bei Sammlern äußerst beliebte Zwergorchideen. Die Art bildet unauffällige, stabartige Pseudobulben, die jeweils nur ein verdicktes, rötliches Blatt mit fast rundem Querschnitt tragen. Blätter und Pseudobulben sind zusammen bis zu 6 cm lang. Der kurze Stiel trägt zwei oder drei etwa 3–4 cm weite Blüten. Anders als die noch beliebtere *L. bicolor* hat *L. unicolor* monochrome Blüten – ihre Tepalia sind entweder purpurn oder weiß gefärbt. Auf Holz- oder Rindenstücke montierte Büschel dieser Orchidee stellen keine großen Ansprüche an die Kultur: sie gedeihen an Standorten mit Halbschatten und guter Belüftung. Bei zu viel Schatten wuchern sie zu stark und schimmeln leicht. Im Winter senkt man die Temperatur und gießt sparsamer. Die Pflanze blüht zwischen Januar und April; ihre Heimat ist Brasilien.

Leptotes unicolor

Liparis sp., Malaysia

Liparis nutans

Liparis sp.

Liparis ⊡ ◘ ☺

Intermediär

Was ihre Kultur angeht, sind die tropischen Vertreterinnen der Gattung *Liparis* nicht sonderlich attraktiv – sie werden ziemlich groß und bilden zumeist nur unauffällige Blüten, welche aufrechte Dolden formen. Deren Stiele werden bis zu 35 cm hoch und entspringen der Basis der gewöhnlich zweiblättrigen, konischen und nicht sehr festen Pseudobulben. *L. nutans* bildet mit ihren ansehnlicheren Blüten innerhalb der Gattung eine Ausnahme – ihr leuchtendes Orange kontrastiert sehr schön mit der breiten Lippe. Pflegen Sie diese Orchideen halbschattig in Töpfen mit ständig leicht feuchtem Torfsubstrat. Sie eignen sich als „Beipflanzen“ im dunkleren Bereich von Blumenvitrinen oder Gewächshäusern. Vorsicht: pralle Sonne kann sie umbringen! Im Winter senkt man die Temperaturen und stellt die Pflanzen etwas schattiger. *Liparis*-Orchideen sind weltweit außer in den Tropen auch in den gemäßigten und kühlen Zonen verbreitet.

Ludisia discolor

Ludisia discolor

Ludisia discolor ⊡ ☺

Intermediär bis thermophil

Zu dieser Gattung (vielen noch unter ihrem alten Namen *Haemaria* bekannt) gehört nur eine einzige Art, deren ovale Blätter indes äußerst variabel gefärbt sind. Ein wichtiger Bestandteil der Blüte ist der verdickte, weiche, stark sukkulente und kriechende Stamm, dessen aufwärts gebogene Spitze ständig weiterwächst. Die dichte, endständige Dolde aus winzigen, dicht stehenden weißen Blüten kontrastiert hübsch mit den dunklen Tönen der samtigen Blätter, deren Farbe zwischen braungrün und braun-rot variiert. Aber Vorsicht: die Farbe hängt auch von der Intensität des Lichteinfalls ab; bei zu starkem Schatten werden die Pflanzen fast reingrün! *L. discolor* ist seit vielen Jahren ein äußerst beliebtes und weit verbreitetes Sammlerstück (teils wegen ihre Fähigkeit zur raschen vegetativen Vermehrung). Die Art braucht ein ständig leicht feuchtes Torfsubstrat, Regenwasser und stärkeren Schatten. Sie blüht zwischen Herbst und Frühjahr und stammt aus Südwestasien.

Lycaste aromatica

Lycaste aromatica ▣ ☺

Intermediär

Alle Vertreterinnen der Gattung *Lycaste* (insgesamt etwa 35 Arten) sehen sich außerhalb der Blüte sehr ähnlich und sind auch recht hübsch: sie bilden große, glänzende, eiförmige Pseudobulben, an deren Enden jeweils zwei bis drei spitz-elliptische Blätter mit markanter Längsäderung sitzen. Letztere leben in aller Regel nur eine Saison lang und fallen anschließend ab. Die typischen Blüten, deren innere Tepalia wie kleine Dächer geformt sind, bilden sich nacheinander auf dünnen Stielen an den Basen der Pseudobulben; bei gut entwickelten Exemplaren mancher Arten können es mehrere Dutzend gleichzeitig sein! *L. aromatica* ist die bekannteste Spezies der ganzen Gattung. Ihre Kultur fällt nicht besonders schwer: sorgen Sie für eine stets mäßig warme Umgebung mit mäßig intensivem, diffusem Licht. Wenn diese Orchideen üppig blühen sollen, muss man sie in Behälter mit Standard-Orchideenerde pflanzen. Sie lassen sich auch auf Epiphyten-Unterlagen montieren, aber dann müssen sie entsprechend häufiger übersprüht und gedüngt werden. Im Winter – also nach dem Abfallen der Blätter – sorgen kühlere Temperaturen und sparsames Gießen für eine Ruhephase; letztere ist auch unerlässlich, damit sich in der nächsten Saison viele Blüten bilden. *L. aromatica* blüht im zeitigen Frühjahr – sowohl in Kultur als auch in Freiheit (Mexiko, Guatemala und Honduras).

Lycaste cruenta ▣ ☺

Intermediär bis thermophil

Eine recht stattliche Art, deren Blüten Durchmesser von 8 cm erreichen können! Sie wird nur selten gepflegt, sodass Exemplare zu den wohl behüteten Juwelen aller Orchideensammlungen gehören. Man sollte die Pflanze genau wie *L. aromatica* kultivieren.
Die Spezies blüht zwischen März und April; zuhause ist sie in Mexiko, Guatemala und El Salvador.

Lycaste cruenta

Lycaste macrophyllum

Lycaste macrophyllum ■ ☺

Intermediär

Eine der stattlichsten Vertreterinnen der ganzen Gattung – ihre Pseudobulben werden bis zu 10 cm groß, während es die Blätter sogar auf ganze 60 cm bringen (der lateinische Artname bedeutet „großblättrig"). Die bis zu 12 cm weiten Blüten sind traumhaft schön. Sie bestehen aus der weißen, rotgefleckten Lippe, drei braun-roten äußeren und zwei weißlichen inneren Tepalia. In ihren Ansprüchen weicht diese Orchidee kaum von *L. aromatica* ab. An den Basen der Pseudobulben bilden sich zwischen März und Juli Blütenknospen. Wann das genau der Fall ist, hängt vom Habitatklima ab – die Pflanzen bewohnen nämlich große Teile Mittel- und Südamerikas (von Costa Rica bis Bolivien).

Lycaste virginalis ▣ ☺

Intermediär

Diese Orchidee wird oft mit dem Synonym *L. skinneri* bezeichnet und ist zweifellos die schönste Vertreterin ihrer Gattung. Ihr ungewöhnliches Aussehen spiegelt sich auch im Artnamen wider: *virginalis* bedeutet „jungfräulich" oder „unberührt" und bezieht sich natürlich auf ihre Schönheit. Die 10 cm hohen Pseudobulben tragen zwei oder drei bis zu 15 cm lange Blätter, die wie jene ihrer nächsten Verwandten aussehen. Die rosa Blüten wiederum können Durchmesser von 15 cm erreichen. Sammler sind auch an der seltenen weißblühenden Spielart var. *alba* interessiert. Man kultiviert diese Art genau wie *L. aromatica*.
Die Spezies blüht zwischen Herbst und Frühjahr; sie wächst als Epiphyt in Höhenlagen bis 2000 m, und zwar im Gebiet zwischen Mexiko und Honduras.

Lycaste virginalis

Masdevallia ⊡ ☺

Kryophil bis intermediär

Außerhalb der Blütezeit gleichen viele *Masdevallia*-Arten einander bis aufs Haar, und ihr äußeres ist nichts weniger als auffallend. Je langweiliger die grünen Teile jedoch wirken, desto angenehmer überraschen die wunderschönen Formen und Farben der Blüten! Das „Markenzeichen" dieser Pflanzen ist ein extrem verkürztes, kriechendes Rhizom, aus dem sich fast völlig rückgebildete, stabähnliche Rest-Pseudobulben entwickeln; jeder einzelne trägt ein steif-sukkulentes, spatel- oder umgekehrt lanzettförmiges Blatt vom charakteris-

Masdevallia tovarensis

Masdevallia ova-avis

tischen *Masdevallia*-Typ. Die sattgrün-glänzenden Blätter bilden dichte Büschel. Einzigartig sind die Blüten: beherrscht werden sie von meist zu langen, fadenartigen Spitzen ausgezogenen Tepalia und der zungen- oder muschelförmigen Lippe. Sie sitzen auf unterschiedlich langen Stielen, fast immer einzeln (selten paarweise) und gleichzeitig in kleinen Gruppen. Die Arten der Gattung *Masdevallia* wachsen epiphytisch, terrestrisch oder lithophytisch (auf feuchtem Fels). Ihre Ansprüche muten etwas sonderbar an, lassen sich aber meistern. Da sie meist an kühlen, feuchten, schattigen Stellen wachsen, sind die Wurzeln nicht gut auf Dürre zu sprechen. Deshalb sollte man sie besser

Masdevallia floribunda

Masdevallia picturata

Masdevallia ignea

in Töpfen mit feinkörnigem Substrat statt auf Epiphyten-Unterlagen kultivieren. Sorgen Sie für einen gut belüfteten Standort im Halbschatten und sprühen Sie an heißen Tagen zur Kühlung häufiger. Teilen Sie die Pflanzen nicht zu oft! Bisher wurden etwa 300 Arten dieser systematisch instabilen und kaum bearbeiteten Gattung beschrieben (einige ihrer Spezies hat man den eigenständigen Gattungen *Andreetaea*, *Dracula*, *Dryadella* und *Trisetella* zugeordnet). *Masdevallia*-Orchideen kommen in ganz Mittel- und vor allem Südamerika vor.

Masdevallia biflora

Maxillaria luteo-alba

Maxillaria ⊡ ▣ ☺

Kryophil bis intermediär

Maxillaria ist eine recht gut bekannte Gattung, aber sicher keine der populärsten. Nur ein Bruchteil ihrer 300 Arten prunkt mit großen, prächtigen Blüten, die allerdings auf kurzen Stielen sitzen und so nicht als Schnittblumen taugen. Außerdem werden Sammler oft von den stattlichen Ausmaßen vieler *Maxillaria*-Arten abgeschreckt. Natürlich gibt es auch in dieser Gattung einige kleine oder anderweitig attraktive Spezies, von denen einige hier im Bild vorgestellt werden. Die überwiegende Mehrzahl der *Maxillaria*-Orchideen bildet kugelförmige bis länglich-eiförmige Pseudobulben, die an kriechenden oder kletternd-aufsteigenden Rhizomen sitzen. Diese Pseudobulben tragen gewöhnlich ein bis zwei lange, schmale Blätter; sie drängen sich entweder in dichten Haufen oder sind locker über das lange Rhizom verteilt. Den Basen der Pseudobulben, die nicht länger als die

Maxillaria rufescens

Maxillaria sp., Ecuador

Maxillaria picta

Maxillaria tenuifolia

Blätter werden, entsprießen Stiele mit Einzelblüten. Bei typischen Blüten ist die Lippe gebogen und zungenförmig; meist hat sie drei unauffällige Lappen. Die übrigen Tepalia sind ebenfalls verlängert und ragen weit in den Raum. *Maxillaria*-Arten wachsen als Epiphyten in den mittleren Höhenlagen der Tropen. Daraus lässt sich ihre Kultur ableiten: man sollte sie auf Ast- oder Rindenstücke montieren; für einige größere Arten eignen sich auch kleine Holzkörbe mit Epiphytensubstrat. Wenn die Orchideen üppig blühen sollen, brauchen sie gut belüftete Standorte mit möglichst viel diffusem Licht. Die Gattung *Maxillaria* kommt nur im tropischen Amerika vor.

Maxillaria sp., Ecuador

Maxillaria uncata

Maxillaria porphyrostele

Mediocalcar □ ⊡ 😐 ☺

Intermediär bis thermophil

Vertreterinnen dieser bisher noch nicht sehr systematisch analysierten Gattung werden als schöne Zwergorchideen und heiß begehrte Raritäten beschrieben. Sie sind nicht nur wegen der ungewöhnlichen glockenförmigen Blüten, sondern auch aufgrund ihrer Körpermorphologie attraktiv. Die buschartigen Pflanzen bilden pseudobulbenartige, zylindrische Stämme, die sich entweder an einem kriechenden Rhizom oder an den Spitzen der Alttriebe bilden (man vergleiche etwa die abgebildete gelb-orange blühende Pflanze, die ein wenig an *M. decoratum* erinnert); letzteres ist viel seltener der Fall. Die Stammenden zieren 1–5 kurze, sukkulente Blätter. Die Pflege der kleinen Epiphyten fällt nicht besonders schwer: man montiert sie einfach mit einer Lage Moos auf Holzunterlagen und hängt sie an einer feuchten, (im Winter nur mäßig) warmen Stelle auf. Die Pflanze blüht regelmäßig, zumeist meist im Winter oder im Frühjahr. Die Mehrzahl der insgesamt circa. 50 *Mediocalcar*-Arten stammt aus den mittleren Höhenlagen der Insel Neuguinea.

Mediocalcar sp.

Mediocalcar sp., Neuguinea

Meiracyllium trinasutum □ 😐 ☺

Intermediär bis thermophil

Die Gattung *Meiracyllium* umfasst nur zwei Arten. Sie besitzen reduzierte Pseudobulben und ovale, stark verdickte Blätter. Die Spezies *M. trinasutum* bleibt ein wenig kleiner als ihre nachstehend beschriebene Verwandte. Jeder der winzigen Pseudobulben trägt ein rötliches, 5 cm langes, ovales bis rundes Blatt. Die Blütenstände bestehen jeweils aus bis zu 6 Blüten und entsprießen den Blattbasen. Die rosa-purpurnen Blüten haben einen Durchmesser von circa 2 cm; ihre unteren Tepalia sind verwachsen. Die Lippe ist eine Spur dunkler als die übrigen Tepalia gefärbt. Diese Art wäre für jede Sammlung ein wahres Schmuckstück, da sie auch nichtblühend äußerst attraktiv wirkt. Zu Problemen kann es kommen, wenn Schimmel die Neutriebe und Wurzelspitzen befällt. Pflegen Sie die Pflanzen als Epiphyten auf dauerhafter Borke (Kiefer, Korkeiche) und sorgen Sie reichlich für diffuses Licht. *M. trinasutum* blüht im Spätfrühling und Sommer; ihre Heimat sind Kuba, Mexiko, Guatemala und El Salvador.

Meiracyllium trinasutum

Meiracyllium wendlandii

Meiracyllium wendlandii ☐ 😐 ☺

Intermediär

Diese Art ist etwas besser bekannt als die vorige Spezies und auch häufiger in Sammlungen vertreten. Ihre Pseudobulben sind ebenfalls stark reduziert; als Speicherorgane dienen statt ihrer die hoch sukkulenten Blätter. Der Gattungsname (griechisch *meirakyllion* = „kleiner Junge") spielt wohl auf ihre Größe an. Die Art ist äußerlich kaum von *M. trinasutum* zu unterscheiden, wenn man von den etwas längeren Blättern und größeren Stämmen absieht. Kleine Unterschiede lassen sich auch in der Morphologie der Blüten ausmachen: bei *M. wendlandii* ist die Lippe weniger sackartig (d.h. ihr unterer Teil weist keine stumpfe Vorwölbung auf) und die Columna an der Basis dünner. Diese Art blüht im Winter; ihre natürlichen Habitate liegen in Mexiko und Guatemala.

Mendocella burkei

Mendocella burkei ▣ 😐

Intermediär

Diese Spezies vertritt eine recht kleine Gattung (11 Arten) mittelgroßer neuweltlicher Epiphyten mit prächtigen Blüten. *M. burkei* besitzt 6 cm hohe längliche Pseudobulben mit zwei riemenförmigen Blättern, die jeweils bis zu 35 cm messen. Wie bei der nah verwandten Gattung *Zygopetalum* bildet sich an den Seiten neuer Pseudobulben ein bis zu 20 cm hoher Stiel mit 3–5 prächtigen, 7 cm weiten Blüten. Die breite, vorwärts gebogene Lippe ist cremeweiß mit rosa-roter Basis; die übrigen Tepalia sind grünlich mit hübscher brauner Zeichnung. Man kann die Pflanze entweder als Epiphyt oder in durchlässigem Epiphytensubstrat kultivieren. Sie blüht im Winter oder im zeitigen Frühjahr. Zuhause ist sie in Kolumbien und Venezuela.

Mexicopedilum xerophyticum

Mexicopedilum xerophyticum ▣ 😐

Thermophil

Die ersten Exemplare dieser Spezies wurden 1991 in der Trockenbusch-Vegetation der mexikanischen Golfküste entdeckt. Zunächst hielt man diese Pflanzen für eine neue Art der Gattung *Phragmipedium* (oder *Cypripedium*), doch ihre äußeren Merkmale erforderten die Einrichtung einer völlig neuen Gattung! Die bodendeckenden Rosetten aus steifen, riemenförmigen Blättern bilden manchmal seitliche Tochtertriebe; die weißlichen Blüten gehen einzeln aus 35 cm langen Scheiden hervor und sind mit 1,5–2 cm Durchmesser winzig. Zur Kultur der Pflanze liegen erst wenige Informationen vor. Zuhause ist diese Neuentdeckung in Oaxaca (Mexiko).

Microcoelia exilis □ ⊡ 😐 ☺

Intermediär bis thermophil

Microcoelia exilis

Die Gattung *Microcoelia* umfasst etwa 27 Zwergepiphyten, die sich durch ihre seltene Lebensweise auszeichnen: sie sind völlig blattlos. Die Assimilations- und Speicherfunktion der Blätter haben hier die fleischigen, chlorophyllhaltigen Wurzeln übernommen. *Microcoelia*-Arten besitzen Stämme, die entweder extrem verlängert oder entsprechend verkürzt sind; *M. exilis* ist ein Beispiel für die zweite Möglichkeit. Der stark reduzierte Stamm wird meist nicht länger als 1–3 cm und trägt eine große Anzahl langer, flacher, fleischiger Wurzeln. Diese sind trocken silbrig und nass grün gefärbt. Zwischen den Wurzelansätzen bilden sich zahlreiche halbaufrechte, bis zu 15 cm hohe Ähren aus bis zu 30 weißlichen Blüten, die nacheinander aufblühen. Ihr ungewöhnliches Aussehen machte die *Microcoelia*-Orchideen zu heiß begehrten, aber recht selten zu sehenden Pflanzen. Man pflegt sie im Halbschatten an ziemlich feuchten und gut belüfteten Standorten. Um Schimmel zu verhüten, senkt man im Winter die Temperatur und gießt sparsamer. Die Art blüht unregelmäßig fast das ganze Jahr hindurch. Ihre Heimat ist der Raum zwischen Äquatorialafrika, Südafrika und Madagaskar.

Miltonia candida ▣ ☺

Intermediär

Was die systematische Einordnung vieler Orchideengruppen innerhalb der Familie angeht, herrscht große Verwirrung; das liegt sowohl an der ungemein großen Formenfülle dieser Pflanzen als auch an den oft unklaren Verwandtschaftsverhältnissen. Die Gattung *Miltonia* bietet ein gutes Beispiel für dieses Phänomen – die morphologischen Unterschiede zwischen ihren Blüten und denen der *Odontoglossum*-Orchideen sind minimal. *M. candida* besitzt 6 cm lange zweiblättrige Pseudobulben. Ihre Blätter sind dünn und bis zu 30 cm lang. Der aufrechte Stiel trägt 8 cm weite gelbgrüne Blüten mit braunen Flecken und einer ovalen, weißlichen Lippe, die innen purpurn ist. Diese epiphytische Orchidee ist pflegeleicht (vgl. *M. clo-*

Miltonia candida

wesii). Sie blüht im Spätsommer und stammt aus Brasilien.

Miltonia clowesii ▣ ☺

Intermediär

Das Aussehen ihrer grünen Teile lässt *M. clowesii* der vorigen Art ähneln; im Gegensatz zu *M. candida* besitzt sie jedoch eine bis zu 50 cm lange Dolde, welche 5–10 Blüten trägt. Deren Lippe ist purpurn mit einem Anflug von Weiß und gewöhnlich geigenartig geformt. Aufmerksamkeit verdient diese Art aber nicht nur wegen ihres Aussehens, sondern auch im Hinblick auf die Kultur. Man pflegt sie am besten als Epiphyt auf größeren Unterlagen, damit sich die zierlichen Wurzeln ihres raschwüchsigen und stark verzweigten Rhizoms ungehindert ausbreiten können. Halten Sie die Pflanzen mäßig feucht und im Halbschatten. Eine Winterruhe ist hier nicht erforderlich. Die Blüten erscheinen zwischen September und November. Heimat dieser Orchidee ist Brasilien.

Miltonia clowesii

Miltonia flavescens ▣ ☺

Intermediär

Die zweiblättrigen, 7 cm hohen Pseudobulben der Pflanze sitzen an einem kriechenden Rhizom – ein gemeinsames Merkmal aller *Miltonia*-Orchideen. Von den anderen Arten unterscheidet sich *M. flavescens* durch ihre Blüten: sie sind weißlich und prunken mit extrem länglich-schmalen Tepalia. Die jeweils 6–12 Blüten sitzen locker in einer aufrechten Dolde. Ihre Lippe ziert ein unauffälliger roter Fleck. Was ihre Ansprüche angeht, unterscheidet sich diese Art kaum von den beiden vorigen. Sie blüht zwischen Mai und August; zuhause ist sie in Brasilien und Paraguay.

Miltonia flavescens

Miltonia regnellii (x *M. clowesii?*)

Miltonia spectabilis

Miltonia regnellii (x M. clowesii?) ▣ ☺

Intermediär

Eine hübsche, ziemlich kleine *Miltonia*-Orchidee, die sich auch zur Kultur anbietet. Ihre zweiblättrigen länglich-eiförmigen Pseudobulben erreichen Längen von bis zu 8 cm. Die dünnen, weichen Blätter messen 15–25 cm. Die Dolde kann 5–8 in zwei Reihen angeordnete, bis zu 5 cm weite Blüten tragen. Die Tepalia sind normalerweise weißlich; die abgebildete Pflanze hat bräunlich gefleckte, sodass es sich eventuell um eine botanische Kreuzung mit der Art *M. clowesii* handelt. Die breite Lippe ist hellrosa mit weißlicher Basis und dunkler Äderung.
Man sollte die Pflanze genau wie andere brasilianische *Miltonia*-Arten pflegen. Ihre Blüten erscheinen im Sommer. Entdeckt wurde sie zuerst in Ostbrasilien.

Miltonia spectabilis ▣ ☺

Intermediär bis thermophil

Die Spezies *M. spectabilis* zählt zu den „Stammbaumarten" dieser Gattung; ihre Einordnung ist – im Vergleich mit anderen Arten – völlig unumstritten, vor allem dank ihres kriechenden Rhizoms, das im Abstand von ca. 7 cm mit großen, flachen, schlanken zweiblättrigen Pseudobulben besetzt ist. Zwischen den Basen neuer Blätter bilden sich gleichzeitig mit den Neutrieben Einzelblüten, deren Form an Stiefmütterchen erinnert. Die Blüten einer typischen *M. spectabilis* haben eine auffällig breite, purpurne Lippe mit gelben Streifen und roter Äderung. Ihre Farbe variiert; eine der beliebte-

Miltonia spectabilis

Miltonioides reichenheimii

sten Spielarten (var. *moreliana*) besitzt dunkelrote Blüten. *M. spectabilis* ist bei Orchideenfreunden wegen ihrer zarten Schönheit und der langlebigen Blüten beliebt. Sie wird häufig zur Zucht resistenter, prächtiger „Topfhybriden" eingesetzt. Man pflegt sie wie *M. clowesii*. Mit Blüten ist zwischen Frühjahr und Sommer zu rechnen. Ihre Heimat ist Brasilien.

Miltonioides reichenheimii

Intermediär bis thermophil

Wie viele andere Orchideen wurde auch diese früher zur Gattung *Odontoglossum* gerechnet. In der Fachliteratur kann man ihr noch unter dem Namen *Miltonia reichenheimii* begegnen. Ihre ovalen, zweiblättrigen Pseudobulben werden 10 cm lang, während die dünnen Blätter bis zu 30 cm messen. Die Dolde erreicht eine Höhe von 60 cm und besteht aus zahlreichen stattlichen, bis zu etwa 6 cm weiten Blüten; diese sind gelb mit großen braunen Flecken. Gekrönt wird die reizende Komposition durch eine breite Lippe, deren Färbung zwischen hell-purpurn und weiß variiert. Die Blüten bilden sich zwischen Mai und August. Zuhause ist *M. reichenheimii* in den Bergwäldern von Mexiko.

Miltoniopsis phalaenopsis

Kryophil

Diese Spezies wurde früher zur Gattung *Miltonia* gezählt, ist aber später wegen ihrer einblättrigen Pseudobulben und der abweichenden Morphologie der Blüten ausgegliedert worden. Die weißen Blüten ziert eine rot und gelb gemusterte Lippe; sie sind zwar mit bis zu 5 cm Weite eher klein, aber dennoch ungewöhnlich schön und erinnern an Stiefmütterchen.
Da *M. phalaenopsis* aus kühleren Bergregionen stammt, muss man die Pflanze ähnlich wie die kryophilen Orchideen der Gattung *Odontoglossum* pflegen. Sie braucht sehr viel diffuses Licht, gute Belüftung, ganzjährig etwas niedrigere Temperaturen und eine längere Winterpause. Die Art blüht zwischen Juli und Oktober; entdeckt wurde sie in Kolumbien.

Miltoniopsis phalaenopsis

Mormodes

Kryophil bis intermediär

Die Arten dieser eigenartigen Gattung besitzen spindelförmige Pseudobulben mit 3–7 lanzettförmigen Blättern, die sich während des Wachstums in Längsrichtung runzeln; nach der Reife werfen sie diese ab. Die Dolden entstehen, wenn sich an den Basen der Pseudobulben neue Triebe bilden; sie tragen gewöhnlich 5–10 Blüten. Die zweihäusigen Blüten dieser Gattung charakterisiert die Morphologie ihrer Lippe: diese ist gefaltet und stark gewölbt. Orchideen dieser Gattung sind interessante und hoch geschätzte Sammlerstücke.

Mormodes amazonicum

Mormodes sp., Bolivien

Mormodes rosea

Was die Kultur angeht, stellen sie recht hohe Ansprüche; man pflegt sie am besten ähnlich wie *Catasetum*-Arten. Montieren Sie die Pflanzen auf große Holzunterlagen; sie brauchen während der Wachstumsphase viel Wasser, Dünger und gefiltertes Sonnenlicht. Wenn sich die Blätter gelb färben und verwelken, senkt man die Temperatur und stellt das Gießen ganz ein. Von den insgesamt 25 Arten der Gattung blühen die meisten im zeitigen Frühjahr; ihre Vorkommen sind über Mittel- und Südamerika verstreut.

Mormolyca sp. ⊡ ☺

Intermediär

Die ungefähr 6 Arten dieser kleinen Gattung ähneln äußerlich *Maxillaria*-Orchideen. Bekannteste Spezies der Gruppe ist wohl *M. ingens*, die im Raum zwischen Mexiko und Costa Rica vorkommt; die Art auf unserem in Bolivien entstandenen Foto ist seltener und heißt vermutlich *M. gracilipes*. *Mormolyca*-Orchideen erkennt man an kurzen Rhizomen mit einblättrigen Pseudobulben. Die dünnen, langen Blätter messen wie die Stiele der Einzelblüten bis zu 30 cm. Jene sind bis zu 3 cm weit und gelb mit braun gestreiften Tepalia und brauner, dreilappiger Lippe. Man pflegt sie wie *Maxillaria*-Orchideen. Die bolivianische Pflanze auf dem Foto blüht im Winter.

Mormolyca sp., Bolivien

Nanodes medusae

Nanodes medusae □ ⊡ ☹ 😐

Intermediär

Ein Merkmal der Gattung *Nanodes* sind ihre weichen, herabhängenden Stämme, die am Ende leicht nach oben gebogen sind und zwei Reihen kurzer, sukkulenter Blätter tragen. Die Blüten an den Stammenden sind gelb und haben bis zu 8 cm Durchmesser. Beherrscht werden sie von der braun-roten, bewimperten Lippe. Die bizarre, heiß begehrte Art ist nicht pflegeleicht: Sie braucht höhere Luftfeuchtigkeit und eine gute Belüftung – an heißen Sommertagen kaum zu erreichen. Um das Verdorren der zarten Stämme und Knospen zu vermeiden, montiert man sie daher auf eine dicke Lage Torfmoos. Diese Art blüht zwischen Juli und August; sie stammt aus Ecuador.

Nanodes megalospatha

Nanodes megalospatha ⊡ ☹ 😐

Intermediär

Diese hübsche „Ampel-Orchidee“ würde sicher manchen Halter erfreuen, wenn sie nur öfter zu haben und vor allem leichter zu pflegen wäre. In der freien Natur findet man *N. megalospatha* an kühleren Standorten mit ganzjährig hohen Niederschlägen, wo sie auf moosbedeckten, nahezu ständig feuchten Baumstämmen wächst. In der Kultur fehlen den Pflanzen bakterienfreies Regenwasser und Frischluft, sodass sie sehr leicht schimmeln (dies droht vor allem im Winter). Während der Sommermonate wiederum nehmen sie durch häufiges Austrocknen der Wurzeln und zu hohe Temperaturen Schaden. Anstatt sie also bei uns derart zu quälen, sollte man sie besser in der Natur bewundern – die abgebildete Pflanze wächst zur Winterszeit in den Vorbergen der Anden Ecuadors, unweit der Stadt Baeza.

Nanodes porpax □ ☺

Intermediär bis thermophil

Was die Morphologie ihres Körpers angeht, ist diese Spezies die ultimative *Nanodes*-Orchidee. Ihre kriechenden oder kletternden Stämme tragen zwei Reihen von Blättern. Die Pflanze ist kleiner als die vorigen Arten, was sie zu einer liebenswerten Zwergin macht. Ihre Blätter messen kaum 2 cm. Der weiche, sich üppig verzweigende Stamm bildet zahlreiche Luftwurzeln und trägt an seinen Enden 2,5 cm lange Einzelblüten mit prächtiger, umgekehrt herzförmiger braun-roter Lippe. *N.*

Nanodes porpax

Nanodes schlechterianum

porpax stellt keine großen Ansprüche: sie begnügt sich mit Halbschatten und häufigem Sprühen. Die Art blüht im Spätsommer und im Herbst; man findet sie in Mexiko, Panama, Venezuela und Peru

Nanodes schlechterianum □ ⊡ ☺

Intermediär und thermophil

Wie andere *Nanodes*-Orchideen wird auch *N. schlechterianum* der mütterlichen Gattung *Epidendrum* zugeordnet. Bei der Einordnung dieser eigentümlichen Art gibt es noch eine Besonderheit – die Pflanze erscheint häufig unter dem Synonym *N. discolor*. Ihr Stamm trägt zwei Reihen weicher, fleischiger Blätter, die bis zu 2 cm messen. Die Blüten sind grünlichbraun mit rosa-brauner Lippe und haben etwa 2 cm Durchmesser; 1–3 von ihnen bilden extrem kurze, endständige Blütenstände. In der Kultur unterscheidet sich die Pflanze praktisch nicht von den zuvor erwähnten Arten. Sie blüht unregelmäßig das ganze Jahr hindurch, meist zwischen Herbst und Frühling. Ihr Verbreitungsgebiet umfasst Mexiko, Panama, Kolumbien, Venezuela, Trinidad, Peru und Brasilien.

Nanodes sp. □ ⊡ ☺

Intermediär

In der Taxonomie dieser Gattung gibt es zahlreiche Unklarheiten – in den Tropen Amerikas wachsen zahlreiche kleine, unauffällige Orchideen, die je nach Autor verschieden eingeordnet werden. Überdies besteht keine Übereinstimmung darüber, ob die Pflanzen zu den Gattungen *Nanodes*, *Epidendrum* oder (neuerdings) *Neolehmannia* gehören. Wie dem auch sei – die abgebildete Art (*N. barbeyana*?) ist eine hübsche, buschartige Zwergorchidee, die in kleinen Sammlungen gern als grüne epiphytische „Beipflanze“ dient. Die weißlichen, endständigen Blüten sind ohne dekorativen Wert. Man sollte die anspruchslose Pflanze wie *N. porpax* pflegen. Sie blüht unregelmäßig (meist im Winter) und stammt u. a. aus Ecuador.

Nanodes sp., Ecuador

Neofinetia falcata

Nervilia aragoana

Neofinetia falcata ⊡ ☺

Kryophil

Zur Gattung *Neofinetia* gehört nur eine Art, die wie winzige *Angraecum*- oder *Vanda*-Orchideen wirkt. Ihr steifer, kaum 10–15 cm langer Stamm trägt zwei Reihen fester, bis zu 7 cm messender Blätter. Auf ziemlich kurzen Stielen sitzen 2–7 Blüten, die wegen der nach vorn gebogenen, bis zu 4 cm langen Sporne Beachtung verdienen. In der freien Natur wächst *N. falcata* als Epiphyt, doch kann man sie auch in Töpfen mit mäßig grobem Substrat pflegen. Sie braucht ein Höchstmaß an Licht, aber auch einen kühleren Standort und eine Winterruhe. Früher verwendete man sie zur Erzeugung von Hybriden mit den Gattungen *Vanda*, *Ascocentrum* und sogar *Phalaenopsis*. Die Blüten erscheinen zwischen Juni und August. Die Art hat ein ungewöhnliches Verbreitungsgebiet – Korea und Japan.

Nervilia aragoana

Nervilia aragoana ⊡ ☺

Intermediär

Eine merkwürdige terrestrische Orchidee, die im Unterwuchs saisonal trockener Wälder dank ihrer 2 cm großen unterirdischen Pseudobulben überlebt. Während sich der zwei- bis dreiteilige Blütenstand bildet, muss die Pflanze ohne ihr einziges ei- oder herzförmiges Blatt mit der hübschen braun-purpurnen Zeichnung zurechtkommen: es erscheint erst nach dem Welken der Blüten. Jene sind etwa 2,5 cm weit und haben grünliche Tepalia mit braunen Längsstreifen unterschiedlicher Stärke. Die Lippe ist eine Spur heller. Man sollte die Pflanze in Töpfen mit humosem Substrat kultivieren. In der Wachstumsphase braucht sie einen feuchten, sehr warmen Standort im Halbschatten, während man sie im Winter kühler stellt und nicht mehr gießt. Die Art blüht zwischen Januar und April; ihre Heimat sind Burma, die Malaiische Halbinsel, Nordthailand und Laos.

Nidema boothii ⊡ ☺

Intermediär

Diese kleine, anspruchslose Orchidee ist die einzige ihrer Gattung. Das kriechende Rhizom bildet keulenförmige Pseudobulben, die in Abständen von 2–3 cm stehen und bis zu 6 cm lang werden. Sie tragen ein oder zwei gestreifte Blätter von bis zu 15 cm Länge. An den Spitzen junger Pseudobulben bilden sich schüttere Blütenstände. Die cremeweißen Blüten sind groß und attraktiv. Die Pflanze stellt keine besonderen Ansprüche – sie gedeiht auf hölzernen Unterlagen im Halbschatten. Im Winter kann man die Temperaturen senken und nur wenig gießen. Die Blüten erscheinen im Herbst; zuhause ist die Pflanze in Mittelamerika.

Nidema boothii

Notylia barkeri ⊡ ☺

Intermediär

Die Art *N. barkeri* ist für die Kultur nur begrenzt von Interesse. Sie hat winzige, flache, kreisförmige oder ovale Pseudobulben mit riemenförmigen bis ovalen, maximal 20 cm langen Blättern. Die Pflanze erreicht häufig nicht ihre Höchstgröße, sondern blüht schon, wenn sie noch viel kleiner ist. Die winzigen, grünlichweißen Blüten zieren in großer Zahl eine hängende Dolde. Pflegen Sie die Orchidee als Epiphyt an einem mäßig hellen und gut belüfteten Standort. Ihre Blüten erscheinen im Frühjahr. Zuhause ist diese Spezies in den wärmeren Regionen Mittelamerikas.

Notylia barkeri

Oberonia sp. □ ⊡ ☺

Intermediär bis thermophil

Die ganze Gattung *Oberonia* ist für die Kultur absolut uninteressant – ihre Blüten werden nicht größer als 1–2 mm. Kuriositätensammler lassen sich aber möglicherweise vom seltsam irisartigen Habitus der kleinen Orchideen anziehen. Die Pflanze bildet weder Stämme noch Pseudobulben; ihre flachen, spitzen Blätter gehen auseinander hervor. Die hängenden Blütenstände bestehen aus Dutzenden, ja Hunderten winziger Blüten und werden manchmal mit denen des europäischen Mäuseschwänzchens (*Myosurus minimus*) verglichen.
Ihre Kultur ist nicht besonders kompliziert: man darf die durchweg schattenliebenden Pflanzen wegen ihrer Winzigkeit keinen extremen Bedingungen aussetzen. Sie sollten am besten als Epiphyten mit einer Hand voll Moos um die Wurzeln auf Holzunterlagen montiert werden. Die etwa 200 Arten besiedeln ein weites Gebiet in Ostafrika, Südwestasien und Indien sowie auf den Inseln des Pazifik. Die abgebildete Art aus Thailand blüht im November und Dezember.

Oberonia sp., Thailand

Odontoglossum kegeliani

Odontoglossum kegeliani ▣ 😐

Kryophil bis intermediär

Die Gattung *Odontoglossum* war ursprünglich sehr viel größer, wurde aber allmählich in zahlreiche selbstständige Einheiten aufgeteilt (vgl. *Lemboglossum cordatum*). Die Spezies *O. kegeliani* zählt zu den etwa 50 verbliebenen Arten der solchermaßen „gestutzten" Gattung. Ihre flachen ein- bis dreiblättrigen Pseudobulben messen 5–7 cm, die langen, riemenförmigen Blätter bis zu 25 cm. Die hübschen Blüten (Durchmesser 6 cm) bilden üppige, manchmal verzweigte Dolden, die Längen von 25 cm erreichen können. Die grünlichgelben Tepalia sind mit mehreren großen braun-roten Flecken übersät. Die mittelgroße Lippe ist außen weiß und innen braun-rot; sie prunkt mit einem weißen, bewimperten Saum. Am besten kultiviert man die Art in durchlässigem Epiphytensubstrat und sorgt das ganze Jahr über für eine etwas kühlere, feuchte Atmosphäre und ein Höchstmaß an Licht. Die Pflanze blüht im zeitigen Frühjahr und stammt aus Ecuador.

Oncidium barbatum ⊡ ☺

Intermediär

Diese Spezies vertritt die umfangreiche Gattung *Oncidium*, deren Arten „klassisch" aussehen und interessant zu kultivieren sind. Sie bildet ovale, wenigstens 6 cm lange Pseudobulben, die je ein bis zu 10 cm langes Blatt tragen. Der Blütenstiel trägt 6–12 wachsartige Blüten. Die dreilappige Lippe hebt sich wirksam von den lohfarbenen Tepalia ab; sie hat einen fünfzähnigen, bewimperten Kamm mit roten Punkten (daher ihr Name *barbatum* = „bärtig").
Kultivieren lässt sich die epiphytische Orchidee leicht: man montiert sie auf Borken- oder Aststücke und hängt sie gut belüftet im Halbschatten auf. *O. barbatum* blüht zwischen März und Mai; entdeckt wurde sie in Brasilien.

Oncidium barbatum

Oncidium bicallosum

Oncidium bicallosum ▣ ☺

Intermediär

O. bicallosum gehört zu jenen *Oncidium*-Arten, die keine Pseudobulben ausbilden. Als Speicherorgane dienen diesen Orchideen ihre ungewöhnlich sukkulenten, breit-ovalen, langlebigen Blätter. *O. bicallosum* bildet zahlreiche Blüten, die einen aufrecht-verzweigten Blütenstand schmücken. Sie sind braun-grün mit zitronengelber Lippe. Pflegen Sie die Pflanze als Epiphyt an einem hellen, trockenen Standort. Die Art blüht zwischen August und Oktober; zuhause ist sie in Mexiko, Guatemala und El Salvador.

Oncidium carthagenense ▣ ■ ☺

Intermediär bis thermophil

Wie die vorgenannte Art besitzt *O. carthagenense* keine Pseudobulben; Wasser speichert sie in ihren stark verdickten, bis zu 40 cm langen Blättern, deren Oberfläche wie bei der sehr ähnlichen Art *O. luridum* mit roten Punkten übersät ist. Die Form ihrer „Ohren" brachte der Pflanze den Spitznamen „Hundeohr" ein. Der verzweigte Blütenstiel kann bis zu 150 cm hoch werden und ist locker mit zahlreichen Blüten besetzt. Die dekorativen Gebilde erreichen bis zu 2 cm Durchmesser und sind für diese Gattung atypisch gefärbt – weiß mit rötlichen Flecken. Die ausgeprägt dreilappige Lippe besitzt eine gelb-rote Basis. Beide vorgenannten Arten stellen an die Kultur die gleichen geringen Ansprüche: sie begnügen sich mit warmen Standorten in mäßig schattigen Gewächshäusern. Übermäßige Feuchtigkeit bei sinkenden Temperaturen lässt ihre Blätter schimmeln. Die Spezies blüht üppig und problemlos zwischen Mai und Juni; sie stammt aus Südflorida, Westindien und Mexiko.

Oncidium cebolleta ▣ 😐

Thermophil

Eine außergewöhnliche Art – nicht nur im Rahmen der Gattung *Oncidium*! Ihre Besonderheit liegt darin, dass als Wasserspeicher hier die seltsam anmutenden (im Querschnitt fast runden) steifen Blätter dienen, die bis zu 30 cm messen – sie erinnern irgendwie an Rattenschwänze. Der hängende Blütenstand verzweigt sich und wird bis zu 60 cm lang. Er trägt Dutzende 2 cm weiter Blüten; ihre Lippe ist gelb, während die übrigen Tepalia gelbgrün und dicht mit braun-roten Flecken übersät sind. Dieser Epiphyt wächst häufig an sehr stark besonnten Stellen; in der Kultur braucht er daher ein Maximum an Licht und Wärme. Er blüht zwischen Februar und März; in Mittelamerika und Brasilien hat man verschiedene Spielarten entdeckt.

Oncidium cebolleta

Oncidium carthagenense

Oncidium cheirophorum

Oncidium cheirophorum ⊡ ☺

Intermediär

Diese Zwergorchidee vertritt die formen- und artenreiche Gattung *Oncidium*. Ihr Äußeres, die geringe Größe und die bescheidenen Kulturansprüche machen sie zu einem attraktiven Sammlerstück. Die Pseudobulben messen kaum 3 cm und tragen an ihrer Spitze jeweils ein bis zu 16 cm langes Blatt. Ihren Basen entsprießen zwei zierliche, verzweigte Stiele, die mit Dutzenden etwa 1,5 cm weiten goldgelben Blüten bedeckt sind. Diese duften stark und können bis zu 6 Wochen lang ausdauern. Der Name der Art leitet sich von der Form ihrer Lippe ab, welche an ausgebreitete Arme erinnert. Man pflegt sie wie andere Standard-Epiphyten. Die Blüten erscheinen im Spätsommer und im Herbst. Zuhause ist diese Spezies in Nicaragua, Costa Rica und Kolumbien.

Oncidium crispum ⊡ ▣ ☺

Intermediär

Eine bei Sammlern heiß begehrte Orchidee. Ihre Blüten zeigen eine ungewöhnliche Färbung; Zahl und Größe stehen in starkem Kontrast zur relativ bescheidenen Größe der Pflanze. Die zweiblättrigen Pseudobulben sind flach, eiförmig und 5–8 cm groß. Ihre Blätter messen bis zu 20 cm. Der hängende, verzweigte Blütenstand trägt 25–30 maximal 7 cm weite Blüten! Ihre Tepalia sind kastanienbraun mit gelben Säumen. Die ähnlich gefärbte Lippe hat einen gelben Fleck im Zentrum. Man kann diese Art entweder als Epiphyt oder in Töpfen mit grobem Rindensubstrat kultivieren. *O. crispum* blüht zwischen Herbst und Frühjahr; ihre Heimat ist Brasilien.

Oncidium crispum

Oncidium heteranthum

Oncidium hastilabium ▣ ☺ ☺

Intermediär

Diese auffällige, stattliche Orchidee ist kaum zu übersehen. Die eiförmigen Pseudobulben der epiphytischen Art werden bis zu 20 cm lang und tragen an ihrer Spitze 1–2 längliche Blätter, die maximal 20 cm messen. Die fast aufrechten Stiele können eine Höhe von 75 cm erreichen. Ihre prächtigen Blüten ähneln in Form und Farbe jenen von Arten der eingangs erwähnten Muttergattung. Ihre kurzen, spitzen, grünlichen Tepalia sind – vorwiegend in der unteren Hälfte – mit auffälligen Kreuzstreifen und Punkten übersät, deren Farbe von schokoladenbraun bis weinrot variiert. Das Ende der Lippe ist weiß und herzförmig, mit purpurner Basis. An die Kultur stellt diese Art keine besonderen Ansprüche. In Töpfen mit Epiphytensubstrat gedeiht sie besser als auf Unterlagen. Die Spezies blüht im zeitigen Frühjahr und stammt aus den Vorbergen der Anden Kolumbiens.

Oncidium heteranthum ⊡ ▣ ☺

Intermediär

Diese kleine (in der Blüte mittelgroße) Orchidee zeichnet sich durch ihre seltene und kuriose „Zweiblütigkeit" aus – der 70 cm hohe, reich verzweigte Blütenstand trägt eine Reihe winziger (max. 0,5 cm weiter), steriler gelber sowie nur wenige (pro Ast 1–3), viel größere gelb-braune Blüten. Die länglichen Pseudobulben messen bis zu 5 cm und tragen an der Spitze je zwei höchstens 15 cm lange Blätter. Dieser anspruchslose Epiphyt gereicht jeder Sammlung zur Zierde: die winzige Pflanze wächst lange Zeit, und ihr Blütenstand ist ungemein dekorativ und langlebig. Blüten bildet sie im Winter und Frühjahr. Diese Art bewohnt Regenwälder in einem weiten Gebiet zwischen Costa Rica im Norden sowie Peru und Bolivien im Süden.

Oncidium hastilabium

Oncidium jonesianum var. *pinotii*

Man pflegt sie als Epiphyt; nach dem Reifen der Blätter gönnt man ihr eine kurze Trockenruhe. Die Blüten erscheinen zwischen Mai und Juni. Zuhause ist diese Art in den Regenwäldern von Guyana, Brasilien und Peru.

Oncidium ornithorhynchum ⊡ 😐

Kryophil bis intermediär

Die insgesamt bescheidenen Maße dieser *Oncidium*-Art erhöhen ihren Sammlerwert, doch empfinden manche den Duft ihrer Blüten als unangenehm. Die eiförmigen Pseudobulben sind bis zu 7 cm lang und tragen je zwei Blätter. Mehrere Blütenstiele bilden sich gemeinsam an den Basen der Pseudobulben. Die reich verzweigten Gebilde werden bis zu 40 cm lang und sind förmlich mit kleinen, recht ungewöhnlich gefärbten rosa Blüten übersät, die gelbe Zentren haben.
Man pflegt die recht kryophile Art entweder im

Oncidium nanum

Oncidium jonesianum var. *pinotii* ⊡ ▣ 😐 ☺

Intermediär

Diese ebenfalls schöne und heiß begehrte Orchidee gehört zu den „rattenschwänzigen" *Oncidium*-Arten. Ihre hängenden Blätter enden stumpf; sie sind im Querschnitt rund und circa 20 cm lang. Die Dolde trägt 10–15 wunderschön gefärbte Blüten und wächst ebenfalls nach unten. Die reinweiße Lippe hat eine gelbe Basis und ist mit roten Punkten übersät; die übrigen Tepalia sind breit und gelb-weiß mit Punkten, deren Farbe zwischen rot und braun-rot variiert. Letztere sind meist sehr klein (bei *O. j.* var. *pinotii* auf unserem Bild aber zu größeren Flecken verschmolzen).
Pflegen Sie die Art genau wie *O. cebolleta*, doch sorgen Sie für mehr Schatten und Sprühwasser. Der Blütenstand bildet sich zwischen August und November. *O. jonesianum* stammt aus Bolivien, Paraguay, Uruguay und Südbrasilien.

Oncidium nanum □ ⊡ ☺

Intermediär

Diese Art wird – wie ihre „vergrößerte Ausgabe" *O. luridum* – auch „Hundeohr" genannt, denn genauso sind ihre festen, stark sukkulenten und 8–15 cm langen Blätter geformt. Die Pseudobulben sind rückgebildet, und der kurze Blütenstand entsprießt den Blattachseln des kurzen Rhizoms. Der verzweigte Blütenstiel wird nicht länger als die Blätter und trägt bis zu 20 winzige braun-gelbe Blüten (Durchmesser 1,5 cm). Größe und Anspruchslosigkeit machen *O. nanum* zum begehrten Sammlerstück.

Oncidium ornithorhynchum

Oncidium phymatochilum

Topf oder als Epiphyt und gönnt ihr nach dem Verblühen eine Ruhephase. Sie blüht im Herbst und stammt aus Mexiko, Guatemala, El Salvador und Costa Rica.

Oncidium phymatochilum ▣ ■ ☺

Intermediär

Ein Rekordbrecher dieser Gattung: die reich verzweigten Blütenrispen können bis zu 2 m lang werden! Die Pseudobulben messen maximal 10 cm und tragen je ein 30 cm langes Blatt. Die höchstens 5 cm weiten Blüten sind grün mit braunen Flecken. Die Form der weißlichen Lippe erinnert stark an eine Violine.
Obwohl die Kultur keine Probleme bereitet, ist die Art wegen ihrer gewaltigen Größe für kleine Liebhabersammlungen weniger geeignet. *O. phymatochilum* blüht zwischen Mai und Juni; entdeckt wurde sie in Mexiko, Guatemala und Brasilien.

Oncidium proliferum □ ⊡ ☺

Intermediär

Ein imposanter „lebendgebärender“ Zwergepiphyt – den Basen der flach-eiförmigen, fast durchsichtigen, 4 cm langen Pseudobulben entsprießt ein kriechender, gedrehter, segmentierter Trieb, der bis zu 2 m lang wird und entweder an den benachbarten Ästen emporklimmt oder in die Luft hängt. An den einzelnen Internodien entwickeln sich schließlich neue Tochter-Pseudobulben. Aus den Basen der Pseudobulben sprießen kurze Stiele mit braun-gelben, etwa 2–3 cm weiten Einzelblüten.
Diese Rarität ist nicht schwer zu pflegen: man montiert sie in einer Moosschicht auf Holzunterlagen, die dem Trieb genug Platz bieten. Die Art braucht mehr Licht und Feuchtigkeit als üblich. Sie blüht unregelmäßig im Winter und Frühjahr; ihre Heimat sind jene Staaten, die Anteil am Amazonas-Tiefland haben.

Oncidium proliferum

Oncidium pumilum

Oncidium sp., Mexiko

Oncidium pumilum ⊡ ☺

Intermediär

Noch eine Vertreterin der so genannten „hundsohrigen“ *Oncidium*-Arten, die wegen ihres Blütenbaus sehr typisch für diese Gattung sind. Diese Spezies besitzt keinerlei Pseudobulben; als Speicherorgane dienen ihr die verdickten, rötlichen, länglich-ovalen Blätter. Der hängende Blütenstand verzweigt sich regelmäßig; seine Seitenzweige sind dicht mit winzigen, gerade einmal 8 mm weiten rot-gelben Blüten besetzt. Dieser Epiphyt braucht etwas mehr Licht und Wärme. Mit Blüten kann man hier zwischen April und Mai rechnen. *P. pumilum* stammt aus Brasilien und Paraguay.

Oncidium sp. ⊡ ☹

Kryophil

Diese schöne Hochgebirgs-*Oncidium* wird hier als ökologische Kuriosität aufgeführt. Wegen der extremen ökologischen Bedingungen in ihrer Heimat, den Hochgebirgen des Bundesstaates Oaxaca (Mexiko) ist ihre Kultur fast unmöglich. Die Pflanze bildet goldgelbe, flache Pseudobulben, die dünne Blätter tragen. Ihre Blüten haben bis zu 3 cm Durchmesser und wirken dank ihrer breiten, zitronengelben Lippe recht ansehnlich. Diese Art bewohnt lichte, meist laubabwerfende Eichenwälder in Höhen bis 3000 m; in der Kultur braucht sie daher ganzjährig Kühle, ein gewisses Maß UV-

Oncidium sp., Mexiko

Strahlung und perfekte Belüftung – eine schier unerreichbare Kombination… Die Pflanze blüht im Frühjahr.

Oncidium tigrinum ▣ ■ ☺

Intermediär

Diese sehr stattliche Pflanze wird (beziehungsweise wurde) wegen ihrer sehr zahlreichen Blüten als Schnittblume kultiviert. Für Liebhaber ist sie weniger geeignet. Ihre zweiblättrigen Pseudobulben messen bis zu 90 cm, während die Blätter dreimal so lang werden. Der aufrechte Stiel ist meist unverzweigt und trägt 15–20 locker verteilte, bis zu 5 cm weite Blüten. Die braun-gelben Tepalia werden von der breiten, schwefelgelben Lippe dominiert, die an der Basis stark eingeschnürt ist. In der Kultur bereitet die Art keine Probleme. Sie blüht zwischen Mai und September und wurde in Mexiko entdeckt.

Oncidium tigrinum

Oncidium varicosum

Oncidium varicosum ▣ ■ ☺

Intermediär

O. varicosum ist eine der am häufigsten kultivierten Orchideen. Sie wurde vor allem früher oft nach Europa importiert, ist aber heute leistungsfähigeren Hybriden gewichen. Es handelt sich um eine „klassische“ robuste *Oncidium*-Art mit zweiblättrigen, maximal 10 cm großen Pseudobulben. Ihr aufrecht-verzweigter, oft über 1 m langer Stiel trägt bis zu 100 gelbe Blüten mit roten Flecken und prächtiger schwefelgelber Lippe. Ihr sehr variabler Durchmesser beträgt höchstens 5,5 cm. Pflegen Sie die Art im Halbschatten als Epiphyt oder im Topf und düngen Sie in der Wachstumsphase reichlich. Manchmal „vergisst“ sie Blüten zu bilden: das liegt entweder an zuviel Schatten oder daran, dass man sie „zu gut“ und ohne Wachstumsruhe kultiviert. *O. varicosum* blüht zwischen Oktober und Februar; sie stammt aus Brasilien.

Ornithocephalus sp., Ecuador

Ornithocephalus ☐ 😐 ☺

Thermophil

Die Blüten dieser Orchidee ähneln einem Vogelkopf (daher auch der lateinische Gattungsname). Leider kann man ihre Form nur durch ein Vergrößerungsglas bewundern, da sie ausgesprochen winzig geraten sind. Sammler bewundern diese Art allerdings gewöhnlich eher wegen ihrer originellen Blattrosetten, die normalerweise „kopfunter" hängen. Die hübschen Blätter sind an der Basis „eingeschnürt" und bilden einen sehr attraktiven, symmetrischen Fächer. Aus ihren Achseln sprießen später mäßig lange Stiele mit jeweils 4–15 Blüten. Man muss diese empfindlichen Epiphyten an reichlich feuchten Standorten halten, da ihre Wurzeln sowohl leicht austrocknen als auch für lange Zeit sehr feucht bleiben. *Ornithocephalus* braucht eine schattige, gut belüftete Umgebung. Die Gattung ist in Mittelamerika weit verbreitet; manche Arten findet man auch in Südamerika.

Ornithochilus difformis ⊡ 😐

Thermophil

Die winzigen, gerade 1,5 cm weiten Blüten wirken absolut eigenartig und interessant. Auf der Basis der Lippe setzt ein kurzer, massiger, weinroter Sporn an, während jene selbst stattliche radiale „Zinken" aufweist. Der hängende Stiel trägt viele Blüten. Pflegen Sie die Art als Epiphyt auf moosbedeckten Unterlagen und sorgen Sie für genug Luftfeuchtigkeit und Halbschatten. Sie blüht zwischen Mai und Juni; daheim ist sie im Himalaja, Burma, Thailand, Laos und Vietnam.

Ornithochilus difformis

Osmoglossum pulchellum ▣ ☹

Kryophil

Zusammen mit mehreren anderen bildet diese frühere *Odontoglossum*-Art heute eine selbstständige Gattung – die atypischerweise „umgedrehten" Blüten mit der oben sitzenden Lippe sind ein Merkmal, das die Art mit zwei verwandten Spezies teilt. Die eiförmigen Pseudobulben der Pflanze werden bis zu 7 cm lang und tragen je ein Paar auffallend schmaler, bis zu 30 cm langer

Osmoglossum pulchellum

Paphinia cristata

Blätter. Der Blütenstiel wird niemals länger als die Blätter und trägt bis zu 10 weiße Blüten mit gelblicher, rotgefleckter Lippe. Die Kultur dieser Pflanze bereitet große Problem, da sich das Klima der kühlen heimatlichen Nebelwälder mit ihrer intensiven alpinen Sonneneinstrahlung nur schwer simulieren lässt (vergleiche dazu *Ticoglossum krameri*). Die schönen Blüten erscheinen zwischen Oktober und Dezember. Entdeckt wurde diese Orchidee in Mexiko, Guatemala und Costa Rica.

Paphinia cristata

Thermophil

Ihre schönen, sternförmigen Blüten mit den typisch verlängerten Tepalia machen diese kleine Gattung (insgesamt nur 4 Arten) sehr interessant für die Kultur. Die schmal-ovalen Pseudobulben von *P. cristata* erreichen kaum 4 cm Länge und tragen jeweils ein Paar bis zu 15 cm langer Blätter. Die zarten, fast durchsichtigen Blüten sind weißlich mit bräunlichen Flecken oder Streifen. Das Ende der Lippe weist seltsame Fortsätze auf. Die Blüten erscheinen unregelmäßig zwischen Herbst und Frühjahr. Diese Pflanze besiedelt in Südamerika ein weites Gebiet (es umfasst Kolumbien, Venezuela, Guyana sowie Bolivien, wo unser Bild entstand).

Paphiopedilum appletonianum

Paphiopedilum appletonianum

Intermediär

Die Vertreterinnen dieser umfangreichen, auch für die Kultur äußerst wichtigen asiatischen Gattung werden auch „Frauenschuhe“ genannt, da ihre Lippe wie ein Schuh geformt ist. Anders als bei der nah verwandten amerikanischen Orchideengattung *Phragmipedium* weist sie keine Kerbe auf. *P. appletonianum* ist ein großes, seltenes Sammlerstück. Wie andere *Paphiopedilum*-Arten besitzt sie eine Rosette aus stängellosen, riemenförmigen, marmorierten Blättern mit rundlichen Enden. Die bis zu 10 cm weiten Blüten stehen einzeln auf dünnen, maximal 50 cm hohen Stielen. Sie sind grün und purpurn mit nach vorn gebogenen, am Ende leicht verbreiterten Petalia. Man pflegt die Art wie andere *Paphiopedilum*-Orchideen. Sie blüht im zeitigen Frühjahr und stammt aus dem Bundesstaat Assam (Nordostindien).

Paphiopedilum argus

Intermediär bis thermophil

Noch ein stattlicher, gut wachsender „Frauenschuh“. Seine prächtigen, hell marmorierten Blätter messen bis zu 15 cm. Der maximal 40 cm lange, nicht segmentierte Stiel (ein wichtiger Unterschied gegenüber der Gattung *Phragmipedium*) trägt eine Einzelblüte. Das stattliche Gebilde hat 8 cm Durchmesser und wird vor allem von den diagonal abwärts gerichteten Petalia mit ihren dunklen Papillen geprägt. Was die Kultur angeht, stellt *P. argus* bescheidenere Ansprüche, sodass man diesen Frauenschuh auch Anfängern empfehlen kann. Die Art blüht im Frühjahr und stammt von den Philippinen.

Paphiopedilum argus

Paphiopedilum armeniacum

Paphiopedilum barbatum

Paphiopedilum armeniacum ⊡ ▣ 😐

Thermophil

Obwohl die korrekte Einordnung mancher *Paphiopedilum*-Arten in Fachkreisen umstritten ist, bestehen an der „Legitimität" von *P. armeniacum* keinerlei Zweifel – ihre reingelben Blüten mit den orangen Zentren stehen innerhalb der Gattung fast einzig dar. Es gibt auch eine seltene und heiß begehrte Albino-Variante mit schneeweißen Blüten. Die Pflanze hat gefleckte Blätter, die bis zu 15 cm messen. In ihren Ansprüchen an die Kultur unterscheidet sich *P. armeniacum* nur wenig von der übrigen Gattung. Die Art wurde erstmals 1982 beschrieben und erregte zwei Jahre später unter Botanikern großes Aufsehen, als sie erstmals außerhalb ihrer Heimat China blühte.

Paphiopedilum barbatum ⊡ 😐 🙂

Intermediär bis thermophil

Dieser wohl bekannte und schon sehr lange kultivierte Frauenschuh ist nah mit *P. callosum* verwandt. Züchter kennen ihn als einen „Elternteil" der ersten künstlich erzeugten Hybride innerhalb der gesamten Gattung *Paphiopedilum* (*P.* Harrisianum, 1869). Diese Pflanze hat „kulturfreundliche" Maße – ihre marmorierten Blätter werden bis zu 20 cm lang, während es die Stiele der Einzelblüten auf 25 cm bringen. Die Blüten (8 cm Durchmesser) zeigen vorwiegend verschiedene Schattierungen von rot; das obere Sepale ist weiß und mit 15 purpurnen Streifen geschmückt; die seitlichen Petalia sind ebenfalls dunkelrot (manchmal mit weißlichen Säumen). Die dunkelsten Grautöne findet man auf der Lippe. Die Blüten erscheinen im Frühjahr. Diese Art bewohnt moosbewachsene Felsplatten in den schattigen Gebirgstälern Malaysias und Thailands.

Paphiopedilum bellatulum ⊡ ☹

Thermophil

Diese Spezies gehört zu einer systematisch unklaren Frauenschuh-Sektion namens *Brachypetalum*. Was die Details von Farbe und Form ihrer Blüten betrifft, sind die Pflanzen äußerst variabel, sodass man praktisch nicht feststellen kann, zu welcher Art, Unterart oder gar Hybridform bestimmte gerade gefundene Exemplare tatsächlich gehören. Unser Bild zeigt neben einem typischen Exemplar auch *P. conco-bellatulum* – eine natürliche Hybride mit der Art *P. concolor*. Der Blütenstiel von *P. conco-bellatulum* wird höchstens 4–10 cm lang, während die Blätter unserer Art bis zu 15 cm messen. Ihre weißen, purpurn gefleckten Blüten machen sie zu einem Juwel jeder Orchideensammlung; leider stellt sie recht hohe Ansprüche an die Kultur. In der Natur wachsen die spärlichen Blattrosetten dieser Spezies in den Spalten von Kalk-

Paphiopedilum conco-bellatulum

felsen an sehr warmen, windigen Standorten. Die Pflanzen brauchen daher ein Maximum an diffusem Licht, gelegentlich eine Trockenruhe, sehr gute Belüftung und ein wenig Kalksteingrit im Substrat. *P. bellatulum* blüht im Frühjahr; die Art stammt aus Burma und Thailand.

Paphiopedilum callosum

Intermediär

Dies ist zweifellos einer der bekanntesten „Frauenschuhe“ – eine prächtige, vitale Art, die auch leicht zu kultivieren ist. Früher wurden diese Orchideen in großen Mengen importiert und als Schnittblumen gezüchtet. Äußerst variabel gestalten sich bei dieser Art die Intensität der Marmorzeichnung ihrer Blätter sowie die Farbe und Form der Blüten. Der bis zu 35 cm hoch werdende Stiel trägt eine einzelne Blüte mit braun-purpurn gefärbter Lippe. *P. callosum* var. *subleave* hat ein sehr schön verbreitertes oberes Sepale, dessen Färbung eine schöne Kombination aus weiß, weinrot und grün zeigt. Die Albinoform dieser Art (*P.* var. *sanderae*) ist ein „Elternteil“ der Hybride *P.* Maudiae. Pflegen Sie diese Pflanze in einer Standard-Substratmischung (beispielsweise aus Torfmoosstreifen, Styroporkugeln, Torf und Birkenholzspänen) oder anderen leichten Böden. Pflanzen mit schwächlichen oder beschädigten Wurzeln gehören unbedingt in eine sterile Mischung aus Torf und Styropor. *P. callosum* braucht ganzjährig gemäßigte Temperaturen sowie ein leicht feuchtes, mäßig tiefes Substrat. Die Art bildet ganzjährig unregelmäßig Blüten, meist zwischen März und Juni. Sie stammt aus Thailand und Kambodscha.

Paphiopedilum bellatulum

Paphiopedilum callosum

Paphiopedilum chamberlainianum

Paphiopedilum chamberlainianum ▣ ■ 😐 ☺

Thermophil

Dieser stattliche Frauenschuh besitzt mehrere Blüten pro Stiel – ein seltenes Phänomen in seiner Gattung. Jede der langlebigen Blüten öffnet sich erst nach dem Verblühen und Abfallen der vorigen, sodass sich die Blütezeit über viele Monate hinzieht. Ihre Proportionen machen die Art ungeeignet für kleine Liebhabersammlungen – die Blätter werden bis zu 30 cm lang. Am 50 cm messenden Stiel bilden sich nacheinander 3–10 Blüten. Sie sind sehr schön und ähneln denen einer anderen vielblütigen Spezies – *P. glaucophyllum*.
Halten Sie die Pflanze ganzjährig feucht und warm, da sie wegen ihrer abweichenden Art der Blütenbildung nahezu kontinuierlich blüht. Ihre Heimat ist Sumatra.

Paphiopedilum ciliolare ⊡ ▣ 😐

Thermophil

Eine liebenswerte Spezies mit ungewöhnlich kompakter und kleiner Blüte. In Sammlungen sieht man sie selten. Ihre Blätter messen etwa 15 cm, während der circa 20 cm lange Stiel nur eine einzige Blüte mit weißem, rot geädertem oberen Sepale und intensiv dunkel gefleckten Petalia trägt.
Man muss sie wie andere *Paphiopedilum*-Arten pflegen, doch gedeiht sie nicht besonders gut. Die Art blüht zwischen April und Juni; daheim ist sie auf den Philippinen.

Paphiopedilum coccineum ⊡ ?

Intermediär

Der „letzte Schrei“ unter den Frauenschuhen, und ein sehr schöner noch dazu! Er ähnelt äußerlich *P. helenae*. Seine intensiv rot-gelben Tepalia haben grünliche, leicht gewellte Ränder.

Paphiopedilum ciliolare

Zur Kultur liegen bislang noch keinerlei Informationen vor. Entdeckt und beschrieben wurde diese Art erst im Jahr 2000. Man fand sie in der Provinz Cao Bang im Norden Vietnams, vor allem in den Spalten von etwa 500–800 m über NN gelegenen Kalksteinfelsen. „Dank“ der Geldgier gewisser Zeitgenossen ist sie in Freiheit vermutlich ausgestorben.

Paphiopedilum concolor ⊡ ☹ 😐

Thermophil

Auf den ersten Blick scheint die Art nah mit *P. bellatulum* verwandt zu sein, zumal sie sehr ähnliche Ansprüche stellt. Die maximal 12 cm langen Stiele tragen zwei oder drei gelbe, mit roten Flecken übersäte Blüten. Die Spielart *P. concolor* var. *striatum* ist anders gefärbt: bei ihr bilden die roten

Paphiopedilum coccineum

Paphiopedilum concolor

Flecken Kreise, welche an den Längsachsen der Tepalia angeordnet sind.
Diese Art blüht zwischen Mai und Oktober. Sie stammt aus den wärmsten Regionen von Burma, Thailand, Laos, Süd-Vietnam und China.

Paphiopedilum concolor var. *striatum*

Paphiopedilum curtisii ▣ 😐

Thermophil

An den Blüten dieser Art fällt vor allem die ungewöhnlich große Lippe auf. Vielen Botanikern gilt er als Spielart von *P. suberbiens*. Lange Zeit war die Spezies in Europa nur durch zwei schon 1892 importierte Exemplare bekannt, die für das folgende Jahrhundert das einzige Zuchtmaterial darstellen sollten! Erst vor wenigen Jahren wurde dieser Frauenschuh erneut in der freien Natur aufgespürt. Seine Blattrosetten machen einen normalen Eindruck; die einzelnen Blätter messen 25 cm und sind marmoriert mit dunkelgrüner Äderung. Die purpurnen, bis zu 30 cm hohen Blütenstiele tragen nur je eine Blüte. Was die Färbung der kräftigen, purpurnen bis dunkel-purpurnen Lippe angeht, ist die Spezies variabel. Das obere Sepale jeder Blüte ist weißlich und mit Längsstreifen geschmückt, deren Farbe von grün bis purpurn variiert; die abwärts gebogenen Petalia prunken mit dunklen Flecken auf purpurnem Hintergrund. Pflegen Sie die Art wie andere Vertreterinnen ihrer Gattung. Die Pflanze blüht im Frühling und wächst auf den Kalksteinfelsen von Zentral-Sumatra.

Paphiopedilum curtisii

Paphiopedilum dayanum

Paphiopedilum dayanum ▣ 😐

Thermophil

Jede einzelne Blattrosette aller *Paphiopedilum*-Orchideen blüht nur einmal in ihrem Leben; anschließend bildet sie einen neuen Seitentrieb und stirbt allmählich ab. Die weiß marmorierten Blätter von *P. dayanum* gehören mit 25 cm Länge zur mittleren Kategorie, und der einblütige Stiel bringt es auf 40 cm. Das obere Sepale jeder Blüte ist mit grün-braunen Längsstreifen geschmückt, während die seitlichen Petalia purpurn sind. Die Pflanze blüht zwischen Mai und Juni; sie stammt aus warmen Höhenlagen Nord-Borneos.

Paphiopedilum delenatii ▣ 😐

Intermediär

Früher war *P. delenatii* der unerfüllte Traum jedes Orchideenliebhabers. Heute steht dank züchterischer Bemühungen eine ausreichende Menge von Exemplaren zur Verfügung; allerdings sind diese immer noch recht teuer. Kein Wunder – die Blüten dieser Frauenschuhart sind einfach einzigartig! Ihre weiß marmorierten Blätter wirken völlig normal und messen bis zu 15 cm. Der gewöhnlich zweiblütige Stiel wird etwa 20 cm hoch. Beherrschendes Kennzeichen der weißen Blüten mit einem Paar breiter Petalia und extrem reduziertem oberem Sepale ist die rosa Lippe. Obwohl empfohlen wird, die Pflanzen bei mäßigen Temperaturen zu pflegen, blühen sie garantiert gut, wenn man für eine wenigstens einmonatige Trockenperiode bei Werten unterhalb von 10 °C sorgt. Die Art blüht im Frühjahr und soll noch in der Wildnis von Nordvietnam vorkommen.

Paphiopedilum emersonii ⊡ ▣ 😐

Intermediär bis thermophil

Dieser Frauenschuh hat eine interessante Entdeckungsgeschichte: die erste Pflanze blühte trotz aller Kulturprobleme 1986 in Kalifornien, und die Schönheit ihrer Blüten gewann ihr sofort die Herzen aller Orchideenfreunde. Die Spezies unterscheidet sich kaum von *P. hangianum*, was die

Paphiopedilum delenatii

Paphiopedilum esquirolei

Blüten und grünen Teile angeht; beachtliche Unterschiede gibt es jedoch in Form und Farbe des Staminodiums der Blüte. Auch diese Pflanze stellt recht hohe Ansprüche an die Kultur. Sie blüht im Frühjahr; Heimat dieser Orchidee ist die chinesische Provinz Yünnan.

Paphiopedilum emersonii

Paphiopedilum esquirolei ⊡ ▣ ☺

Intermediär

Die auffälligste Besonderheit dieser Art sind die mit Haaren bedeckten Blüten. *P. esquirolei* wird manchmal als bloße Spielart der sehr ähnlichen „hässlichen“ Spezies *P. hirsutissimum* eingestuft (diese „Mutterart“ sieht man in Sammlungen recht häufig – bestimmt öfter als in ihren leergesammelten Habitaten). Die Blätter sind einfarbig grün; der drahtige Stiel trägt die Einzelblüte bis in 25 cm Höhe empor. Ihr Durchmesser beträgt bis zu 12 cm; sie hat ein ovales, braun-grünes oberes Sepale und purpurne, metallisch schimmernde Petalia. Die Lippe fällt im Vergleich mit den anderen Teilen recht klein aus; sie ist gelb und völlig mit zierlichen roten Punkten übersät. Die Kultur bereitet kaum Probleme; schwieriger gestaltet sich da schon der Erwerb. Obwohl sie auch bei gemäßigten Temperaturen gedeiht, wird diese Pflanze mehr Blüten bilden, wenn man sie während des Winters deutlich kühler hält. Sie blüht im Frühjahr (zwischen Februar und Mai) und stammt aus Laos.

Paphiopedilum exul

Paphiopedilum exul ⊡ ☺

Intermediär bis thermophil

Diese wärmeliebende Pflanze wächst auf sonnenverbrannten, vom Seewind gekühlten Kalkfelsen. Ihre schmalen, glänzendgrünen Blätter bilden eine starre, kompakte Rosette. Der 20 cm lange Stiel trägt nur eine gelb-weiße Blüte; diese weist eine ähnliche Zeichnung auf wie jene der weit verbreiteten Spezies *P. insigne*, ist aber kleiner, und ihr oberes Sepale ist nur an der Basis dunkel gefleckt. *P. exul* hat ein überdurchschnittliches Lichtbedürfnis: im dunklen europäischen Winter sollte man ihr Wachstum durch sparsames Gießen und kühlere Temperaturen drosseln. Sie blüht zwischen Februar und Juli; zuhause ist sie in Thailand.

Paphiopedilum fairrieanum ⊡ ☺

Kryophil bis intermediär

Eine der wenigen kryophilen Arten mit ungewöhnlich bizarrer Blüte. Ihre blassgrünen Blätter werden nur 10–15 cm lang, während der wenig längere Stiel eine Einzelblüte mit 6 cm Durchmesser trägt. Das obere Sepale hat s-förmige Ränder; die Petalia sind an der Basis schräg nach unten orientiert, während die Spitzen vertikal aufwärts weisen. Die Tepalia sind (mit Ausnahme der braun-roten Lippe) weißlich mit kräftiger purpurner Äderung. Es gibt bei dieser Art verschiedene Farb- und Größenvarianten, u. a. eine seltene Albino-Spielart (*P. fairrieanum* var. *bohlmanniana*). In der Kultur muss man genau wie bei *P. callosum* vorgehen. Die Blüten erscheinen zwischen Juni und September. Zuhause ist die Pflanze in Bhutan und Assam (Indien).

Paphiopedilum fairrieanum

Paphiopedilum fowliei ⊡ ☺

Intermediär

Ein ziemlich kleiner Frauenschuh mit relativ kleinen, unauffällig gefärbten, aber extrem ausdauernden Blüten. Die Blätter sind 10–15 cm lang; der Stiel trägt nur eine Blüte und misst 15–20 cm. Das obere Sepale ist breit und weißlich mit regenbogenartigen purpurnen bis grünen Streifen. Die Petalia zeigen die gleiche Färbung; ihre Säume schmücken dunkle Papillen. In der Kultur erweist sich *P. fowliei* als anspruchlose Art. Sie blüht im Frühjahr und stammt von den Philippinen.

Paphiopedilum fowliei

Paphiopedilum glaucophyllum

Paphiopedilum glaucophyllum

Intermediär

Noch ein Frauenschuh mit mehreren Blüten pro Stiel: jene entwickeln sich nacheinander an einem bis zu 40 cm langen Stiel, sodass man sie bedauerlicherweise nicht alle gleichzeitig bewundern kann. *P. glaucophyllum* ist eine recht stattliche Art; ihre Blätter sind bis zu 25 cm lang und 4 cm breit. Der Durchmesser der überaus schönen Blüten beträgt etwa 7 cm. die Farbe des oberen Sepale variiert zwischen weißlich, grün und purpurn; die purpurnen Petalia sind um ihre Längsachse gedreht und mit dunklen Papillen sowie einem dichten Haarpelz bedeckt. Die Lippe ist an der Basis weiß und zunehmend intensiver purpurn gefleckt. Pflegen Sie die Art wie andere Vertreterinnen der Gattung (vgl. *P. callosum*). Die Blütezeit zieht sich wegen der sukzessiven Entwicklung der Blüten eines Stiels sehr lange hin – sie dauert vom Frühling bis zum Winter. Dies Spezies stammt aus Java.

Paphiopedilum godefroyae

Paphiopedilum godefroyae

Intermediär bis thermophil

Verwandtschaftlich sowie vom Aussehen und den Ansprüchen her steht diese Orchidee *P. bellatulum* sehr nahe – so gilt sie manchen Botanikern als bloße Hybride von *P. bellatulum* und *P. concolor*. Die Bestimmung der Artzugehörigkeit ist selbst für Fachleute oft eine harte Nuss. Die Blüten von *P. godefroyae* sitzen auf bemerkenswert kurzen (3–5 cm) Stielen und sind weiß bis gelblich mit zahlreichen dunkelroten Flecken unterschiedlicher Größe. Die weiße Lippe ist fast fleckenlos (während sie bei *P. bellatulum* eine starke Fleckung aufweist). Um sich gut zu entwickeln, braucht die Pflanze ein kalkhaltiges Substrat (das gelegentlich austrocknen muss), viel Licht und frische Luft. Außer beim bekannten Ort Krabi kommt *P. godefroyae* auch an anderen Stellen Thailands vor, ferner auf Borneo und im Süden Vietnams.

Paphiopedilum gratrixianum

Paphiopedilum gratrixianum ▣ ☺

Intermediär

P. gratrixianum ist eine anspruchslose Art von durchschnittlicher Schönheit; attraktiv für Pfleger wird sie durch die großen Blüten. Der Durchmesser der Einzelblüten beträgt bis zu 10 cm; jede erhebt sich inmitten einer Rosette aus reingrünen, bis zu 25 cm langen Blättern. Farblich ähneln diese Blüten denen von *P. insigne*, doch ist ihr oberes Sepale spärlich mit deutlich größeren braun-roten Flecken übersät. Man kann die Art sogar in einer Mischung aus Holzspänen und (weißem) Flusssand erfolgreich kultivieren; sie gedeiht auch auf Fensterbänken. Die Blüten dieser Orchidee erscheinen zwischen Oktober und Dezember; sie stammt aus Thailand, Laos und Nordvietnam.

Paphiopedilum hangianum

Paphiopedilum hangianum ⊡ ▣ 😐

Intermediär bis thermophil

Dieser Frauenschuh wurde erst Ende der 1990er-Jahre beschrieben! Er ist nah mit der ähnlich aussehenden Art *P. emersonii* verwandt (Unterschiede lassen sich nur in Färbung und Morphologie der zentralen Blütenteile (Staminodia) erkennen). Die riemenförmigen Blätter sind 25 cm lang und völlig unpigmentiert, wären der ziemlich kurze Stiel nur eine Blüte trägt. Die Pflanze hat weiße Tepalia und Sepalia mit brauner Basis. Die breite Lippe der Blüte ist cremeweiß bis gelb gefärbt.
P. hangianum stellt sehr hohe Ansprüche und ist erst wenig bekannt. Die Pflanze wächst äußerst langsam, und das Heranziehen blühfähiger Nachkommen erfordert viel Geduld und Erfahrung. Sie blüht im Frühling und stammt aus dem Norden von Vietnam.

Paphiopedilum haynaldianum ▣ ■ 😐

Thermophil

Ein prächtiger, stattlicher Frauenschuh mit Blüten von bis zu 15 cm Durchmesser! Der Rosette aus 25 cm langen, reingrünen Blättern entsprießt ein maximal 50 cm hoher Stiel, dessen 2–5 Blüten sich nacheinander öffnen. Ihre Färbung ist eine Kombination aus grün, braun und purpurn; aufgrund ihrer Stumpfheit bilden diese Farbtöne eine wirksame Folie für die großen braun-roten Flecken der extrem langen Petalia.
Interessanterweise wächst diese Art in ihrer Heimat auch als Epiphyt; sie benötigt daher ein etwas „leichteres" Substrat. Sie blüht im Frühling und kommt – soweit bekannt – auf den Philippinen vor.

Paphiopedilum haynaldianum

Paphiopedilum helenae □ ☹ 😐

Intermediär

P. helenae ist eine interessante Zwergart der Gattung *Paphiopedilum*. Ihre steifen, glänzendgrünen Blätter messen bis zu 8 cm, und die stattlichen Blüten sitzen auf extrem kurzen Stielen (3–5 cm). Das obere Sepale der Blüte ist grünlich-goldgelb,

Paphiopedilum helenae

Paphiopedilum helenae var. *aureum*

während die Petalia ein stumpfes Purpurbraun zeigen und die Lippe rot ist. Es gibt auch eine hoch geschätzte Farbvariante namens *P. helenae* var. *aureum* mit nahezu fleckenlos gelb bis orange gefärbten Blüten. Dieser kalkliebende, lithophytische Frauenschuh ist nicht leicht zu pflegen; man muss das Topfsubstrat mit großen Kalkbrocken anreichern. Blüten sind in den Frühlingsmonaten zu erwarten; die Pflanze wurde in Nord-Vietnam unweit der Grenze zu China entdeckte.

Paphiopedilum henryanum □ ⊡ ☺

Intermediär

Durch ihren Zwergwuchs und die hohen Kulturansprüche ähnelt die Pflanze den vorigen Arten. Sie ist eine heiß begehrte Kuriosität, vor allem wegen der einzigartigen Blüten: der Stiel trägt jeweils nur eine bis zu 7 cm weite Blüte und entsprießt einer kompakten Rosette aus bis zu 10 cm langen Blättern. Die Blüten besitzen ein breites, gelb-grünes oberes Sepale mit braun-roten Flecken von variabler Größe; ebensolche zieren auch die basisnahen Partien der weinroten Petalia. Die Lippe schließlich ist intensiv purpurrot gefärbt und schimmert metallisch. Diesen Frauenschuh sollte man ähnlich wie den zuvor beschriebenen kultivieren: beide Arten brauchen Halbschatten und eine gute Belüftung. Die attraktive „Zwergart" blüht im Frühjahr und ist im Norden von Vietnam zuhause.

Paphiopedilum herrmanii ⊡ ☹ ☺

Intermediär

Gegen Ende des 20. Jahrhunderts schien es mit den Neuentdeckungen von Frauenschuharten kein Ende mehr zu nehmen – dank des Tauwetters in den Beziehungen zu den kommunistischen Regimes in Südostasien. Westliche Botaniker dürfen sich seither in China und Vietnam frei bewegen, wo sie eifrig neue Arten suchen und beschreiben. Deren Taxonomie ist allerdings nichts weniger als lupenrein – viele variable Spezies werden von verschiedenen Autoren sehr unterschiedlich bewertet, und es ist häufig umstritten, wer der Erstbeschreiber war, ob es sich um botanische Arten oder bloße Varianten anderer Spezies handelt etc.

Paphiopedilum henryanum

Paphiopedilum herrmanii

Zu den vielen erst kürzlich entdeckten Zwergformen gehört *P. herrmanii* (Erstbeschreibung 1995). Ihre schmalen, riemenartigen Blätter sind nicht marmoriert und etwa 15 cm lang; die Blüten haben einen recht kurzen Stiel. Ihr oberes Sepale ist rot mit gelbem Saum; die Petalia sind ähnlich gefärbt. Die prächtige rosa Lippe ähnelt jener der nah verwandten Art *P. henryanum* (mit der *P. herrmanii* manchmal verwechselt wird). Die Pflanze braucht sandiges, mit Kalk angereichertes Substrat. Diese Orchidee blüht im Spätwinter und im Frühjahr; sie stammt aus Nord-Vietnam.

Paphiopedilum hookerae ⊡ ▣ ☺

Thermophil

Ein ausgeprägt thermophiler Frauenschuh, der sich sogar für kleinere Zimmer-Glasbehälter mit höherer Luftfeuchtigkeit eignet. Es ist nur zu schade, dass man *P. hookerae* derart schwer bekommt (das betrifft leider die meisten botanischen Spezies der Gattung *Paphiopedilum*). Die marmorierten Blätter messen nur 15 cm. Der 1 cm längere Stiel trägt nur eine mittelgroße Blüte, an der vor allem die beiden purpurnen, metallisch glän-

Paphiopedilum hookerae

zenden und zart gefleckten Petalia auffallen. Die übrigen Blütenteile sind bräunlichgrün gefärbt. Die Blüten öffnen sich zwischen April und Juni; man findet diese Art in den Regenwäldern von Borneo.

Paphiopedilum insigne ⊡ ▣ ☺

Kryophil bis intermediär

Ein echter „Gartenklassiker"; früher diente die Pflanze im Winter als Schnittblume, aber auch zur Zucht einer großen Anzahl tüchtiger, dekorativer Hybriden. Heute ist ihr einstiger Ruhm ein wenig verblasst. Die einfarbig grünen Blätter werden bis zu 25 cm lang und bilden in großer Zahl Rosettenbüschel. Das gelb-grüne obere Sepale besitzt einen weißen Saum und ist mit rot-braunen Flecken übersät. Petalia und Lippe sind braun-rot gefärbt. Von dieser Orchidee gibt eine große Anzahl von Farbvarianten. Für Amateure ist die Art nicht ganz leicht zu pflegen, da sie das ganze Jahr hindurch einen kühlen Standort mit sehr viel Licht und einer möglicht intensiven Belüftung braucht. Man kann ihr Substrat ruhig mit ein wenig Blumenerde anreichern. *P. insigne* blüht im Winter und stammt aus dem Himalaja.

Paphiopedilum insigne

Paphiopedilum intaniae

Paphiopedilum intaniae ▣ ■ ☹ ☺

Intermediär bis thermophil

Diese vielblütige, seltene und elegante Vertreterin der Gattung ist nah mit den Arten *P. randsii* oder *P. philippinense* verwandt. Ihr aufrechter, bis zu 50 cm langer Stiel trägt ungefähr 3–5 Blüten, die sich alle gleichzeitig öffnen. Die Länge der riemenförmigen Blätter beträgt maximal 40 cm. Die gelbgrün gefärbten Blätter besitzen lange, gestreifte Sepalia und gefleckte, deutlich vergrößerte Petalia. Auch die an der Basis weißlich und am Ende hell braun-rot gefärbte Lippe ist röhrenartig nach vorn verlängert. Damit sich die Pflanze gut entwickeln kann, muss man sie in Töpfen kultivieren, deren Substrat mit Kalkbrocken angereichert wird; sie braucht überdies etwas mehr Licht als die übrigen Arten der Gattung. Entdeckt wurde *P. intaniae* auf Kalkfelsen im Süden der Insel Sulawesi (Celebes, Indonesien).

Paphiopedilum krairitii ⊡ ▣ ☺ ?

Intermediär bis thermophil

Der Name dieser seit kurzem (2001/02) bekannten Pflanze ist nur ein „Arbeitstitel", für dessen wissenschaftliche Untermauerung die Zeit nicht ausreichte! Die brandneue Spezies wurde übrigens nicht in der freien Natur, sondern in einer Sendung von Importpflanzen entdeckt, die man für die thailändische Art *P. charlesworthii* hielt. Paradoxerweise ähneln sie dieser Spezies nicht besonders; viel eher erinnern die Pflanzen an Arten wie *P. barbigerum* oder *P. coccineum*. Von beiden Orchideen unterscheiden sie sich durch die Morphologie ihrer Columna. Zur Kultur dieser Spezies liegen uns noch keinerlei Informationen vor. Sie soll im Frühling blühen und stammt aus Thailand.

Paphiopedilum krairitii

Paphiopedilum lawrenceanum ⊡ ▣ ☺ ☺

Thermophil

Eine äußerst wertvolle Albinoform dieser Art (*P. lawrenceanum* var. *hyeanum*) ist gemeinsam mit *P. callosum* ein „Elternteil" von *P.* Maudiae, einer der bekanntesten und am häufigsten gepflegten Hybriden. *P. lawrenceanum* diente früher als Schnittblume; heute ist sie etwas seltener. Ihre hell marmorierten Blätter messen bis zu 15 cm, der einblütige Stiel deren 30. Die Blüten typischer Exemplare haben ein rosa-weißes oberes Sepale mit purpurnen Streifen; die Petalia ragen fast waagerecht zur Seite und sind purpurn mit dunklen Papillen an den Rändern. Die Lippe ist braun-rot. Kultivieren lässt sich diese Spezies recht einfach; sie blüht zwischen Frühjahr und Frühsommer. Entdeckt hat man sie im Norden von Borneo.

Paphiopedilum lawrenceanum

Paphiopedilum leucochilum

Paphiopedilum leucochilum ⊡ ☹ ☺

Intermediär bis thermophil

Auch diese Art zeugt vom heftigen Meinungsstreit, der noch heute unter Botanikern hinsichtlich der Taxonomie der Frauenschuh-Sektion *Brachypetalum* herrscht. Einigen Fachleuten zufolge handelt es sich bei *P. leucochilum* um eine eigenständige Art; andere wiederum halten sie für eine bloße Variante der Spezies *P. godefroyae*. Wie dem auch sei – wir haben es hier mit einer sehr hübschen Pflanze mit weißlichen, rot gefleckten Blüten auf kurzen Stielen zu tun. Leider ist sie nur recht schwer zu kultivieren. Man behandelt sie im Wesentlichen wie *P. bellatulum*. Diese Orchidee stammt aus Thailand und Borneo; evtl. kommt sie auch in anderen Teilen Südostasiens vor.

Paphiopedilum liemianum ▣ ☺

Intermediär

Die Art gehört zur Sektion *Cochlopetalum* der Gattung *Paphiopedilum*; dies lässt schon das prägende Merkmal ihrer Blüte vermuten – die spiraligen bzw. schneckenartig gedrehten Tepalia. Die riemenartigen Blätter dieser Spezies sind schlaff und zeichnungslos grün. Ihr Blütenstiel wächst ständig weiter und kann mehr als 20 Blüten tragen, die sich über einen langen Zeitraum (bis zu ein Jahr) bilden. Das obere Sepale ist sehr breit und dunkelgrün mit schneeweißem Saum. Die gedrehten Petalia zeigen nach oben. Die kräftige Lippe glänzt metallisch und ist mit zarten Punkten übersät. Die Pflanze blüht im Frühjahr (zwischen März und Mai) und wächst auf Kalkfelsen in den höheren Lagen von Nord-Sumatra.

Paphiopedilum liemianum

Paphiopedilum lowii ■ ☺

Thermophil

Nur seine Größe hindert diesen Frauenschuh mit den schönen Blüten an einer weiteren Verbreitung – die Blätter können bis zu 30 cm lang werden. Der Blütenstiel misst maximal 60 cm und trägt 3–5 stattliche Blüten. Die abnorm verlängerten Petalia haben purpurne Spitzen und sind an der Basis mit einem Dutzend rot-brauner Flecken geschmückt. Diese Pflanze wächst als Epi- und Lithophyt in Nordborneo. Sie blüht zwischen März und Juni.

Paphiopedilum lowii

Paphiopedilum malipoense

Paphiopedilum malipoense ⊡ ▣ ☺

Intermediär bis thermophil

Trotz ihres attraktiven Aussehens war diese Art bis 1984 völlig unbekannt; erst danach fand sie ihren Weg in Sammlungen. *P. malipoense* lässt sich nicht gerade leicht kultivieren und ist daher ziemlich selten geblieben. Eine ähnliche Art (*P. jackii*), die erst 1999 entdeckt wurde, unterscheidet sich von *P. malipoense* nur durch winzige morphologische Details ihrer Columna. Die grünlichen Einzelblüten entsprießen Rosetten, deren marmorierte Blätter bis zu 25 cm messen können; sie besitzen eine zarte rote Zeichnung und eine bemerkenswert aufgeblähte Lippe, deren Innenseite ein rotes Muster ziert. Man sollte die Kultur dieser Art Experten überlassen. Die Pflanzen blühen im Frühling und stammen aus Südwest-China.

Paphiopedilum jackii

Paphiopedilum mastersianum ▣ ☹ ☺

Intermediär bis thermophil

Dieser Frauenschuh könnte vermutlich wertvolles Zuchtmaterial abgeben, da die Färbung seiner buntgemusterten Blüten fast völlig frei von unerwünschten braun-roten Tönen ist. Dennoch ist er bis heute nur selten für Kreuzungen verwendet worden. Seine schlicht marmorierten Blätter messen bis zu 20 cm, während der einblütige Stiel ma-

Paphiopedilum micranthum

Paphiopedilum mastersianum

ximal 40 cm hoch wird. Jede der großen Blüten hat ein grün-weißes oberes Sepale, breite, hübsch purpurn gefleckte Tepalia und eine intensiv purpurne Lippe.
In der Kultur macht sich die Art nicht besonders – sie wächst sehr langsam. Ihre Blüten erscheinen zwischen April und Juni. Zuhause ist sie auf Ambon (Indonesien).

Paphiopedilum micranthum

Intermediär bis thermophil

Obwohl die Art schon 1951 aus China beschrieben wurde, durfte man die zuvor hermetisch geschlossenen Grenzen jenes Landes erst 1984 passieren. Seitdem hat ihre Schönheit diese Orchidee zum Objekt eines riskanten Handels gemacht, der sie bald zu einer sehr seltenen und bedrohten Art werden ließ. Neben *P. micranthum* zeigt unser Foto auch ein Exemplar von *P.* x *fanaticum*, einer botanischen Hybride zwischen unserer Art und *P. malipoense*.
Diese Hybride kommt im gemeinsamen Habitat beider Spezies an der Grenze zwischen China und Vietnam vor. Ihre Blätter sind marmoriert, und die Einzelblüten sitzen auf 10–25 cm langen Stielen. Gemessen an der Größe der Pflanze werden sie recht stattlich; prägend ist ihre abnorm große blassrosa Lippe. Die anderen Tepalia sind gelblich mit dunkelroten Streifen. In Südwest-China kommt die Art noch wild vor.

Paphiopedilum x *fanaticum*

Paphiopedilum Olivia

Paphiopedilum nivaeum ⊡ ☹ ☺

Thermophil

Eine auffällige und sehr leicht erkennbare Vertreterin der *Brachylopetalum*-Sektion dieser Gattung. Ihre Blüten sind schneeweiß gefärbt (daher *nivaeum*) und durchweg mit zarten roten Punkten übersät. Diese Färbung hat man sich auch bei der Zucht zunutze gemacht (vgl. etwa die Hybride namens *P.* Olivia (*P. tonsum* x *P. nivaeum*) auf unserem Bild). Eine weitere Frauenschuh-Art, *P. angthong*, welche auf der gleichnamigen Insel vor der Ostküste von Malaysia vorkommt, gilt manchen Fachleuten als bloße Unterart von *P. nivaeum*. Die bis zu 15 cm langen Blätter sind dunkel marmoriert und besitzen eine rötlich gefärbte Unterseite. Die Lippe ist perfekt eiförmig. Diese Art wächst auf Kalkfelsen in unmittelbarer Meeresnähe; daher benötigt sie sehr viel Licht und eine kühle, feuchte Brise. In der Kultur gedeiht sie deshalb nicht besonders gut und wächst nur langsam. Die Blüten erscheinen zwischen April und Juli. Zuhause ist die Orchidee an der Küste Malaysias, vor allem auf dem Langkawi-Archipel (Thailand).

Paphiopedilum ang-thong

Paphiopedilum nivaeum

Paphiopedilum parishii ■ ☺

Thermophil

Trotz seiner stattlichen Größe ist dieser Frauenschuh bei Orchideenhaltern sehr beliebt, vor allem wegen der einzigartigen Blüten. Die bis zu 30 cm langen Blätter sind einfarbig grün und recht starr. Der Blütenstiel kann mehr als 50 cm lang werden; er trägt 3–6 mittelgroße Blüten (8 cm). Der Nachteil ihrer relativ geringen Größe wird dadurch ausgeglichen, dass sie sich alle gleichzeitig öffnen. Attraktiv machen sie auch ihre langen, weinroten und hübsch gezwirbelten Petalia, die dreimal so lang wie die grünliche Lippe werden können. Kultivieren lässt sich diese Orchidee fast genau wie die übrige Gattung. Ihre außergewöhnlich schönen Blüten erscheinen zwischen April und Juli. Zuhause ist die Pflanze in Burma und Thailand.

Paphiopedilum philippinense var. *roebelinii* ■ ☺

Thermophil

Noch eine Vertreterin dieser Gattung mit gezwirbelten „Ohren" – ihre Blüten sind vielleicht noch schöner als die des Frauenschuhs *P. parishii*. Die grünen Teile beider Pflanzen ähneln einander sehr stark. Ihre kleinen gelb-roten Blüten (Durchmesser 6 cm) sitzen in Gruppen von 3–6 auf einem langen Stiel. Die dunkelroten, eindrucksvoll gezwirbelten Petalia können 14 cm (!) lang werden. Das obere Sepale ist mit dunklen Streifen überzogen, und die ganze wunderbare Komposition wird von der gelb-grünen Lippe vollendet. Die Pflanze blüht zwischen Juni und August. Entdeckt wurde sie auf den Philippinen.

Paphiopedilum philippinense var. *roebelinii*

Paphiopedilum parishii

Paphiopedilum primulinum

⊡ ▣ 😐

Thermophil

Eine Spezies mit mittelgroßen, ausnahmsweise gelben Blüten; der maximal 30 cm lange Stiel trägt 7–10 davon.
Die systematische Einordnung dieser Art ist noch heftig umstritten, da sie im Jahre 1973 nur anhand eines einzigen Exemplars beschrieben wurde. Viele Botaniker halten sie für eine bloße Unterart des Frauenschuhs *P. chamberlainianum*; entdeckt wurde sie in Sumatra.

Paphiopedilum purpuratum

⊡ 😐 🙂

Intermediär

Dieser winzige Frauenschuh eignet sich sogar für kleinere Liebhabersammlungen. Kurios macht ihn unter anderem seine Heimat: er stammt aus den letzten Resthabitaten in Hongkong! Er hat 10 cm lange Blätter; die prächtigen Blüten sitzen auf 20 cm hohen Stielen und machen dem Namen dieser Art alle Ehre – sie zeigen hauptsächlich verschiedene Purpurtöne. Die Pflanze blüht zwischen Juni und August.

Paphiopedilum purpuratum

Paphiopedilum primulinum

Paphiopedilum randsii

Paphiopedilum randsii ■ ☺

Thermophil

Dieser Frauenschuh ist ein recht stattlicher Epiphyt, der blühend sehr attraktiv wirkt. Die bis zu 35 cm langen Blätter sind schlaff und hängen oft „leblos" von dicken Ästen oder aus Astgabeln herab. Die Lippe ist braun-grün gefärbt; die übrigen Tepalia sind weißlich und sehr auffällig mit dunkel-purpurnen Vertikalstreifen geschmückt. Pflegen Sie diese Pflanze in Hängetöpfen mit mäßig schwerem Humussubstrat, das niemals vollständig austrocknen darf! *P. randsii* blüht im Sommer und stammt aus Mindanao (Philippinen).

Paphiopedilum rothschildianum ▣ ☺

Thermophil

Viele Frauenschuhfreunde halten diese Spezies für die schönste *Paphiopedilum*-Art überhaupt. Kein Wunder, dass Orchideenjäger bald auf diese Pflanze aufmerksam wurden, und dass sie ihre ersten Blüten in Europa schon 1890 entfaltete! *P. rothschildianum* ist ein recht stattlicher Frauenschuh: seine dünnen Blätter erreichen Längen von 40–60 cm; der aufrechte Blütenstiel misst bis zu 45 cm und trägt 3 oder mehr locker verteilte Blüten, deren Durchmesser bis zu 13 cm betragen kann. Ihre dekorative Wirkung wird noch dadurch gesteigert, dass sie sich alle gleichzeitig öffnen. Das weiße obere Sepale ist mit dunkelroten Streifen übersät; die grünlichen Petalia zeigen stracks nach unten und tragen braun-rote Punkte. Die Lippe ist braunpurpurn gefärbt. Diese Art zählte schon immer zu den Glanzstücken jeder Orchideensammlung. Man pflegt sie wie alle anderen Vertreterinnen ihrer Gattung. Sie blüht im Herbst und soll immer noch am Fuß des Mt. Kinabalu (Borneo) vorkommen, wo unser Foto entstand.

Paphiopedilum rothschildianum

Paphiopedilum spicerianum ⊡ ▣ 😐 ☺

Kryophil bis intermediär

Diese Spezies wurde sehr häufig bei der Züchtung von Frauenschuh-Hybriden verwendet; man findet kaum noch „reinblütige“ Exemplare. Die Blätter sind einfarbig grün und messen höchstens 25 cm. Die braun-grünen Blüten entwickeln sich auf einem 15–20 cm hohen Stiel. Sie haben zwei vorstechende Merkmale: ein schneeweißes oberes Petale mit rosa Mittelstreifen und ein ähnlich gefärbtes Staminodium (= schildförmiger Mittelteil der Blüte mit den Fortpflanzungsorganen). Man pflegt die Orchidee genau wie *P. insigne*. Sie blüht üppiger, wenn sie im Halbschatten außerhalb des Gewächshauses „übersommert“. Diese Art blüht im Winter und stammt aus dem Himalaja.

Paphiopedilum spicerianum

Paphiopedilum stonei

Paphiopedilum stonei ▣ ■ 😐 ☺

Thermophil

Während der Blütezeit ist *P. stonei* eine sehr interessante Art. Das obere Sepale der Blüte ist innen weiß mit unregelmäßigen Streifen, außen hingegen purpurn mit weißem Saum (das kann man allerdings nur von hinten sehen). Die ebenfalls stattlichen unteren Sepalia sehen genauso aus und umgeben die übrigen Blütenteile – eine braun-weiße, rotgeäderte und abwärts zeigende Lippe und bis zu 15 cm lange braungefleckte Petalia – wie die halbgeöffneten Schalen einer Muschel. Dieser interessante Frauenschuh eignet sich sicher nicht für Anfänger, da seine Kultur ebenso kompliziert ist wie der Aufbau der Blüten. Er blüht zwischen Juli und September; zuhause ist die Pflanze im Regenwald von Nord-Borneo.

Paphiopedilum sukhakulii

Paphiopedilum supardii

Paphiopedilum sukhakulii

Intermediär bis thermophil

Diese Spezies hat eine interessante Entdeckungsgeschichte: in Europa blühten die ersten Pflanzen 1970 und zwar in einer Gruppe von importierten *P. callosum*. Diese beliebte Art ist in Sammlungen recht weit verbreitet. Ihre vorteilhaften Eigenschaften haben sich die Züchter in den letzten 20 Jahren häufig zunutze gemacht. Die marmorierten Blätter messen nur 20 cm, und der einblütige Stiel ist 20–25 cm lang. Der ganze Stolz der großen, bis zu 12 cm weiten Blüten ist ein Paar stark verbreiterter und verlängerter sattgrüner Petalia, deren Oberfläche winzige dunkle Punkte bedecken. Pflegen Sie die Art wie *P. callosum*; ihre Blüten bilden sich über einen langen Zeitraum – zwischen März und November. Sie stammt aus Thailand.

Paphiopedilum supardii

Intermediär bis thermophil

Ein lithophytischer Frauenschuh mit interessanten Blüten, die in Gruppen von 3–5 angeordnet sind. Ihre Schönheit wird noch dadurch gesteigert, dass sie sich alle gleichzeitig öffnen. Die Blätter sind dunkelgrün und erreichen Längen von bis zu 55 cm; der Blütenstiel bringt es auf 45 cm. Die gringelben Sepalia sind mit dunkelbraunen Längsstreifen geschmückt, die hängenden, gezwirbelten Petalia hingegen abwechslungsweise mit rot-braunen Punkten übersät. Die vorspringende Lippe ähnelt einer Röhre und ist braun-rot gefärbt. Die Kultur ist – wie auch bei anderen lithophytischen, kalkliebenden Arten – kompliziert. Ihre Blüten bildet die Pflanze im Frühling und Frühsommer; zuhause ist sie auf Borneo.

Paphiopedilum tigrinum

Intermediär bis thermophil

Die Blüten dieser Spezies werden durch braunrote Flecken verschönert, die – jedenfalls im Rahmen der Gattung – recht groß und auf ungewöhnliche Art über die Blätter verteilt sind. Trotz dieser Besonderheit entging die Art lange Zeit der Aufmerksamkeit der Botaniker, sodass sie erst am Ende des 20. Jahrhunderts beschrieben wurde. *P. tigrinum* ist ein mittelgroßer Frauenschuh; seine Blätter sind dünner als üblich und zeichnungslos. Man sollte die Spezies genau wie andere aus Südostasien stammende Vertreterinnen ihrer Gattung kultivieren. Die Blüten erscheinen im Frühjahr; zuhause ist diese Pflanze im Süden Chinas.

Paphiopedilum tigrinum

Paphiopedilum tonsum

Paphiopedilum tonsum ⊡ ▣ ☺

Intermediär bis thermophil

Dieser Frauenschuh kommt in der freien Natur noch recht häufig vor. Was die Färbung der bis zu 20 cm langen Blätter und der Blüten angeht, ist diese Art ziemlich variabel (jedes Blatt ist oberseits hübsch marmoriert, während die Unterseite rot oder grün sein kann). Typisch für die bronzegrünen Blüten sind spärliche dunkle Flecken, die sich vorwiegend an den Rändern und Achsen ihrer Petalia finden. Anders als die weitaus meisten *Paphiopedilum*-Orchideen ist *P. tonsum* nicht auf kalkhaltige Böden angewiesen. Man pflegt diese Art genau wie andere normale Frauenschuhe. Sie blüht im Frühling und wächst auf Sumatra.

Paphiopedilum tranlienianum ⊡ ☺

Intermediär bis thermophil

Dieser „letzte Schrei" unter den Frauenschuhen wurde erst gegen Ende des zweiten Jahrtausends entdeckt. Seine Beschreibung erfolgte in Deutschland unter dem hier angegebenen Namen, während er in Vietnam die Bezeichnung *P. caobangense* erhielt. Es versteht sich von selbst, dass die Gültigkeit des Namens umstritten ist… *P. tranlienianum* ist nah mit *P. barbigerum* verwandt. Ein Exemplar in voller Pracht fällt vor allem durch das Missverhältnis zwischen den schönen, 5–7 cm weiten Blüten auf ihrem kurzen Stiel und der 10–15 cm messenden Rosette aus schmalen, rein grünen Blättern auf.
Diese Orchidee wächst auf niedrigen Kalkhügeln; in der Kultur muss man ihr daher die gleichen Bedingungen bieten. Es bleibt nur zu hoffen, dass man seine Blüten auch in Zukunft im nordvietnamesischen Frühling bewundern kann.

Paphiopedilum venustum ⊡ ☺

Kryophil bis intermediär

Dieser Frauenschuh wirkt makellos: die Blätter sind ebenso dekorativ wie die Blüten; er hat ideale Proportionen, und seine Ansprüche an die Kultur können selbst Anfänger befriedigen. Auch aus historischer Sicht nimmt dieser Frauenschuh eine Spitzenstellung ein: er war 1819 die erste jemals in Europa (England) blühende Art. Die Pflanze bildet dichte Büschel aus mehreren Blattrosetten; die Blätter sind dunkelgrün gefärbt und haben rote

Paphiopedilum tranlienianum

Paphiopedilum venustum

Unterseiten. Der bis zu 15 cm lange Stiel trägt jeweils nur eine Blüte. Das obere Sepale ist weiß mit markanten grünen Streifen, während die stumpfen Petalia weinrot und mit mehreren auffallenden dunklen Papillen geschmückt sind. Die Lippe ziert eine kräftige braun-grüne Marmorierung. Pflegen Sie diese Spezies genau wie *P. insigne*. Ihre Blüten erfreuen uns im Winter. *P. venustum* stammt aus dem Himalaja-Gebiet.

Paphiopedilum vietnamense

Thermophil

P. vietnamense wurde erst gegen Ende des 20. Jahrhunderts entdeckt und bietet ein trauriges Beispiel für den ungleichen Kampf zwischen Handelsintereressen und Naturschutz. In ihrem einzigen bekannten Habitat in Vietnam ist die Art heute nicht mehr zu finden: die Pflanzen wurden kurz nach ihrer Entdeckung restlos ausgegraben und unter der Hand an Frauenschuhliebhaber verkauft, wo sie heute als künstlich gezüchtete Exemplare laufen… Die Blüten dieser Art erinnern irgendwie an jene von *P. delenatii* – immerhin gehören beide Frauenschuhe zur gleichen Sektion namens *Brachypetalum*. Ihr oberes Sepale ist hellrosa, und die ebenso gefärbten Petalia sind auffällig breit-oval. Die Lippe zeigt eine weinrote Färbung. Kultivieren sollte man diese Spezies genau wie *P. delenatii*. Ihre genaue Blütezeit ist nicht bekannt; bei den meisten Exemplaren fällt sie in den Frühling.

Paphiopedilum vietnamense

Paphiopedilum villosum ▣ ■ ☺

Kryophil bis intermediär

Fast alle heute verkauften multiplen Hybriden stammen teilweise von dieser Art ab. Variabel sind hier sowohl die Farbe der Blüten als auch die Größe: ihre Blätter messen zwischen 25 und 40 cm. Die Pflanzen bilden dichte Büschel aus mehreren Rosetten, sodass die Blüten in größerer Zahl erscheinen. Da sie zwischen Herbst und Frühjahr erblühen, werden sie als Schnittblumen gezüchtet. Jeder der haarigen, bis zu 30 cm hohen Stiele trägt nur eine Blüte. Bei typischen Exemplaren ist das obere Sepale braun-grün mit weißem Saum. Die Unterart *P. villosum* var. *boxalii* besitzt hingegen ein mit markanten dunklen Flecken übersätes. Die Petalia sind ockerbraun. Die Lippe zeigt ein blasses Braunrot mit zarter Äderung. Kultivieren lässt sich *P. villosum* leicht (im Wesentlichen wie *P. insigne*). Das Substrat dieser Pflanze darf allerdings keine Blumen- oder Gartenerde enthalten! Im Sommer ist ein Feiluftaufenthalt sehr von Vorteil. Die Spezies stammt aus den submontanen Höhenlagen von Burma.

Paphiopedilum villosum

Paphiopedilum violascens

Paphiopedilum violascens ⊡ ▣ ☺ ☺

Thermophil

Dieser hübsche Frauenschuh wird schon seit langer Zeit kultiviert. Seine marmorierten Blätter werden maximal 20 cm lang; der einblütige Stiel ist nur wenig länger. Die mittelgroßen Blüten haben ein weißes oberes Petale mit purpurn-grüner Äderung. Auch die anderen Petalia sind purpurn geädert. Die kräftige Lippe ist blau-violett grün. *P. violascens* blüht zwischen Mai und Juli; ihre Herkunft mutet recht exotisch an, denn sie stammt aus Neuguinea – einem Orchideenfreunden wenig vertrauten Land.

Papilionanthe biswasiana

Papilionanthe biswasiana ▣ ■ ☺

Thermophil

Die Vertreterinnen der Gattung *Papilionanthe* sind nach wie vor häufig unter dem Namen *Vanda* bekannt, obwohl sie wegen großer morphologischer Unterschiede davon getrennt wurden. Sie haben schwächliche, bis zu 2 m lange Stängel, die nur spärlich mit dicken, 10–15 cm langen zylindrischen Blättern besetzt sind. *P. biswasiana* bildet an einem kurzen, waagrecht hervorragenden Stiel etwa 3–5 rosa Blüten, die bei 5 cm Durchmesser im Vergleich mit denen der folgenden Art recht klein sind. Ihr auffälligstes Merkmal ist der lange, nach unten zeigende Sporn, der eine stark verdickte Basis besitzt und unter dem „Schutzdach" der rosa Tepalia sitzt. Für die Kultur gelten im Wesentlichen die gleichen Regeln wie bei thermophilen *Vanda*-Orchideen. Blüten bildet diese Art im Februar. Das Foto unseres Exemplars entstand in Thailand.

Papilionanthe teres ▣ ■ ☺

Thermophil

Diese Orchidee ist wohl die bekannteste Art der Gattung *Papilionanthe*. Wer könnte je den Anblick ihrer schmetterlingsartigen, maximal 10 cm weiten Blüten vergessen, von denen jeweils 2–5 einen

Papilionanthe teres

Stiel zieren? Die Tepalia dieser Art sind rosa-weiß gefärbt, während die „gestutzte" dreilappige Lippe purpurn mit gelber Äderung ist. Gewöhnlich wachsen die Pflanzen als Epi- oder Lithophyten an den scheinbar ungeeignetsten Stellen, zum Beispiel auf sonnenverbrannten Felsen an der Andamanen-See (unser Bild). Folglich muss man diese Art auch in der Kultur sehr warm und vor allem hell halten; dann gedeiht sie zwar in europäischen Sammlungen, doch bleiben Blüten leider seltene Ausnahmen. In ihrer Heimat (den Vorbergen des Himalaja, Burma, Thailand und Laos) erscheinen die Blüten zwischen März und Juni.

Papilionanthe teres

Pescatorea dayana

Paraphalaenopsis laycockii

Thermophil

Die Orchideen mit dieser Gattungsbezeichnung wurden früher *Phalaenopsis* zugeordnet. Während ihre Blüten dieser Klassifikation entsprechen, weisen die sukkulenten Blätter eine völlig abweichende Morphologie auf – sie sind zylindrisch geformt und ähneln eher denen der *Vanda-* bzw. (neuerdings) *Papilionanthe*-Orchideen als jenen der Gattung *Phalaenopsis*. Dass sie mit letzteren überhaupt nicht verwandt sind, belegten später vergebliche Versuche, die beiden Gattungen zu kreuzen. *P. laycockii* ist schwachwüchsig und nur schwer zu pflegen. Sie benötigt eine Epiphyten-Unterlage und mehr Licht als *Phalaenopsis*-Arten. Diese Art blüht unregelmäßig und stammt aus Borneo.

Paraphalaenopsis laycockii

Pescatorea dayana

Intermediär

Die etwa 17 einander morphologisch sehr ähnlichen Arten der kleinen Gattung *Pescatorea* werden oft mit *Huntleya-*, *Bollea-*, *Chondrorhyncha-* und *Kefersteinia*-Orchideen verwechselt. Ihre Blätter messen 15–30 cm und bilden einen dichten irisartigen Fächer. Die duftenden Blüten gehen aus kurzen Scheiden an den Basen der Blattrosette hervor und sind sehr schön. Sie haben breite, symmetrische Tepalia und eine kleine, unauffällige, manchmal mit bewimperten Fortsätzen geschmückte Lippe. Die weitaus meisten Pflanzen wachsen als Epiphyten – manche auch terrestrisch – in dicken Schichten organischen Materials; daher sollte man sie mit einem Büschel Torfmoos auf Holzunterlagen montieren. Die Pflanzen brauchen recht intensives Licht. Die Spezies dieser Gattung blühen meist im zeitigen Frühjahr und wachsen in den Gebirgslagen eines Landstriches zwischen Costa Rica und Ecuador.

Phaius tankervilleae

Intermediär

Was die Kultur angeht, ist diese Spezies die wertvollste Vertreterin ihrer Gattung – und auch die bekannteste. Sie wächst gewöhnlich am Boden, d.h. im Humus lichter Wälder oder zwischen den Grasbüscheln der Savannen. Aus ihren eiförmigen Pseudobulben sprießt ein aufrechter, bis zu 60 cm hoher Stiel mit 5–10 Blüten. Zur purpurnen Lippe kommen elegante bräunliche Tepalia. Man züchtet die hübschen Blütenstände manchmal als Schnittblumen. Es empfiehlt sich, die Pflanzen in ziemlich schwerem humosem Substrat halbschattig zu halten und sie das ganze Jahr über zu gießen. Die Spezies blüht im Herbst und im Winter. Früher war sie nur in Südostasien und Australien sowie auf den Inseln des Pazifik heimisch; durch menschliches Einwirken fasste sie auch auf Hawaii, Kuba und Jamaika sowie in Panama Fuß.

Phalaenopsis amabilis ⊡ ▣ ☺

Thermophil

Die Gattung *Phalaenopsis* gehört zu den weltweit wichtigsten Kultur- und Zuchtgattungen (vgl. das Kapitel Kreuzung und Zucht von Orchideen) – und es war die großblütige Spezies *P. amabilis*, die mit ihren Genen den meisten wichtigen modernen Hybriden dieser Gattung ihren Stempel aufdrückte. Morphologisch ähnelt sie anderen *Phalaenopsis*-Orchideen. Sie hat einförmige, fleischige, sattgrüne, stängellose Blätter, die bis zu 30 cm lang werden. Der aufrechte Stiel trägt 5–20 weiße Blüten mit gelblich und rot akzentuierten Zentren. Der Mittellappen ihrer Lippe spaltet sich in zwei Geißelfäden. Kultivieren muss man die Art wie *P. fimbriata*. Sie blüht zwischen Herbst und Frühjahr; zuhause ist sie in Indonesien, Neuguinea und Nordaustralien.

Phaius tankervilleae

Phalaenopsis amabilis

Phalaenopsis amboinensis ⊡ ▣ ☺

Thermophil

Alle botanischen *Phalaenopsis*-Arten brauchen warme Standorte mit überdurchschnittlicher Luftfeuchtigkeit; deshalb eignen sie sich kaum für die Fensterbank in der Wohnung. Wer nicht wenigstens einen kleinen Glaskasten o. ä. besitzt, in dem die Pflanzen auf ihre Kosten kommen, sollte besser auf die großblütigen Hybriden zurückgreifen, da jene viel resistenter sind. *P. amboinensis* gehört zu den großblütigen Arten; ihre Blätter messen bis zu 25 cm, während der Durchmesser der gelben Blüten mit den auffälligen Kreuzflecken 5 cm betragen kann.

Dieser Epiphyt blüht zwischen April und August; er stammt aus den feuchten Dschungeln von Ambon und Ceram (Indonesien).

Phalaenopsis amboinensis

Phalaenopsis aphroditae

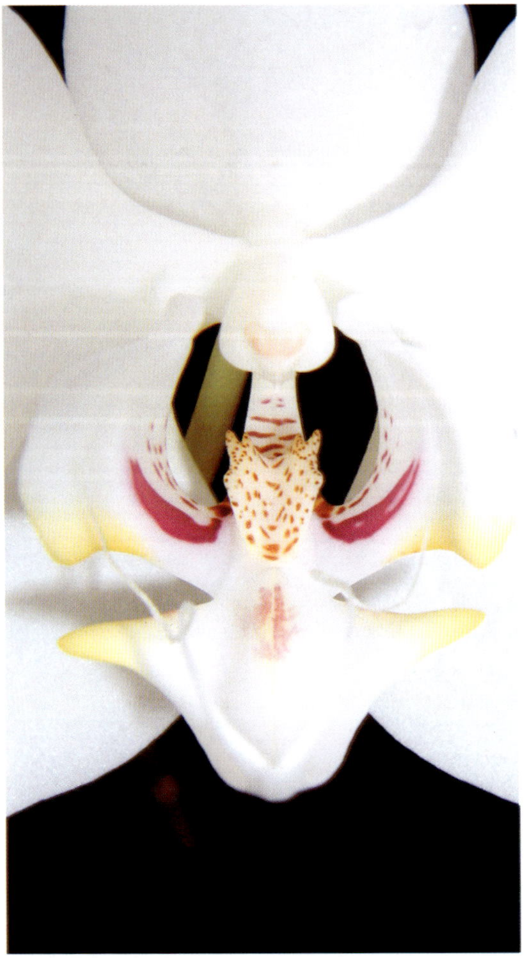

Phalaenopsis aphroditae ⊡ ▣ ☺

Thermophil

Diese Orchidee ähnelt äußerlich der Spezies *P. amabilis*, bleibt aber ein wenig kleiner. Ihre 6–8 cm weiten Blüten sind weiß mit rot, gelb und purpurn gezeichneter Lippe. Die begeißelten Fortsätze des mittleren Lippenlappens sind sehr lang und gezwirbelt.
Pflegen Sie diese Art genau wie andere *Phalaenopsis*-Orchideen. Mit Blüten ist hier im Winter zu rechnen. Heimat der Pflanze sind Thailand und die Philippinen.

Phalaenopsis braceana □ ⊡ 😐

Intermediär bis thermophil

Eine winzige, sehr hübsche Orchidee mit kleinen Blättern, deren „Assimilationssoll" durch die Fotosynthese der zahlreichen flachen Blätter miterfüllt wird, die in großen Abständen vom kurzen Stamm über die Unterlage ragen. Den hängenden Blütenstiel zieren 3–7 überaus prächtige Blüten. Ihre grünlich getönten Tepalia färben sich allmählich an der Basis braun-rot um; die Lippe hingegen zeigt ein leuchtendes Rosa.
An die Kultur stellt die Pflanze die gleichen Ansprüche wie andere *Phalaenopsis*-Orchideen. Sie blüht im Frühling und stammt aus Burma und Südchina.

Phalaenopsis celebensis ⊡ ▣ 😐 ☺

Thermophil

Diese sehr hübsche Orchidee ist erst selten in Sammlungen zu finden. Die geringe Größe ihrer Blüten wird durch deren Zahl mehr als ausgeglichen – die halbaufrechten oder hängenden Stiele können bis zu 30 von ihnen tragen. Zur weißen Grundfarbe kommen komplementäre orange-gelbe Flecken auf den seitlichen Tepalia bzw. ebensolche Streifen auf der Lippe.
Die Spezies blüht im Herbst und wurde auf Celebes entdeckt

Phalaenopsis cornu-cervi ⊡ ▣ 😐

Thermophil

Wenn sie in Blüte steht, wirkt diese Spezies sehr eigenartig – der schlanke Stiel trägt an seiner Spitze eine stattliche, manchmal keulenförmige, abgeflachte Blütenkerze. Die bis zu 5 cm weiten gelben Blüten sind mit braunen Punkten übersät; sie treten in langen Intervallen – bis sie bestäubt wurden – aus der Kerze hervor; jede einzelne kann

Phalaenopsis braceana

Phalaenopsis celebensis

Phalaenopsis cornu-cervi var. *alba*

die Pflanze mehrere Monate zieren! Diese Gebilde sind langlebig und wachsen überdies – jeweils nach einer Zeitlang – mehrmals weiter. Es gibt auch eine „Albino-Variante" namens *P. cornu-cervi* var. *alba* mit fleckenlos gelben Blüten.
Diese beliebte Orchidee blüht zwischen Mai und August. Zuhause ist sie auf der Malaiischen Halbinsel, Sumatra, Java und Borneo.

Phalaenopsis cornu-cervi

Phalaenopsis equestris var. *alba*

Phalaenopsis equestris

Phalaenopsis equestris ▣ ☺

Thermophil

Diese ungemein beliebte Vertreterin ihrer Gattung hat nur einen Schwachpunkt – kleine, wachsartige Blüten –, der allerdings durch deren Zahl und Langlebigkeit ausgeglichen wird. Es können sich gleichzeitig mehrere verzweigte Blütenstände bilden. *P. equestris* besitzt ovale, sattgrüne Blätter, die 15–20 cm messen können. Jeder der aufrechten, leicht gebogenen Blütenstände besteht aus bis zu 15 Blüten mit purpurner Lippe und hellrosa Tepalia. Es gibt auch eine weißblütige Variante namens *P. equestris* var. *alba*. Bei der Kultur geht man genau wie bei anderen *Phalaenopsis*-Arten vor. *P. equestris* blüht im Spätsommer und stammt von den Philippinen.

Phalaenopsis fimbriata ▣ ☺

Thermophil

Eine Art mit 25 cm langen Blättern und 15–20 weißlichen Blüten, die sich über einen gebogenen Stiel verteilen. Wie andere *Phalaenopsis*-Arten benötigt *P. fimbriata* einen Standort im Halbschatten mit gleichbleibend hoher relativer Luftfeuchtigkeit (aus diesem Grund ist sie auch nicht besonders für die Zimmerhaltung auf der Fensterbank geeignet). Die optimale Temperatur sollte sich ganzjährig etwa um 24–29 °C bewegen und darf lediglich im Winter – also wenn die Orchideen wegen Lichtmangels ihr Wachstum einstellen – auf 18–20 °C sinken. Das Substrat sollte zwischen den Wassergaben ruhig etwas austrocknen, darf aber weder völlig trocken noch dauerhaft zu feucht werden. Pflegen Sie die Art in Töpfen, in Epiphytenkörben oder auf Holzstücken mit einer Hand voll Torfmoos (letzteres kommt nur in ausreichend feuchten und luftigen Gewächshäusern infrage). *P. fimbriata* blüht zwischen April und August; ihre Heimat sind Sumatra und Java.

Phalaenopsis fimbriata

Phalaenopsis fuscata ▣ 😐 ☺

Thermophil

Diese nur sehr selten gepflegte Art ist bislang erst wenig bekannt. Sie besitzt mittelgroße Blüten (Durchmesser 2–4 cm) mit löffelförmiger Lippe. Auf einem kurzen Stiel sitzen jeweils 2–12 davon; ihre Lippe ist gelblich oder ockergelb mit braunroten Längsstreifen, während die übrigen Tepalia braune Basen und gelbe Spitzen haben. Mit Blüten ist zwischen März und April zu rechnen. Zuhause ist die Art auf der Malaiischen Halbinsel.

Phalaenopsis fuscata

Phalaenopsis gibbosa

Phalaenopsis gibbosa □ ▣ 😐 ☺

Thermophil

Eine hübsche Zwergart, die nah mit der ihr sehr ähnlichen *P. parishii* verwandt ist. Wenn man sie auf Holzplatten kultiviert, bildet die epiphytische Orchidee zahlreiche assimilierende Wurzeln, deren Oberfläche oft die der kleinen Blätter übertrifft (letztere fehlen manchmal völlig). In den Blattachseln bilden sich 1–3 bis zu 15 cm hohe Stiele, die jeweils 8–10 Blüten tragen (bei Kulturpflanzen bleibt deren Zahl häufig geringer). Von ihrer Form her ähneln diese Blüten denen verwandter Spezies: die Lippe zieren zwei mehr oder minder ausgeprägte gelb-braune Flecken. Pflegen Sie diese Art genau wie andere *Phalaenopsis*-Orchideen. *P. gibbosa* blüht im zeitigen Frühjahr; entdeckt wurde sie in Laos und Vietnam.

Phalaenopsis gigantea ▣ ■ 😐 ☺

Thermophil

P. gigantea ist die stattlichste Art der gesamten Gattung. Ihre schlaff herabhängenden, bläulichgrünen Blätter messen bis zu 50 cm. Der hängende Blütenstand erreicht eine Länge von 40 cm und trägt 15–25 weißliche, braun-rot gefleckte Blüten mit winziger Lippe. Die Färbung der bis zu 5 cm weiten Gebilde ist recht variabel. *P. gigantea* wird wie andere thermophile *Phalaenopsis*-Arten kultiviert, wegen der schweren Blätter jedoch nur als Epiphyt. Sie blüht zwischen Juni und Herbst; ihre Heimat ist die Insel Borneo.

Phalaenopsis gigantea

Phalaenopsis hieroglyphica

Phalaenopsis x intermedia

Phalaenopsis hieroglyphica ⊡ ▣ ☺

Thermophil

Diese Orchidee ist nah mit der Spezies *P. lueddemanniana* verwandt und galt früher als Unterart derselben. Der einzige Unterschied liegt in der Färbung der Blüten – die kreuzweisen Streifen bzw. Punkte sind zarter und braun-rot. Auf den ersten Blick erinnern sie an altägyptische Schriftzeichen (daher auch der lateinische Artname). Auffälligerweise fallen sie nach der Bestäubung nicht ab, sonder werden etwas dicker und grüner: so dienen sie zur Fotosynthese und als Speicherorgane, bis die Samen reif sind.
Pflegen Sie diese Art genau wie *P. fimbriata* und entfernen Sie nie den verblühten Stiel, denn er wird noch mehrere Jahre Blüten bilden und überdies Tochterpflanzen tragen. Die Blütezeit beginnt gewöhnlich im Frühling und Frühsommer; zuhause ist die Art auf den Philippinen.

Phalaenopsis x *intermedia* ⊡ ▣ ☺

Thermophil

Das „x“ zwischen Gattungs- und Artname dieser Orchidee deutet an, dass sie eine Kreuzung ist – die erste natürliche *Phalaenopsis*-Hybride, welche der Botanik bekannt wurde. Sie kam in der philippinischen Wildnis zustande; ihre Eltern sind *P. aphrodite* and *P. equestris*.

Phalaenopsis lobbii □ ☺

Thermophil

Eine hübsche Zwergart, die sich auch für Liebhaber-Gewächshäuser und Zimmerbehälter eignet. Die Pflanze ähnelt der Spezies *P. parishii* und braucht wenig Platz – die hängenden Blätter messen kaum 10 cm. Die Blüten sind klein, aber prächtig; jeder der hängenden Stiele trägt 3–8 davon. Diese Art bildet gleichzeitig mehrere Blütenstände. Ihre schneeweißen Blüten sind vertikal verlängert und haben eine weiße Lippe mit kaffeebrauner Zeichnung. Diese Spezies blüht im Winter und Frühjahr; daheim ist sie in den Dschungeln von Südostasien.

Phalaenopsis lobbii

Phalaenopsis lowii

Phalaenopsis lowii ⊡ ▣ ☺

Thermophil

Orchideenfreunde verwechseln diese Art manchmal mit der kleinblütigen Zwergart *P. lobbii*, da sie einen ähnlich klingenden Namen trägt. *P. lowii* ist eine mittelgroße Orchidee, die außerhalb der Blütezeit an kleinere Exemplare von *P. amabilis* erinnert. Ihre bis zu 5 cm weiten Blüten sind auch ähnlich geformt; sie weisen jedoch eine hellrosa Färbung auf, und ihre purpurne Columna ist schnabelartig ausgezogen. Die Lippe ist ebenfalls purpurn, doch fehlen ihr die für *P. amabilis* typischen paarigen Anhängsel.
Der bis zu 40 cm hohe Blütenstand trägt zwischen Juli und Oktober 5–12 Blüten. Entdeckt wurde *P. lowii* in Burma.

Phalaenopsis lueddemanniana

Phalaenopsis lueddemanniana var. *delicata*

Phalaenopsis lueddemanniana ⊡ ▣ ☺

Thermophil

P. lueddemanniana ist in Sammlungen die häufigste botanische Art, weil sie sich leicht vegetativ vermehren lässt: nach dem Verblühen bilden sich an den Stielen wiederholt Tochterpflanzen. Die Blüten sind so variabel, dass manche Varianten heute als selbstständige Arten gelten (vgl. *P. hieroglyphica*). Typische Pflanzen haben fleischige, bis zu 5 cm weite weißliche Blüten mit dichten, kreuzweise verteilten Purpurflecken. Die Blütenlippe ist im Zentrum behaart. *P. lueddemanniana* dient zur Zucht von sternförmigen Blütentypen. Ihre Kultur ist einfach und unterscheidet sich nicht

Phalaenopsis lueddemanniana var. pulchra

Phalaenopsis modesta

Phalaenopsis modesta ⊡ ☹

Thermophil

Diese ausgesprochen wärme- und feuchtigkeitsliebende Art „imitiert" in ihren Ansprüchen *P. violacea*. Ihre extrem verkürzten Stämme haben relativ wenige fleischige Blätter. Der Blütenstiel trägt nur 1–2 Blüten auf einmal, wächst aber mehrmals weiter, sodass sich die Blütezeit beträchtlich verlängern kann. Die Basen der weißen Tepalia sind kreuzweise mit glänzend purpurnen Streifen verziert, die oft größere Flecken bilden; am Ende der ebenso gefärbten Lippe befinden sich zwei bewimperte Fortsätze. Man pflegt diese Art als Epiphyt oder im Topf an schattigen, feuchten Standorten in warmen Gewächshäusern. Sie blüht unregelmäßig und stammt aus Borneo.

von der anderer thermophiler Arten dieser Gattung. Man sollte die verblühten Blütenstände nicht entfernen und die vegetativ entstehenden Tochterpflanzen erst abtrennen, wenn sie mehrere Blätter und eigene Wurzeln haben. Diese Spezies blüht zumeist im Frühjahr und Frühsommer; sie stammt von den Philippinen.

Phalaenopsis parishii ☐ ☺

Thermophil

Eine heiß begehrte (und zu Recht hoch geschätzte) Zwergform. *P. parishii* bietet im Hinblick auf die Kultur nur Vorteile – geringe Größe, schöne Blüten und bescheidene Ansprüche. Was ihre grünen Teile betrifft, unterscheidet sie sich nicht von der verwandten Art *P. lobbii*, doch hat sie hübschere Blüten; diese sind 2 cm weit, mit verbreiterter, ocker-purpurner, im Zentrum behaarter Lippe. Man sollte diese liebenswerte Orchidee nur als Epiphyt an senkrechten Holzunterlagen kultivieren. Sie blüht zwischen Mai und Juni. Entdeckt wurde die Art in Burma und anderen Ländern Südostasiens.

Phalaenopsis parishii

Phalaenopsis schilleriana

Phalaenopsis schilleriana ▣ 😐 ☺

Thermophil

Im Rahmen ihrer Gattung ist diese Spezies auf zweierlei Art ungewöhnlich: die Blattoberseiten sind mit dekorativen silbrigen Flecken übersät, während die Wurzeln einen auffällig flachen Querschnitt aufweisen und viel Cholorophyll enthalten. Der gebogene, verzweigte Blütenstand besteht aus bis zu 30 etwa 5–6 cm weiten rosa Blüten. Die Lippe hat ein gelbes Zentrum und ist wie die unteren Tepalia mit roten Punkten übersät. Die Blütezeit liegt zwischen Februar und Mai. In der Vase welken die nicht sehr langlebigen Blüten sehr rasch. Man kann die Art im Topf oder als Epiphyt pflegen (am besten in Moos gehüllt). Sie stammt von den Philippinen.

Phalaenopsis stuartiana ▣ 😐 ☺

Thermophil

Diese Pflanze ähnelt äußerlich der vorigen Art – die Oberseiten ihrer Blätter sind ebenfalls hübsch marmoriert. Eine andere Färbung zeigen die Blüten: die obere Hälfte ist reinweiß, die untere (einschließlich der Lippenbasis) hingegen gelblich mit markanten braun-roten Flecken. Pflegen Sie diese Art genau wie die häufiger in Sammlungen vertretene vorige. *P. stuartiana* blüht im Winter und im zeitigen Frühjahr. Die Spezies ist in den feuchten Dschungeln der Philippinen weit verbreitet.

Phalaenopsis venosa ⊡ 😐

Thermophil

Die Blätter dieser extrem seltenen Art ähneln in Größe und Aussehen denen von *P. violacea*. Die prächtigen, zerbrechlich wirkenden Gebilde sind 4 cm weit; am 15 cm langen Stiel bilden sich (manchmal wiederholt) stets nur wenige. Sie sind braun-rot mit grün-gelben Rändern und weißem Zentrum. Die Lippe ist winzig. Die Kultur erfolgt wie bei den vorigen Arten; diese Pflanze benötigt ganzjährig eine überdurchschnittlich hohe relative Luftfeuchtigkeit. Sie blüht im Sommer und wurde auf Celebes (Indonesien) entdeckt.

Phalaenopsis stuartiana

Phalaenopsis venosa

Phalaenopsis violacea ⊡ ▣ 😐

Thermophil

Außerhalb der Blütezeit hat die Pflanze nichts Besonderes vorzuweisen: ihre länglich-elliptischen, 25 cm langen Blätter lösen keine große Begeisterung aus. Das ändert sich jedoch schlagartig in der Blütezeit, wenn sich am kurzen, hängenden Blütenstand etwa 2–4 große, sternförmige, symmetrische Blüten zu entfalten beginnen. Ihre Grundfarbe ist ein grünliches Weiß, das zum Zentrum hin allmählich einem dunklen Purpurton weicht (dieser Blütentyp wird nach seiner Herkunft als „malaiisch" bezeichnet). Die Blüten von Pflanzen aus Borneo sind viel stärker purpurn gefärbt („Borneo-Typ"). Es gibt auch eine weißblühende Variante. *P. violacea* eignet sich hervorragend für feucht-warme, nur mäßig besonnte Zimmerbehälter. Der scheinbar verwelkte Blütenstand „erwacht" wiederholt zu neuem Leben und sollt daher niemals nach dem Abfallen der Blüten entfernt werden. Man kann diese Pflanze auf der Malaiischen Halbinsel, Sumatra und Borneo finden.

Phalaenopsis violacea

Phalaenopsis wilsonii ⊡ ▣ ☺

Thermophil

In Orchideensammlungen ist *P. wilsonii* immer noch extrem selten. Erst kürzlich hat man sie der Gattung *Kingidium* zugeordnet; in der Tat zeichnet sie sich beispielsweise durch ihre spärlichen auffällig gefärbten, abfallenden Blätter und die Form der Lippe aus. Sie bildet zahlreiche flache Luftwurzeln. Ihr bis zu 20 cm langer Blütenstand kann 3–10 rosa Blüten mit imposanten purpurn-gelben Lippen tragen. Pflegen Sie die Art wie andere thermophile *Phalaenopsis*-Orchideen. Die Pflanze blüht zwischen März und Juni; sie kommt ausschließlich in China vor.

Phalaenopsis wilsonii

Pholidota chinensis

Pholidota chinensis ▣ ☺

Kryophil bis intermediär

Die Gattung *Pholidota* ist nah mit den *Coelogyne*-Orchideen verwandt. *P. chinensis* besitzt schmale, ovale Pseudobulben, die bis zu 6 cm messen können und zwei Blätter tragen. Die etwa 2 cm weiten Blüten sind weißlich-beige gefärbt und haben nur geringen Schmuckwert, drängen sich aber in großer Zahl an dem hübschen, schweifartig herabhängenden Blütenstand. Dieser bildet sich gleichzeitig mit einem neuen Trieb. *P. chinensis* ist ein Epiphyt mit mäßig hohem Lichtbedürfnis. Man kann diese Pflanze auf hölzernen Unterlagen oder in durchbrochenen Hängetöpfen kultivieren. Sie blüht zwischen März und Mai; ihre Heimat sind Südchina und der Norden von Vietnam.

Phragmipedium besseae

Phragmipedium besseae var. *flava*

Phragmipedium besseae ▣ 😐 ☺

Intermediär

Die Spezies *P. besseae* ist ein lebender Beweis dafür, dass man in der Wildnis sogar heute noch Orchideen mit prächtigen Blüten entdecken kann. Man fand sie erst 1981 in Tarpato (Peru). Diese Exemplare wurden nichtblühend in die USA gebracht, wo sie zum allgemeinen Erstaunen prächtige, leuchtendrote Blüten bildeten! Bis dahin war diese Farbe bei amerikanischen (und sogar den viel formenreicheren asiatischen) Frauenschuhen völlig unbekannt. Leider verbreitete sich die Kenntnis ihres genauen Fundortes, und die dortige Population wurde völlig ausgeplündert. Glücklicherweise entdeckte man *P. besseae* (mit etwas mehr orange gefärbten Blüten) später auch in Ecuador. Mittlerweile konnte die Art in ausreichender Zahl durch Samen vermehrt werden, sodass ihr nicht länger die Ausrottung droht. Heute kennt man mehrere Farbvarianten, z.B. orange, gelbe (var. *flava*) und viele Übergangsformen; dennoch ist die leuchtendrote Urform nach wie vor unschlagbar. Was die Kultur angeht, gibt es keine merklichen Unterschiede gegenüber anderen Arten der Gattung (vgl. *P. lindleyanum*).

Phragmipedium caudatum ▣ ■ 😐 ☺

Intermediär

Die Blüten einiger Vertreterinnen der Gattung *Phragmipedium* sind ebenso schön wie jene von *Paphiopedilum*-Orchideen; leider erweisen sie sich als sehr kurzlebig und fallen oft schon nach

Phragmipedium caudatum

Phragmipedium caudatum var. *walichii*

2–3 Tagen ab. Überdies öffnen sie sich nacheinander. Die Spezies *P. caudatum* bildet in dieser Hinsicht eine Ausnahme. Ihre Blüten halten länger aus, und es können mehr als eine gleichzeitig erblühen. Ihr nur zwei oder drei Blüten tragender Stiel wird bis zu 80 cm hoch, während die Blätter 40 cm messen können. Typisch für die weißen Blüten mit ihrer markanten grünen Äderung sind ihre stark verlängerten, bandartigen roten Petalia – sie werden manchmal so lang, dass sie den Boden berühren! Was Färbung und Form der Blüten angeht, gibt es bei dieser Art mehrere Varianten. So fand man in Ecuador seltsame Exemplare ohne schuhartige Lippe; eine genauere Untersuchung offenbarte auch in anderer Hinsicht Unterschiede, sodass diese Pflanzen heute *P. lindenii* heißen (von dieser Art existiert auch eine Standardform mit schuhartiger Lippe). Unsere Spezies wächst überwiegend auf Sandböden oder an Tuffhängen von Vulkanen. Sie blüht im Herbst, und man findet sie in Guatemala, Costa Rica, Panama, Kolumbien, Venezuela, Ecuador und Peru.

Phragmipedium chapadense

Phragmipedium Grande

Phragmipedium chapadense ▣ ■ ☺ ☺

Intermediär

Die neuweltliche Gattung *Phragmipedium* ist gewissermaßen eine „Doppelgängerin" der ihr täuschend ähnlichen *Paphiopedilum*-Orchideen Asiens: beide besitzen Blüten mit typisch schuhförmigen Lippen, die ihnen den Spitznamen „Frauenschuhe" einbrachten. Neben ihrer geographischen Herkunft sind aber auch noch andere Unterschiede zu verzeichnen: *Phragmipedium*-Orchideen zeichnen sich durch ein Ovarium mit dreischichtiger Hülle, segmentierte Blütenstiele und den nach innen umgestülpten Rand der schuhähnlichen Lippe aus; bei *Paphiopedilum*-Orchideen hingegen besitzt das Ovarium nur eine Hülle, der Stiel ist ungegliedert und der Lippensaum nicht umgekrempelt. Die meisten *Phragmipedium*-Arten sind stattliche, terrestrische Pflanzen mit langen, schmalen und spitzen Blättern. *P. chapadense* besitzt elegante Blüten, welche meist zu zweit oder zu dritt auf einem etwa 40–50 cm langen Stiel sitzen. Geprägt werden sie von langen, weinroten Petalia, die bis zu 15 cm lang werden und fast waagerecht zur Seite ragen. Pflegen Sie diese Spezies wie andere *Phragmipedium*-Orchideen. Entdeckt hat man die Pflanze in Brasilien.

Phragmipedium Grande ▣ ■ ☺

Intermediär

In der Natur würde man vergeblich nach dieser Blume suchen – sie entstand durch gezielte Kreuzung der Arten *P. caudatum* und *P. longifolium*. Dank ihrer ungemein bescheidenen Ansprüche (die sie fast unverwüstlich machen!) wurde sie zu einer wahren „Volkshybride", die man heute oft in Gewächshäusern züchtet. Die Eltern schenkten ihr stattliche Blattrosetten und Blüten – erstere messen bis zu 45 cm. Leider erbten die hübschen rotgrünen Blüten von ihnen auch die sehr kurze Lebensdauer. Man kultiviert diese Spezies wie andere Standard-Vertreterinnen der Gattung. Mit Blüten kann man das ganze Jahr über rechnen.

Phragmipedium klotzschianum ▣ ☺

Intermediär

In der Wildnis findet man diese Spezies an den Ufern von Wasserläufen oder in regelmäßig überschwemmten Gegenden – ihrem überdurchschnittlichen Feuchtigkeitsbedarf muss man auch in der Kultur Rechnung tragen. Mit kaum 25 cm langen Blättern zählt *P. klotzschianum* zu den kleineren Arten der Gattung. Die kompakten Blattrosetten sind gewöhnlich fünfteilig; die Blütenähre trägt 2–3 Blüten und erreicht allmählich 30 cm Länge. Die Tepalia sind braun-rot, während die Farbe der Lippe von gelb bis gelb-grün variiert.
Pflegen Sie die Art genau wie andere *Phragmipedium*-Orchideen im Halbschatten; das Substrat wird in längeren Intervallen mit Regenwasser durchfeuchtet. Die Blüten erscheinen im Winter. Heimat der Pflanze sind Guyana und Venezuela.

Phragmipedium lindleyanum ■ ☺

Intermediär

Eine recht stattliche Vertreterin der Gattung mit meist fünfteiligen Rosetten. Die einzelnen Blätter werden bis zu 50 cm lang. Der vielblütige, aufrechte und manchmal sogar verzweigte Stiel dieser Pflanze erreicht 1 m Höhe. Die Blüten (Durchmesser 8 cm) sind gelb oder gelb-grün mit stumpfroter Äderung. Die gelbe Lippe zeigt meist einen Anflug von Rot und eine rötliche Äderung. Die Außenseite der Sepalia ist dicht mit Haaren bewachsen.
Man findet die Pflanzen an exponierten und schattigen Stellen, meist auf humusbedeckten Felsplatten. Sie blüht im Winter; ihre Heimat sind Guyana und Venezuela.

Phragmipedium lindleyanum

Phragmipedium longifolium

Phragmipedium longifolium ■ ☺

Intermediär

Dies ist die größte aller *Phragmipedium*-Orchideen – ihre Blätter messen 60 cm, und der Blütenstand wird über 1 m lang. Der leiterförmige Blütenstiel trägt bis zu 10 kurzlebige Blüten, die sich nacheinander öffnen. Sie haben jeweils bis zu 15 cm Durchmesser und prunken mit langen, vorspringenden grünen Petalia. Ihre braun-grüne Lippe ist glatt und relativ klein. Obwohl die Pflanze nur bescheidene Ansprüche stellt, ist sie wegen ihrer Proportionen eher ungeeignet und wird nur zur Zucht verwendet. Die Blüten erscheinen unregelmäßig. Heimat dieser Art sind Costa Rica, Panama, Kolumbien und Ecuador.

Phragmipedium pearcei

Phragmipedium pearcei ▣ 😐 ☺

Intermediär

Der größte Vorzug dieser Art sind die schönen, zerbrechlich wirkenden Blüten. Die Blattrosetten gleichen denen ihrer mittelgroßen Verwandten. Am aufrechten Stiel öffnen sich nacheinander mehrere relativ große Blüten, die sich in der Regel 3–5 Tage halten. Sie weisen eine filigranartige grün-weiße Färbung mit braunen Flecken an den Rändern auf. Die länglichen, abwärts zeigenden Petalia haben rötliche Spitzen.
Diese terrestrische oder epiphytische Art ist recht anpassungsfähig – schließlich besiedelt sie in der Natur Höhenlagen zwischen 300 und 1100 m. Sie blüht im Sommer und wächst in den Flusstälern von Costa Rica, Kolumbien, Ecuador und Peru.

Phragmipedium richteri ▣ ☺

Intermediär

Diese Spezies wurde bereits 1944 anhand von Pflanzen beschrieben, die man damals schon seit mehreren Jahren in Sammlungen pflegte und für natürliche Hybriden hielt. Die Blüten zeigen eine exquisite Farbkombination: die aufgeblähte weißliche Lippe trägt außen eine grünliche Äderung mit Ansammlungen dunkler Flecken.
Man kultiviert *P. richteri* in Töpfen mit einer leicht humosen Mischung aus Torf, Styropor, Perlite, Sand, Moos etc. Alle Arten dieser Gattung brauchen mehr (diffuses) Licht als *Paphiopedilum*-Orchideen. Das Substrat sollte stets etwas feucht sein, und die Pflanzen schätzen gelegentliches Übersprühen der Blätter ebenso wie eine kräftige Düngung.
P. richteri blüht in der Kultur ganzjährig und stammt aus Peru.

Phragmipedium richteri

Phragmipedium sargentianum ▣ ■ ☺

Intermediär

Die Rosetten bestehen bei dieser Spezies gewöhnlich aus sieben bis zu 50 cm langen Blättern. Am aufrechten Stiel öffnen sich nacheinander 2–4 Blüten. Ihre Grundfärbung ist grün; sie schlägt an der Lippe allmählich in gelb um, während deren Oberseite mit roten und grünen Flecken übersät ist. Außerdem besitzt die Blüte zwei Petalia mit purpurnen Säumen und Spitzen, die bis zu 6 cm lang werden können. An die Kultur stellt diese Art keine besonderen Ansprüche. Sie ist mit *P. lindleyanum* verwandt und blüht unregelmäßig (zumeist gegen Ende des Winters und im Frühjahr). Ihre Heimat ist Pernambuco (Brasilien).

Phragmipedium sargentianum

Pityphyllum amesianum

Pityphyllum amesianum □ ▣ ☺

Intermediär

Eine „Zugabe" für Freunde seltsam geformter Epiphyten: die Spitzen ihrer dicken, pseudobulbenartigen Stämme schmücken bürstenartige Büschel aus vielen hübsch gestreiften Blättern. Wenn die Pflanze weiterwächst und sich verzweigt, entstehen in den Blattachseln weitere 1–3 Triebe, sodass die Blattbüschel recht eigenartig wirken. Die weißlichen Blüten sind unscheinbar und klein (2–4 mm). *P. amesianum* ist schwer zu pflegen: montieren Sie die Pflanze mit ein wenig Moos auf eine hölzerne Unterlage; sie braucht ganzjährig einen mäßig feuchten und gut belüfteten Standort. Wenn man die Wurzeln austrocknen lässt, wirft sie ihre Blätter unwiderruflich ab. Diese Art kann das ganze Jahr hindurch blühen. Das Exemplar auf unserem Foto wurde nahe der kolumbianisch-venezolanischen Grenze abgelichtet.

Platystele sp., Mexiko

Platystele ☐ ⊡ ☺

Intermediär bis thermophil

Diese buschige Zwergorchidee bildet große Massen winziger gelber Blüten. Die insgesamt 6 Arten der kleinen Gattung *Platystele* sind nah mit den *Pleurothalis*-Orchideen verwandt. Ihr kriechender Stamm verzweigt sich vielfach, und jeder Trieb endet in einem 3–4 cm langen Blatt. Die Blüten der abgebildeten Spezies bilden zweireihige Blütenstände, welche an der Blattbasis entsprießen und nie länger als die Blätter selber werden. Jeder davon trägt eine große Anzahl etwa 3–4 mm weiter Blüten mit sattgelber Lippe, die sich nacheinander öffnen. Nachdem sie verwelkt sind, schwellen die einzelnen Fruchtknoten – sogar jene, die nicht bestäubt wurden – zu eigenartigen Gebilden mit kammartigen Anhängseln auf beiden Seiten. Die Stiele halten sich manchmal über ein Jahr, werden dabei immer länger und bilden an ihren Spitzen neue Blüten, die kontinuierlich aufblühen (meist 1–2 gleichzeitig). Dank dieser Eigenart blüht die abgebildete Pflanze mittlerweile seit 12 Jahren ununterbrochen! Man kultiviert diese Art ähnlich wie andere *Pleurothalis*-Orchideen. Aufgrund ihrer geringen Größe braucht sie einen ausreichend feuchten Standort, und man muss sie häufig übersprühen. Entdeckt wurde sie in Palenque (Mexiko), doch kennt man auch Vorkommen in anderen Ländern Mittel- und Südamerikas.

Pleione formosana

Pleione ⊡ ☹

Kryophil bis intermediär

Die Gattung *Pleione* umfasst zumeist terrestrische, kryophile (sogar frostharte) Arten. Dennoch werden die *Pleione*-Arten hier im Abschnitt „Tropische Orchideen" behandelt – aufgrund der Morphologie und ihrer Lebenszyklen ähneln sie stark tropischen Spezies. Die Pflanzen bilden normale, feste, fleischige Pseudobulben von breiter, konischer oder kugeliger Form. An ihren Spitzen tragen diese ein bis zwei länglich-elliptische, recht schlaffe Blätter mit ausgeprägter Längsäderung, die vor Wintereinbruch abgeworfen werden. Bei alpinen Arten entwickeln sich die Einzelblüten im Vorfrühling zusammen mit den Neutrieben (zu dieser Gruppe gehören auch Arten wie *P. limprichtii* und *P. formosana*); die stärker thermophi-

Pleione yunnanensis

Pleione hookeriana

Pleione saxicola

len Spezies blühen hingegen erst im Herbst nach Abwerfen der Blätter (hierzu zählen neben *P. maculata* z.B. auch *P. humilis*, *P. hookeriana*, und *P. praecox*). Die Blüten bilden sich einzeln oder paarweise auf kurzen Stielen. Die Lippe besitzt Längsrippen und einen bewimperten Saum. Sehr attraktiv wirken bei dieser Art auch die grünen, manchmal nur teilweise geöffneten Tepalia. Die beiden ökologischen Gruppen werden auf die gleiche Weise kultiviert; in einem kühlen Gewächshaus löst man ihr Wachstum im Frühjahr durch Temperaturen um 10–18 °C aus. Pflanzen Sie die kahlen Pseudobulben (sofern jene nicht im Substrat überwintert haben) in weite Keramiktöpfe oder -schalen mit einer Substratmischung aus Kiefernrinde, Styroporkugeln, Perlite, Holzkohle, Koniferennadeln und etwas Quarzsand. Bei kryophilen Blüten kann man Blumenerde hinzugeben, doch dann faulen die Wurzeln allzu leicht. Während der Wachstumsphase brauchen die Pflanzen viel Wasser, Dünger, Frischluft und Schutz vor praller Sonne. Gegen Ende des Sommers gießt man sie etwas sparsamer; die Überwinterung beginnt, sobald die Blätter abfallen oder (bei „herbstlichen" Arten) die Blüten verwelkt sind. In Mitteleuropa gelten die *Pleione*-Orchideen als „Steingartenpflanzen". Obwohl manche von ihnen im Schutz einer dicken Schneedecke sogar mitteleuropäische Winter überstehen können, sollte man sie doch besser in Kalthäusern oder Kellern überwintern. Wenn die Pseudobulben während dieser Phase zu stark auszutrocknen drohen, muss man sie in Plastikbeutel packen oder mit Torf abdecken. Die Orchideen der Gattung *Pleione* kommen in den submontanen und alpinen Regionen von Indien, Burma, Thailand und China vor.

Pleione maculata

Pleurothalis sp., Costa Rica

Pleurothalis □ ⊡ ▣ ☺

Intermediär bis thermophil

Die Arten dieser auffallend formenreichen Gattung (insgesamt annähernd 550 Taxa) sind meist klein oder gar winzig, bisweilen aber sehr stattlich. Als Beipflanzen haben sie großen Nutzen: ihre geringe Größe prädestiniert sie für kleinere Liebhaber-Glasbehälter und -gewächshäuser. Die Taxonomie dieser Gattung ist aufgrund der breiten geographischen Streuung ihrer Habitate sowie der Unauffälligkeit und Variabilität der Pflanzen noch recht undurchsichtig. *Pleurothalis*-Orchideen bilden keine Pseudobulben; die umgekehrt lanzettförmigen, ovalen oder löffelartigen Blätter entsprießen dünnen, kriechenden oder stark verkürzten Rhizomen mit kurzem, reduziertem Stamm. Sie sind manchmal stark sukkulent (vor allem bei *P. teres* aus Brasilien). Der Blütenstand bildet sich aus einer Blattachsel und trägt zahlreiche winzige Blüten. Diese zeigen eine ungewöhnliche Morphologie – verglichen mit den paarigen, teils geschlossen Sepalia sind die winzige Lippe und die übrigen Teile zwergenhaft. *Pleurothalis*-Orchideen lassen sich – vielleicht mit Ausnahme der alpinen Lithophyten – leicht pflegen. Montieren Sie die Pflanzen auf senkrechte Rindenstücke oder Holunderäste. Wenn es sich um Arten aus feuchten, warmen Habitaten handelt, legt man eine Hand voll Torfmoos unter. Lichtintensität und

Pleurothalis grobyi

Pleurothalis teres

Pleurothalis sp., Ecuador

Pleurothalis sp., Ecuador

Häufigkeit des Gießens orientieren sich jeweils an der Herkunft der jeweiligen Pflanze: kleinwüchsige Arten mit nicht besonders festen Blättern werden am besten an feuchten, halbschattigen Stellen aufgehängt und besprüht; Orchideen mit stärker sukkulentem Laub brauchen hingegen mehr diffuses Licht und eine kühle, trockene Wachstumspause. *Pleurothalis*-Arten bewohnen die Tropen Amerikas (zwischen Mexiko und Argentinien).

Pleurothalis sp., Peru

Polyrrhiza funalis

Polyrrhiza funalis □ ⊡ ☹ 😐

Intermediär

Der korrekte Gattungsname dieser Orchideen lautet in Wirklichkeit *Polyradicion*; Gärtnern sind sie jedoch in aller Regel unter der Bezeichnung *Polyrrhiza* bekannt. Diese Orchideen stellen wahre floristische Kuriositäten dar, deren Bedeutung weit über die Grenzen der Familie der *Orchidaceae* hinausreicht! Die *Polyrrhiza*-Arten und verschiedene andere Orchideengattungen (vgl. *Chiloschista*, *Microcoelia* etc.) können keine normalen Blätter mehr ausbilden. Die (über)lebenswichtige Fotosynthese wird hier ausschließlich vom Chlorophyll der grünlichen, sukkulenten Wurzeln erledigt. Diese flachen Gebilde entsprießen einem extrem verkürzten Zwergstamm; sie überwuchern die Unterlage oder bilden nestartige Strukturen.
Die Einzelblüten von *P. funalis* sind ziemlich groß und grünlich-weiß. Die herzförmige Lippe ziert ein grünlicher Sporn. Ihre Kultur verlangt eine gewisse Erfahrung: montieren Sie die „Wurzelbüschel" der Art auf bloße Holzunterlagen und hängen Sie das Ganze an eine gut belüftete Stelle mit sehr viel diffusem Licht. Die Pflanze muss häufig übersprüht werden, vor allem während der Sommermonate. *P. funalis* blüht in Kultur nur sehr unwillig, in ihrem natürlichen Habitat – Kuba und Jamaika – hingegen zwischen Februar und Mai.

Ponthieva maculata ⊡ ▣ ☺

Intermediär

Zu dieser kleinen Gattung gehören 25 überwiegend terrestrische Orchideen. *P. maculata* wächst als Epiphyt, gelegentlich auch auf dem Boden. Sie bildet keine Pseudobulben aus; ihre länglichen, stängellosen Blätter messen bis zu 25 cm und formen eine Rosette. Die aufrechte Blütendolde dieser Pflanze besteht aus einer großen Anzahl winziger Blüten mit weißlichen, blau bis purpurn gefleckten Tepalia und roter oder gelber Lippe. Die

Ponthieva maculata

fadenartigen Wurzeln dürfen auf gar keinen Fall völlig austrocknen. Die Art blüht im Winter und im Frühjahr; zuhause ist sie in Mexiko, Venezuela und Ecuador.

Porpax lanii □ 😐

Intermediär bis thermophil

Typisch für die Gattung *Porpax* sind Pseudobulben mit einer vollkommen flachen Oberseite, welche ihre Blätter für die Dauer der Trockenzeit restlos abwerfen – auf Ästen und Felsen sehen die „schlafenden" Pflanzen dann bemerkenswert aus. Nicht zu vergessen die Blütenpracht: bei dieser Spezies bilden sich an Neutrieben in den Achseln der Blattpaare ultrakurze Blütenstiele. Paarweise angeordnet sind auch die ziegelroten, grünlich marmorierten Blüten. Sie wirken recht bizarr – die Basen ihrer Sepalia sind miteinander verwachsen, sodass sich die Blüten nur teilweise öffnen können. *P. lanii* sollte wie ein normaler Epiphyt mit etwas höherem Lichtbedürfnis kultiviert werden. Nach dem Reifen der Pseudobulben brauchen diese Pflanzen eine längere Trockenphase. Die Art blüht zwischen Spätherbst und Frühjahr; sie stammt aus Südostasien.

Promenea xanthina □ ☺

Intermediär bis thermophil

Es ist eine Schande, dass diese Vertreterin der (nach Wuchsgröße und Artenzahl) kleinen Gattung *Promenea* nie in Sammlungen heimisch werden konnte, handelt es sich doch um eine wunderschöne Art mit nur 2 cm langen Pseudobulben. Die hängenden Stiele tragen jeweils 1–2 zitronengelbe Blüten mit roter Lippe, die mit 5 cm Durchmesser

Porpax lanii

im Verhältnis zur Pflanze riesig sind. *P. xanthina* ist ein Epiphyt mit mittlerem Lichtbedarf, der aber mehr Feuchtigkeit braucht und daher am besten in Hängetöpfen oder -körben mit leichtem Substrat gedeiht. Die Blüten öffnen sich zwischen Mai und August. Wie alle anderen *Promenea*-Arten stammt auch *P. xanthina* aus Brasilien.

Psychopsiella limminghei ☐ ☹

Intermediär bis thermophil

Diese prächtige Orchidee wurde lange Zeit (bis 1982) der Gattung *Oncidium* zugeordnet; seither bildet sie augrund ihrer Eigenarten (Form und Größe der grünen Teile, Farbe der Blätter und Anatomie der Blüten) eine eigenständige Gattung. *P. limminghei* ist eine wunderbar anmutende Zwergform, die „in Gold aufgewogen wird". Ihre flachen, kaum 2 cm messenden Pseudobulben tragen jeweils nur ein 2–4 cm langes Blatt mit roter Marmorierung. Beide Organe liegen dicht an der Unterlage an. Der dünne Stiel misst bis zu 10 cm und trägt meist nur eine Blüte von 3–4 m Durchmesser; sie hat eine hellgelbe Lippe und braungelbe Tepalia. Obwohl in der Fachliteratur manchmal das Gegenteil behauptet wird, ist diese „wetterwendische" Orchidee nicht leicht zu pflegen und recht „launisch". Man kultiviert sie auf Rinden- oder Aststücken im Halbschatten. Vermeiden Sie im Winter höhere Luftfeuchtigkeit! Die Blüten erscheinen zwischen Mai und August. Heimat der Pflanze ist Venezuela.

Promenea xanthina

Psychopsiella limminghei

Psychopsis krameriana

Psychopsis krameriana ▣ 😐 ☺

Intermediär bis thermophil

P. krameriana ist eine jener Arten, die bis 1982 zur Gattung *Orchidium* gerechnet wurden. Erst damals ordneten die Taxonomen sie einer kleinen Gattung mit nunmehr fünf Spezies zu. Was Aussehen, Kulturansprüche und Größe angeht, ist die Art eine Augenweide – die eiförmigen, 4 cm hohen Pseudobulben tragen je ein festes, länglich-elliptisches, mit roten Punkten übersätes Blatt; an den 50 cm langen Stielen erscheinen wiederholt Einzelblüten (weshalb man sie nie entfernen sollte). Die Blüten sind wahre Launen der Natur: sie wirken vor allem durch ein Trio aufrechter,

Psychopsis papilio

dunkelroter Tepalia, die an Schmetterlingsfühler erinnern (es ist kein Zufall, dass sich der Gattungsname vom griechischen Wort *psyche* = „Schmetterling“ ableitet). In den gelb-braunen, am Rand gewellten Tepalia kann man Schmetterlingsflügel erkennen. Die breite Lippe ist gewellt, mit gelbem Zentrum und braun geflecktem Saum. Man sollte die Art wie *P. papilio* pflegen. Sie blüht unregelmäßig das ganze Jahr hindurch. Dieses Prunkstück jeder Sammlung stammt aus Costa Rica, Panama, Kolumbien und Ecuador.

Psychopsis papilio ▣ 😐 ☺

Intermediär bis thermophil

Obwohl die Gattung *Psychopsis* bis in das Jahr 1838 zurückgeht, wurde ihr die bekannteste und schönste Vertreterin, *P. papilio*, erst 1975 zugeordnet. Bis zum heutigen Tage taucht sie gelegentlich als *Oncidium papilio* auf. Im Vergleich mit der sehr ähnlichen Spezies wird sie größer; der obere Teil ihrer „Schmetterlingsblüte“ ist abgeflacht, und die Columna weist typische „Flügel“ auf. Ihre Kultur ist nicht besonders kompliziert; man kann sie gleichermaßen im Topf oder als Epiphyt pflegen. Die Pflanze gedeiht auch in wärmeren Zimmerbehältern, muss aber vor übermäßigem Schatten und zu feuchten Wurzeln geschützt werden. Sie blüht unregelmäßig das ganze Jahr über; dabei darf man auf gar keinen Fall die Stiele abschneiden, weil sie ständig weiterwachsen und noch viele Monate oder gar Jahre Blüten bilden! Entdeckt wurde *P. papilio* im nördlichen Teil Südamerikas (u. a. in Ecuador und Peru).

Psychopsis versteegiana ▣ 😐 ☺

Intermediär bis thermophil

Zu dieser Gattung gehören 5 einander sehr ähnliche Arten. *P. versteegiana* unterscheidet sich von den übrigen u. a. durch einige Details der Columna-Morphologie, die geringere Größe der Blüten und den viel stattlicheren Körper. Ihre einblättrigen Pseudobulben messen 4–7 cm, während es die

Blätter auf bis zu 30 cm bringen. Nachdem die erste Blütengeneration verwelkt ist, verzweigt sich der Stiel weiterhin, bis er am Ende eine Länge von 110 cm erreicht. Die Pflanze stammt aus kühlen Feuchtwäldern und ist daher – wie die vorherigen Arten – etwas empfindlicher gegen höhere Temperaturen. Da der Stiel ständig weiterwächst, blühen die Orchideen praktisch das ganze Jahr über. Ihr Verbreitungsgebiet konnte nicht genau bestimmt werden. Die jüngsten Fundmeldungen der letzten Jahre stammen aus Surinam, Bolivien und möglicherweise Ecuador.

Psychopsis versteegiana

Psygmorchis pusilla

Psygmorchis pusilla ☐ ☹ ☺

Intermediär bis thermophil

Diese früher unter dem Namen *Oncidium pusillum* bekannte Art sieht so ungewöhnlich aus, dass sie mit vier ähnlichen Spezies in eine eigenständige Gattung gestellt werden musste. Die Pflanze bildet keine Pseudobulben, und ihre flachen, schwach sukkulenten Blätter formen eine fächerartige Rosette (Botaniker bezeichnen dies als „irisartige“ Morphologie). *P. pusilla* ist *die* Zwergart: die Gesamtlänge der Blattrosette beträgt nur 5–6 cm! Die kurzen Stiele der Pflanze tragen gewöhnlich nur eine Blüte mit gelbem, rot-braun geflecktem Zentrum. Aufgrund ihrer Winzigkeit braucht *P. pusilla* häufiges Sprühen, mäßig feuchte, bewegte Luft und stärkeren Schatten. Diesen Bedürfnissen kann man sogar in beheizten Orchideen-Glaskästen Rechnung tragen. Die Blüten erscheinen meist im Sommer. Die Art besiedelt weite Gebiete im tropischen Mittel- und Südamerika.

Pteroceras semiteretifolium □ ⊡ ☺

Intermediär bis thermophil

Auf eine asiatische Herkunft der Pflanze verweist der extrem verkürzte monopodiale Stamm. Dieser verschwindet vollständig hinter den prallen, zusammengedrückten Blattbasen. Die hoch sukkulenten, stabförmigen Blätter messen maximal 7 cm und bilden zusammen eine hübsche, kompakte Fächerrosette. Der Blütenstiel ist hier noch kürzer als die Blätter und trägt nur eine Blüte mit weißen Tepalia. Die Lippe ist gelb mit hell-purpurner Zeichnung. Der Durchmesser der Blüten beträgt nur 2 cm, aber da die Pflanze durchaus mehrere Stiele bilden kann, ist die Blütezeit immer ein Grund zum Feiern. Pflegen Sie diese Art als Epiphyt an sehr hellen Standorten. In der freien Natur beginnt *P. semiteretifolium* gegen Ende der Regenzeit zu blühen, das heißt im September und Oktober. Die Pflanze stammt aus Indochina (Vietnam) und einigen Südprovinzen Chinas.

Pteroceras semiteretifolium

Renanthera monachica

Renanthera monachica ⊡ ▣ 😐 ☺

Thermophil

Diese in europäischen Sammlungen wohl bekannteste *Renanthera*-Orchidee gehört zu einer kleinen Gattung (insgesamt 15 Arten), welche eng mit den *Vanda*-Orchideen verwandt ist. Gemeinsam ist allen Spezies ein fester monopodialer Stamm, der gewöhnlich zwei Reihen ziemlich steifer Blätter trägt. Den langen, häufig verzweigten Stiel schmücken zahlreiche Blüten. Er wird bei *R. monachia* bis zu 50 cm lang, während es die Blätter auf höchstens 13 cm bringen. Der etwa 20 cm lange Blütenstand besteht aus etwa 10–15 prächtigen Blüten von 2,5 cm Durchmesser. Ihre Tepalia sind gelblich oder rötlich und dicht mit scharlachroten Flecken übersät. Die Lippe ist fast unsichtbar. In der Natur wächst *R. monachia* als Epiphyt (nur ausnahmsweise auf Felsen); um blühen zu können, benötigt sie pralle Sonne. In der Kultur pflanzt man sie in Epiphytenkörbe mit durchlässigem Substrat und gönnt ihr im Winter (nach dem Welken der Blätter) eine trockene, mäßig kühle Ruheperiode. Sie blüht auch bei bester Pflege nur selten zwischen Herbst und Frühjahr. Ihre Heimat sind die Philippinen.

Renanthera matutina ▣ 😐 ☺

Thermophil

Wie viele intergenerische Hybriden sind auch die der Gattung *Renanthera* vor allem in gewerblichen Zuchtfarmen im Süden der USA, auf Hawaii und auf der Malaiischen Halbinsel beliebt. Dort werden diese Pflanzen großflächig unter freiem

Renathera matutina

Himmel gezüchtet, um attraktive Schnittblumen zu liefern. Hybriden mit der Gattung *Phalaenopsis*, welche *Renanthera* ihre rote Farbe, die verzweigten Blütenstände und die stattliche Größe verdanken, gelten als besonders wertvoll. In Europa wird diese Gattung recht selten kultiviert, obwohl *R. coccinea* die erste je auf dem Alten Kontinent blühende epiphytische Orchidee war! *R. matutina* hat gelb-rote Tepalia mit ziegelroten Flecken. Ansonsten unterscheidet sie sich weder äußerlich noch in der Kultur von der vorigen Art. Diese Spezies stammt aus Thailand, Malaysia, Sumatra und Java.

Rhyncholaelia digbyana

Intermediär

Diese Art wurde früher der Gattung *Brassavola* zugeordnet, mit der sie lediglich ein Merkmal gemein hat – lange, halsartige Fruchtknoten. Ihre grünen Teile erinnern äußerlich viel stärker an *Cattleya*- oder *Laelia*-Orchideen. *R. digbyana* besitzt längliche, nur schwach verdickte Pseudobulben, die jeweils ein imposant verdicktes Blatt tragen. Die Blüten sind mit bis zu 12 cm Weite relativ groß und durch ihre cremeweiße, am ganzen Saum bewimperte Lippe sehr attraktiv. Bei der seltenen Spielart *R. fimbripetala* haben auch die seitlichen Petalia teilweise bewimperte Säume. Obwohl die Überschrift andeutet, dass die Art schwer zu pflegen ist, fällt ihre Kultur nicht sonderlich schwer – sie zur Blüte zu bringen ist aber das Meisterstück jedes Pflegers; in Mitteleuropa bekommt sie nämlich im Winter zuwenig Licht und blüht daher nur sehr selten (zwischen Mai und August). Diese Pflanze ist ein Elternteil der meisten *Cattleya*-Hybriden (*Brassocattleya*). Ihre Heimat sind Mexiko, Honduras und Guatemala.

Rhyncholaelia digbyana

Rhyncholaelia glauca ⊡ ◼ ☺

Intermediär

Diese Orchidee ähnelt äußerlich den zuvor erwähnten Arten, doch bleibt sie etwas kleiner, und die grünen Blätter zeigen einen stärkeren Anflug von grau. Überdies sind die Blüten kleiner, und ihre Lippe ist nicht imposant ausgefranst, sondern nur mäßig gewellt. *R. glauca* blüht im Frühjahr. Pflegen Sie diese Pflanze genau wie die vorher erwähnten Arten, also auf einer hölzernen Unterlage. Das Umtopfen (oder besser gesagt Ummontieren) sollte nicht zu häufig erfolgen – nur wenn die Pflanze neue Wurzelspitzen zu bilden anfängt. Verwelkte Exemplare ,machen eine Ruhephase durch – dann muss man ihnen reichlich Luft und Licht bieten, während sparsam gegossen wird. Die Spezies kommt am häufigsten in Mexiko, aber auch in Honduras und Guatemala vor.

Rhynchostylis gigantea ◼ ☺

Thermophil

Zur Gattung *Rhynchostylis* gehören nur vier Arten, denen amerikanische Züchter wegen ihrer typischen dichten, herabhängenden Blütendolden den Spitznamen „Fuchsschwänze" gaben. Jene sind länger als der extrem verkürzte Stamm, den zwei Reihen steifer, glänzender, riemenförmiger Blätter bedecken, welche bis zu 30 cm messen. Die Farbe der 3 cm weiten Blüten von *R. gigantea* ist äußerst variabel – sie variiert zwischen weiß und purpurn. Man pflegt die Art wie Vertreterinnen der Gattung

Rhyncholaelia glauca

Rhynchostylis gigantea

Rhynchostylis gigantea, rotblühende Spielart

Rhynchostylis gigantea var. *virapandahui*

Vanda. Wegen des hängenden Blütenstandes sollte man sie auf eine Epiphytenunterlage montieren oder in einem Korb aufhängen. *R. gigantea* blüht zwischen Oktober und November; zuhause ist diese Spezies in Burma, Thailand und Laos.

Rhynchostylis rosea ▣ ☺

Thermophil

Noch eine äußerlich der Gattung *Vanda* ähnliche Orchidee: sie ist weithin eine Kopie der zuvor erwähnten Art, hat aber kleinere Blüten (2 cm); diese sind weißlich mit spärlichen rot-purpurnen Flecken und einer purpurnen Lippe. An einer Pflanze können sich gleichzeitig mehrere Blütendolden bilden. Man pflegt die Spezies wie *Vanda*-Orchideen. Sie blüht zu einer für den Halter günstigen Zeit – zwischen Oktober und Februar. *R. rosea* stammt von den Philippinen.

Rhytionanthos aemolum □ ☺

Intermediär bis thermophil

Die bizarr geformten Blüten machen diese Art vor allem für Sammler von Zwergepiphyten interessant. Den Basen der einblättrigen, eiförmigen bis länglichen Pseudobulben entsprießen mit zierlichen Flecken übersäte Stiele, die 5–6 seltsam geformte orange Blüten tragen; ihre seitlichen Tepalia sind miteinander verwachsen und bilden so

Rhynchostylis rosea

einen prächtigen, nach unten zeigenden „Schuh“. Die winzige Lippe ist hell-purpurn. Man kultiviert diese Art genau wie andere thermophile Epiphyten, doch muss sie vor übermäßiger Sonne und Trockenheit geschützt werden! Die Blüten bilden sich zu einer für den Halter eher ungünstigen Zeit – im September und Oktober (anschließend können sich nur schwer neue Pseudobulben entwickeln, da es ihnen zu dieser Jahreszeit – im Winter – an Licht mangelt). Zuhause ist die Pflanze in Burma, Thailand und Laos.

Rhytionanthos aemolum

Rodriguezia secunda

Rodriguezia granadensis

Rodriguezia granadensis □ ☺

Intermediär bis thermophil

Alle Arten dieser kleinen Gattung (insgesamt 35) sind klein und von attraktivem Äußeren. Ihre röhrenförmigen Blüten weisen ein Paar nach hinten weisender länglich-sackartiger seitlicher Sepalia auf, die an Sporne erinnern. *R. granadensis* ist eine bildhübsche Zwergorchidee. Ihre Pseudobulben messen kaum 2 cm und tragen je ein mäßig starres, 5–7 cm langes Blatt. Die gelblich-weißen Blüten bilden lockere, hängende Dolden. Diese Art ist ein Epiphyt mit bescheidenen Ansprüchen (vergleiche etwa *R.* sp., Bolivien). Sie blüht im Sommer und Herbst; zuhause ist sie in Ecuador.

Rodriguezia secunda ⊡ ☺

Intermediär bis thermophil

Der lateinische Artname trifft eine hervorstechende Eigenschaft der Blüten: sie sind streng nacheinander in einer Reihe angeordnet, das heißt ausschließlich an einer Seite des hängenden Blütenstiels. Die zwei- bis dreiblättrigen Pseudobulben dieser Spezies messen 4–6 cm, während die dünnen, mäßig starren Blätter bis zu 15 cm lang werden. Die Farbe der Blüten variiert zwischen rosa und scharlachrot. Zahlreiche zarte Luftwurzeln steigern noch die Schönheit der Pflanze. Diese Orchidee besiedelt ein ausgedehntes Gebiet – ihre verschiedenen Formen wurden sowohl in Mittel- (Panama) als auch in Südamerika (Trinidad, Raum zwischen Kolumbien und Brasilien) nachgewiesen. Unser Bild entstand in Ecuador.

Rodriguezia sp. ⊡ ☺

Kryophil bis intermediär

Diese prächtige Pflanze ähnelt der brasilianischen Spezies *R.. bracteata*, harrt aber noch einer genaueren Einordnung. Ihre kaum 3 cm messenden Pseudobulben tragen dünne, starre Blätter. Die hängende Dolde besteht aus 7–12 dunkel-purpurnen Blüten. Eine zarte, dunkle Äderung ziert die Lippe, deren Basis einen länglichen gelben Fleck trägt. Die Kultur dieser Orchidee ist nicht besonders schwierig und kann sowohl in Töpfen oder Körben mit sehr leichtem Epiphyten-Substrat (dann darf sich aber keine die Wurzeln schädigende Nässe bilden) als auch auf Hänge-Unterlagen erfolgen. Das Umfeld der Pflanze sollte stets gut durchlüftet und möglichst gut beleuchtet sein, doch muss man die Orchidee auch vor zu prallem Sonnenlicht schützen, das durch die Scheiben einfällt! Stellen Sie das Gießen auch im Winter nicht vollständig ein, da die Pflanzen langsam weiterwachsen und die Pseudobulben wiederholt blühen können (bisweilen mehrmals im Jahr).

Rodriguezia sp., Bolivien

Rossioglossum grande ▣ 😐 ☺

Kryophil bis intermediär

Bis vor etwa 30 Jahren gehörte diese Orchidee zur Gattung *Odontoglossum*; Unterschiede im Bau der Blüten brachten ihr (mit drei weiteren Spezies) jedoch den Status einer selbstständigen Gattung ein. Die bis zu 8 cm großen Pseudobulben dieser Art sind scharfkantig und zwei- bis dreiblättrig. Ihre länglich-elliptischen Blätter messen 35 cm und haben eine feste, lederartige Epidermis. An einem aufrechten Stiel sitzen 4–8 (in der Kultur meist nur 2–4) bis zu 15 cm weite Blüten. Die Grundfarbe aller zungenförmigen Tepalia ist gelb; zusätzlich tragen die Sepalia braune Streifen, während die Petalia ebensolche Basen besitzen. Die muschelförmige Lippe ist weißlich mit braunen Flecken. *R. grande* benötigt einen gut belichteten Standort, die üblichen Pflegemaßnahmen im Sommer (dann kann man die Pflanze auch in den Garten stellen) und vor allem eine kühle (10 °C), trockene Ruhephase im Winter. Wenn man die Pflanzen so in Blumentöpfen mit Epiphytensubstrat pflegt, gedeihen sie ganzjährig selbst in trockener Zimmerluft. *R. grande* blüht zwischen Oktober und Dezember; die Art stammt aus Mexiko und Guatemala.

Rossioglossum grande

Rossioglossum schlieperianum

Rossioglossum williamsianum

Rossioglossum schlieperianum ▣ ☹ ☺

Intermediär

Noch eine ungemein beliebte großblütige Orchidee aus der Gattung *Rossioglossum*. Größe und Form der Pseudobulben gestalten sich wie bei der vorigen Art; die Blätter werden nicht so lang (maximal 15 cm), und die Blüten haben einen geringeren Durchmesser (8 cm). Dafür trägt der 25 cm lange Stiel eine große Anzahl davon, sogar in Kultur (nämlich bis zu 8). Die Tepalia der Blüten sind gelblich gefärbt und mehr oder minder stark mit braun-roten Flecken übersät. Ränder und Basen der breiten, kreisrunden Lippe säumen rot-braune Flecken; die Form dieses Blütenblattes ist das hervorstechende Merkmal aller vier Arten der Gattung. Man kultiviert diese Orchidee genau wie die zuvor behandelte Art, darf aber nie außer Acht lassen, dass *R. schlieperianum* deutlich thermophiler ist, weshalb die Winterruhe nicht zu lang anhalten darf. Blüten erscheinen sowohl im Frühling als auch im Herbst. Zuhause ist diese Pflanze in Costa Rica und Panama.

Rossioglossum williamsianum ▣ ☹ ☺

Intermediär

Die Farbe der braun-gelben Blüten ist variabel, sodass manche Exemplare der Spezies *R. grande* ähneln. Unterschiede zu dieser Art bestehen vor allem im längeren Blütenstiel von *R. williamsianum*, den etwas kleineren und zahlreicheren Blüten, den stärker rundlichen Tepalia und der abweichend geformten Columna. Es handelt sich um die thermophilste aller *Rossioglossum*-Orchideen, was auch bei der Kultur zu berücksichtigen ist. Die Pflanze verträgt im Winter nur eine leichte Temperaturabsenkung. Sie stammt aus den unteren Höhenlagen von Guatemala, Honduras und Costa Rica.

Sarcochilus hartmannii ⊡ ☹ ☺

Intermediär

S. hartmannii gehört zu den seltenen australischen Orchideen. Der extrem verkürzte baumartige und dicht belaubte Stamm trägt zwei Reihen lederartiger, bis zu 10 cm langer Blätter. Die vielblütigen Stiele erreichen Längen von bis zu 20 cm. Die Blüten haben 2 cm Durchmesser und eine gelbrote Lippe; sie duften nach Honig. Rote Flecken schmücken die eingezogenen Basen der übrigen Tepalia. Man pflegt *S. hartmannii* an gut beleuchteten Standorten und sorgt im Winter für etwas kühlere Temperaturen und sparsamere Wassergaben. Die Art blüht zwischen März und Mai; sie stammt aus New South Wales und Queensland.

Sarcochilus hartmannii

Sarcoglyphis mirabilis

Sarcoglyphis mirabilis ⊡ ☺ ☺

Intermediär bis thermophil

Eine hübsche Orchidee, an der auch die sehr dekorativen grünen Teile auffallen. Ihr monopodialer Stamm wächst nur sehr langsam; er ist mit zwei Reihen extrem verdickter Blätter von nahezu rundem Querschnitt bedeckt, die überdies eine Längsfurche aufweisen. Die zierlichen weißen Blüten mit purpurner Lippe haben 2 cm Durchmesser; 5–12 davon zieren einen halb aufrechten Stiel. Was Belüftung und Sonnenlicht angeht, ist *S. mirabilis* eine recht anspruchsvolle Art. Man pflegt sie als Epiphyt, weitgehend wie *Ascocentrum*-Orchideen. Blüten erscheinen zwischen April und Juni an der Pflanze, die in Thailand zuhause ist.

Schoenorchis fragrans □ ☺

Intermediär bis thermophil

Ein wahres „Juwel“ unter den Orchideen – nur so lässt sich das Aussehen dieser Zwergart angemessen charakterisieren! Der nur wenige Zentimeter lange Stamm trägt ein dicht gedrängtes Büschel extrem verdickter, maximal 1,5 cm langer Blätter. Ähnlich wie bei den unendlich größeren *Vanda*-Orchideen sprießen aus den Blattachseln gleichzeitig mehrere kurze Dolden. Jede davon trägt 3–8 winzige, weiß angehauchte Blüten mit langer, s-förmiger Lippe. *S. fragrans* ist ein Epiphyt, der viel Sonnenlicht braucht (sorgen Sie aber dafür, dass die kleinen Pflanzen nicht austrocknen!). Im Winter bekommt sie nicht genug Licht – das kann man durch Absenken der Temperatur auf 20 °C ausgleichen. Ihren Blütenschmuck legt die Pflanze im Spätsommer an. Sie stammt aus Südostasien.

Schoenorchis fragrans

Schomburgkia tibicinis

Schomburgkia tibicinis

Schomburgkia tibicinis ▣ ■ ☺

Thermophil

Die Gattung *Schomburgkia* ist wegen ihrer prächtigen Blüten und der stattlichen, goldgelben, zweiblättrigen Pseudobulben unmöglich zu übersehen. Letztere sind hohl und dienen freundlich gesonnenen Ameisen als Unterkunft; angeblich benutzten die amerikanischen Ureinwohner diese Gebilde als Musikinstrumente (daher der Artname *tibicinis* = „Flötenspielerin"). *S. tibicinis* besitzt starre, sukkulente Blätter, welche ein ausgeklügeltes Muster aus braun-purpurnen, gelben und weißlichen Farbtönen aufweisen. Die Pflanzen bilden nur wenige Wurzeln und sollten daher als Epiphyten auf größeren Rebwurzeln kultiviert werden. Viele Halter beklagen sich darüber, dass ihre *S. tibicinis* niemals mehrere Jahre in Folge blühen; das liegt vor allem am Mangel an ungefiltertem Sonnenlicht und der allzu häufigen Teilung der Pflanzen. Die Art blüht im späten Frühjahr und stammt aus Mittelamerika.

Schomburgkia undulata ▣ ■ ☺

Thermophil

S. undulata ähnelt der vorigen Art: auch sie gilt als myrmecophil (d.h. „ameisenfreundlich"), wird also von Kolonien hoch spezialisierter Ameisenarten bewohnt. Das Verhältnis lässt sich als „wech-

Schomburgkia undulata

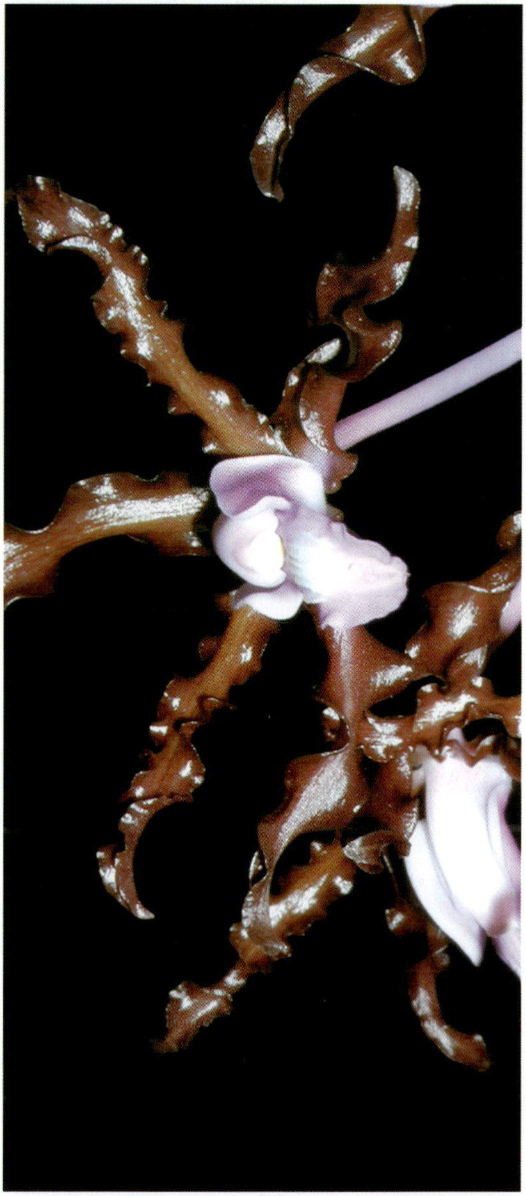

selseitig vorteilhafte Kooperation“ bezeichnen; die Orchidee gibt den Ameisen ein Zuhause, darf dafür von deren Ausscheidungen profitieren und wird gegen diverse Schädlinge verteidigt. Den Spitzen der Pseudobulben entsprießt ein fester Stiel mit 3–15 braun-purpurnen Blüten von bis zu 8 cm Durchmesser. Die dreilappige Lippe ist lila bis weiß gefärbt. Wie die vorige Art braucht dieser Epiphyt ein Höchstmaß an Licht – vor allem, wenn er im Herbst neue Pseudobulben bildet. Die Pflanze blüht zwischen Mai und Juni; sie stammt aus Kolumbien, Venezuela und Trinidad.

Sedirea japonica ⊡ 😐 ☺

Intermediär

Es gibt nur wenige epiphytische Arten, die in Japan zuhause sind – wer also ein Exemplar von *S. japonica* besitzt, kann mit Recht stolz darauf sein! Sie ist verwandt mit der Gattung *Aerides* (ihr Name entstand durch Umkehrung der Buchstabenfolge *Aerides*), ähnelt aber außerhalb der Blütezeit viel stärker den Orchideen der Gattung *Phalaenopsis*. Der extrem verkürzte Stamm trägt zwei Reihen fleischiger, riemenförmiger Blätter. Es können sich gleichzeitig mehrere Blütenstände bilden, jeder davon trägt bis zu 2 prächtige, relativ große Blüten. Die Grundfarbe ist weiß, mit purpurnen Flecken auf der Lippe und den unteren Hälften der seitlichen Sepalia. Man kann die Art entweder als Epiphyt oder im Topf kultivieren. Im Winter wird bei reduzierter Temperatur sparsamer gegossen. Blüten erscheinen gewöhnlich im zeitigen Frühjahr. Heimat der Pflanze sind Südjapan, Korea und die benachbarten Inseln.

Sedirea japonica

Seidenfadenia mitrata

Seidenfadenia mitrata ▣ ☹

Intermediär bis thermophil

Diese Orchidee ist vor allem wegen des Missverhältnisses zwischen der Länge ihres aufrechten, monopodialen Stammes und jener der teils hängenden Blätter interessant: während ersterer höchstens 12 cm lang wird, können die fleischigen, im Querschnitt halbrunden Blätter Längen von 40–90 (!) cm erreichen. Die duftenden Blüten zieren in großer Zahl einen diagonalen Stiel. Letzterer ist stets kürzer als die Blätter. Die Blüten haben 1,2 cm Durchmesser und Tepalia in einer Kombination aus weiß, rosa und purpurn; die Lippe ist nur eine Spur dunkler. Man sollte *S. mitrata* vorzugsweise als Epiphyt pflegen, und zwar mit möglichst viel diffusem Licht und reichlich Wasser und Dünger während der Wachstumsphase. Diese Art blüht zwischen März und Mai; entdeckt wurde sie in Burma und Thailand.

Sigmatostalix radicans □ ⊡ ☺

Intermediär bis thermophil

Diese Art ist vor allem für Sammler von Zwergformen interessant. Für die Pflanze spricht viel: die Größe, die Robustheit und die Schönheit der schnellwüchsigen Büschel. Leider sind ihre Blüten winzig. Die auch unter dem Synonym *Ornithophora radicans* bekannte Art ist mit der Gattung *Oncidium* verwandt. Ihre kleinen, länglich-ovalen Pseudobulben enden in paarigen, grasartigen Blättern. Die kurzen Blütenstiele tragen jeweils 2–12 weißlichgelbe Blüten von höchstens 1,5 cm Durchmesser. Die Lippe ist gelb, das als Columna bekannte Zentrum der Blüte purpurn. In der Kultur ist diese Orchidee anspruchslos; sie begnügt sich mit einer im Halbschatten aufgehängten Unterlage aus Holz oder Rinde und mäßigen Wassergaben. Die Blüten erscheinen im Spätsommer und im Herbst. Zuhause ist die Spezies in Brasilien.

Sigmatostalix radicans

Sobralia crocea

Sobralia crocea ⊡ ▣ ☺

Intermediär bis thermophil

Ein Merkmal aller *Sobralia*-Orchideen ist der bis zu 2 m (!) lange, dünne, allmählich verholzende rohrähnliche Stamm. Die starren, lanzettförmigen Blätter sind der Länge nach gewellt. Die Blüten an den Triebspitzen ähneln denen der *Cattleya*-Orchideen. Die seltene Art *S. crocea* stellt jedoch die sprichwörtliche Ausnahme dar. Ihr Stamm wird kaum länger als 40 cm; sie besitzt ziemlich kleine Blüten (3,5 cm), die von der Form her nicht denen der großblütigen Verwandten ähneln; je zwei davon sitzen an den Enden der dicht belaubten, teilweise hängenden Triebe. Die orangen Tepalia bleiben halb geschlossen und verdecken beinahe die hellere, röhrenförmige Lippe mit ihrem gewellten Saum. Abgesehen von ihrer Größe bildet *S. crocea* auch wegen ihrer epiphytischen Lebensweise eine Ausnahme: diese ist keineswegs typisch für die übrigen Arten. In der Kultur sollte man sie daher in einer Mooshülle auf ein Borkenstück montieren und feucht-halbschattig aufhängen. Die Pflanze blüht im Winter und stammt aus Ecuador.

Sobralia sp., Ecuador (epiphytische Wuchsform)

Sobralia sp. ⊡ ▣ ☺

Thermophil

Sobralia-Arten – vor allem terrestrische – haben große, prächtige Blüten mit röhrenförmiger Lippe. Diese sind jedoch extrem kurzlebig, was offenbar – wie auch die sperrigen Maße – ein großes Hindernis für ihre Verbreitung in Sammlungen darstellt. Die Taxonomie dieser Gattung ist immer noch verwirrend, da eine für die Kultur eher uninteressante Gruppe offenbar keinen Ansporn für Taxonomen bietet. Die abgebildete Art aus Venezuela (*S. liliastrum?*) wächst wie die meisten *Sobralia*-Orchideen terrestrisch und ähnelt äußerlich sehr stark der wohl bekannten Spezies *S. leucoxantha*. Wegen ihres 50–100 cm langen Stiels lässt sich diese Pflanze den „platzsparenderen" Arten zuordnen. Die weißen Blüten haben bis zu 8 cm Durchmesser und eine gelbe, röhrenförmige Lippe mit weißem Saum. Terrestrische *Sobralia*-Arten pflegt man in sandhaltigem, humosem Substrat bei genügend diffusem Licht und guter Belüftung (das gilt besonders für die schwülen Sommertage). Die abgebildete terrestrische Spezies blüht im Winter und Frühling; sie stammt aus den Vorbergen der venezolanischen Anden; die Art auf dem anderen Bild hingegen ist ein Epiphyt, der in Ecuador am Rand des Amazonas-Tieflands fotografiert wurde. Das Verbreitungsgebiet der *Sobralia*-Orchideen ist groß – sie alle bewohnen ähnliche Lebensräume im gesamten tropischen Mittel- und Südamerika.

Sobralia sp., Venezuela (terrestrische Wuchsform)

Sophronitella violacea □ ☹ ☺

Kryophil bis intermediär

Diese hübsche epiphytische Zwergart galt früher als Mitglied der Gattung *Sophronitis*, doch die Form der Blütenlippe und das Vorhandensein von zwei Lappen am Stigma brachten ihr den Rang einer eigenständigen Gattung ein. Ihre einblättrigen, bis zu 4 cm langen Pseudobulben wachsen auf einem kriechenden Rhizom. Die starren, 8 cm messenden Blätter sind schmal-riemenförmig. Ein kurzer Stiel an der Spitze der Pseudobulbe trägt 1–2 Blüten; ihre Tepalia sind dunkel-purpurn. Pflegen Sie diese Spezies wie *Sophronitis mantiqueira*, allerdings etwas wärmer. Die Pflanze blüht im Frühling und stammt aus dem Osten Brasiliens.

Sophronitis cernua

Sophronitis cernua ☐ ☹

Kryophil bis intermediär

Die Gattung *Sophronitis* umfasst nur 6 Arten, die ausschließlich in Brasilien vorkommen. Insgesamt handelt es sich um Zwergorchideen von sehr attraktivem Aussehen mit prächtigen Blüten – kein Wunder, dass sie bei Sammler hoch geschätzt und heiß begehrt sind! Die Spezies *S. cernua* ist die am zweithäufigsten kultivierte *Sophronitis*-Orchidee. Grundlage der Pflanze ist ein kriechender Trieb, aus dem eiförmige, 2,5–3 cm lange Pseudobulben hervorgehen, die je ein schmal-ovales, dickes, lederartiges Blatt von bis zu 3 cm Länge tragen. Leider sind die 4–8 auf kurzen Stielen sitzenden roten Blüten mit maximal 3 cm Durchmesser recht klein und nur teilweise geöffnet. Die Schönheit dieser Art kommt besonders zum Tragen, wenn die stattlichen Büschel aus Dutzenden von Pseudobulben massenhaft erblühen. Pflegen Sie diese Art wie *S. mantiqueirae*; allerdings ist zu beachten, dass *S. cernua* etwas höhere Temperaturen schätzt. Sie blüht im Vorfrühling oder im Herbst.

Sophronitis coccinea ☐ ☹

Kryophil bis intermediär

Als schönste – und auch größte – *Sophronitis*-Orchidee ist *S. coccinea* Ziel eines eifrigen Wettlaufs unter den Pflegern. Obwohl die Spezies 6 cm lange länglich-ovale, lederartige Blätter besitzt, gehört sie zur Gruppe der traumhübschen Zwergarten. Die einzeln auf kurzen Stielen sitzenden leuchtendroten Blüten haben auch die größten Parameter der ganzen Gattung. Am höchsten schätzen die Halter jedoch Exemplare von *S. coccinea* var. *grandiflora* mit ihren bis zu 8 cm weiten Blüten. Mit Ausnahme der Spezies *S. rosea* ist die gesamte Gattung saisonal sehr kryophil. Wegen ihrer hohen Ansprüche an die Kultur sind gut gedeihende Exemplare hoch bewertete Indizien für eine ausgezeichnete Pflege (mehr über die Kultur dieser Spezies finden Sie im folgenden Artkapitel). Man hat durch Kreuzung dieser Art mit den verwandten Gattungen *Laelia*, *Cattleya* und *Brassavola* eine große Anzahl prächtiger Hybriden erzeugt. Die Pflanze blüht meist zwischen Juli und August, manchmal auch zwischen September und November. Ihre Heimat ist Brasilien.

Sophronitis coccinea

Sophronitis mantiqueirae

Sophronitis mantiqueirae □ ☹

Kryophil bis intermediär

In Größe und Erscheinung ähnelt diese Spezies *S. coccinea*, nur besitzt sie keine roten Streifen auf den Blättern, blüht zu einer anderen Zeit und ist stärker kryophil. Alle Versuche, *Sophronitis*-Orchideen zu kultivieren, scheitern in aller Regel an den extremen ökologischen Ansprüchen dieser Pflanzen. Sie brauchen unbedingt kühle, frische Luft und sehr viel Licht – eine Kombination, die sich in Europa sowohl im Sommer als auch im Winter nur schwer realisieren lässt. Während unseres Sommers ist es in der Heimat dieser Pflanzen am kühlsten – zur entsprechenden Jahreszeit herrscht dort häufig Frost. Deshalb neigen Sammlungsstücke dazu, ihre Pseudobulben zurückzubilden, zu verkümmern und sehr selten zu blühen. In der Kultur färbt sich das ursprüngliche Rot der Blüten allmählich in orange um, da sie viel zu wenig UV-Strahlung erhalten. Die Wurzeln beginnen sehr leicht zu faulen, weshalb man die Pflanzen besser auf Korkeichen- oder Kiefernrindenstücke montieren sollte. Manchen Pflegern gelingt sogar die Kultur dieser Orchideen in kleinen Tontöpfen, indem sie das Substrat ausreichend luftig und gut drainiert halten. Man darf die Pflanze nicht zu oft umtopfen oder umsetzen! *S. mantiqueirae* blüht zwischen Januar und Februar; sie stammt aus den höheren, sehr kühlen Lagen Brasiliens.

Spathoglottis lobbii ▣ ☺

Intermediär bis thermophil

Die Vertreterinnen etwa 55 Arten umfassenden Gattung *Spathoglottis* ähneln einander stark – es sind zumeist terrestrische Pflanzen mit kleinen, stängellosen Pseudobulben, die 4–5 der Länge nach gewellte Lanzettblätter tragen. Der aufrechte Blütenstand besteht aus wenigen, aber sehr schönen Blüten – sie sind schwefelgelb mit rot gemustertem Zentrum. Hauptmerkmale der ganzen Gattung bilden die geschwungene Form der Columna und die lange Lippe, deren dünner Mittellappen am Ende stark verbreitert ist. *S. lobbii* muss in Töpfen mit lehm-, sand- und styroporhaltigem Torfsubstrat gepflegt werden. Im Sommer stellt man die Pflanze ziemlich schattig. *S. lobbii* blüht im Frühjahr und stammt aus Südostasien.

Spathoglottis lobbii

Spathoglottis plicata ▣ ☺

Intermediär bis thermophil

S. plicata ist die am häufigsten gepflegte *Spathoglottis*-Orchidee. Ihre Beliebtheit hat dazu geführt, dass aus ihrer asiatischen Heimat exportierte Pflanzen sich in der freien Natur von Hawaii und Südflorida auszubreiten beginnen. Was ihre grünen Teile, angeht, ähnelt diese Spezies der vorigen. Der Blütenstiel ragt weit über die Blätter empor und ist ziemlich dicht mit 5–25 etwa 3 cm weiten Blüten besetzt. Auch die Farbe der Tepalia ist bei dieser Art variabel – sie können weiß, rosa oder purpurn sein. Die schmale Lippe ist am Ende verbreitert und im Zentrum gelb. *S. plicata* sollte genau wie die vorige Art kultiviert werden. Die Pflanze blüht unregelmäßig, meist im Herbst oder Frühjahr; ihre Heimat sind die Malaiische Halbinsel, Indonesien, Neuguinea, die Philippinen und Taiwan.

Stanhopea candida

Stanhopea candida ▣ ☺

Intermediär bis thermophil

Orchideen dieser Gattung haben keine besonders auffällig geformten grünen Teile; umso mehr überraschen später ihre fleischigen und stets bizarren Blüten. Die einförmigen Pseudobulben von *S. candida* sind leicht zu einer Spitze verlängert und tragen je ein bis zu 30 cm langes starres, längsgewelltes, elliptisches Blatt. Den nur 8–10 cm langen, nach unten gerichteten Blütenstiel zieren 1–3 reinweiße, 6 cm weite Blüten mit bizarr geformter grünlicher Lippe. Ihre Morphologie wird auf S. 246 unter *Stanhopea* sp. beschrieben. Man pflegt die Art genau wie *S. martiana*. Von der Regel abweichend blüht *S. candida* im Frühling. Die Pflanze stammt aus den unteren Höhenlagen von Kolumbien, Venezuela und Bolivien.

Stanhopea costaricensis ▣ ☺

Intermediär bis thermophil

Eine der wärmeliebendsten Arten der gesamten Gattung. Ihr Äußeres entspricht weitestgehend dem üblichen „Gattungsschema", mit der Ausnahme, dass ihre Blüten sehr schön und groß sind: der Durchmesser beträgt bis zu 12 cm. Überdies öffnen sich an dem 25 cm langen, abwärts gerichteten Stiel gleichzeitig mehrere davon. Ihre Färbung

Stanhopea costaricensis

ist ungewöhnlich: vor gelbem Hintergrund heben sich auf allen Tepalia braun-rote Flecken und Ringe ab. Zwei dunkle Flecken akzentuieren das Zentrum jeder Blüte. Obwohl sich diese Orchidee leicht kultivieren lässt, ist sie in Sammlungen noch selten. Die Blütezeit beginnt im Frühjahr und Frühsommer. Wie der Name andeutet, wurde *S. costaricensis* in Costa Rica entdeckt, doch kommt sie auch in Panama und Nicaragua vor.

Stanhopea embreei ▣ ☺

Intermediär bis thermophil

Nach ihrer Entdeckung hielt man diese Pflanze für die mexikanische Spezies *S. hernandezii*; erst später erhielt sie ihren eigenen Namen. Sie ähnelt äußerlich anderen *Stanhopea*-Arten. Die schönen Blüten mit den grünlich-cremeweißen Tepalia sind bis zu 10 cm weit und zieren zu 2–4 einen schütteren, hängenden Blütenstand. Die Lippe zeigt einen komplizierten Aufbau: sie ist weißlich mit zart purpurn gefleckten Spitzen und hat eine dunkelorange Basis mit zwei markanten dunklen Flecken. Man pflegt die Art wie *S. martiana*. Die Blüten erscheinen zwischen Spätfrühjahr und Sommer. Sie bewohnt in Ecuador Höhenlagen zwischen 500 und 1000 m.

Stanhopea embreei

Stanhopea florida ▣ ■ ☺

Intermediär bis thermophil

Sie können sich gratulieren, wenn sie in der Tropenwildnis einer blühenden *Stanhopea* begegnen, denn die Blüten dieser seltenen Pflanzen sind äußerst kurzlebig; selbst erfahrene Feldbotaniker können solche Erlebnisse an einer Hand abzählen. Dem Autor wurde dieses Glück einmal unweit von Baeza in den Vorbergen der Anden Ecuadors zuteil. *S. florida* ist eine schöne, vielblütige Orchidee mit 6–7 cm weiten weißlichen, purpurn gefleckten Blüten. Sie ist etwas feuchtigkeitsliebender als andere *Stanhopea*-Arten und wird ansonsten wie jene gepflegt. Die Pflanze blüht im Januar und Februar; außer in Ecuador kommt sie auch in Peru vor.

Stanhopea florida

Stanhopea jenischiana ▣ ☺

Intermediär bis thermophil

Diese Orchidee ist nah mit den Spezies *S. oculata* und *S. wardii* verwandt; die grünen Teile sehen fast identisch aus; geringe Unterschiede lassen sich nur in der Morphologie der Blüten ausmachen. Man kultiviert diese Pflanze genau wie *S. martiana*. Sie blüht im Herbst und stammt aus Panama, Kolumbien, Venezuela und Ecuador.

Stanhopea martiana ▣ ☺

Intermediär bis thermophil

Die grünen Teile von *S. martiana* sehen ähnlich aus wie bei den übrigen Mitgliedern der Gattung *Stanhopea*. Eine hängende Blütenscheide trägt zwei oder drei gelbliche Blüten von bis zu 14 cm Durchmesser. Ihr schönster Schmuck besteht aus spärlichen purpurnen Flecken und den ebenso gefärbten Basen von Tepalia und Lippe.

Stanhopea martiana

Man kultiviert sie weitgehendst wie andere *Stanhopea*-Arten. Potenzielle Bewunderer dieser Pflanzen sollten große Sorgfalt auf die Wahl des Standorts verwenden; die stattlichen, spindelförmigen Basen der künftigen Blütenstände sind für ihren „positiven Geotropismus“ bekannt. Diesem muss man bei der Kultur Rechnung tragen: wenn *Stanhopea*-Orchideen nicht als Epiphyten auf kahlen Ast- oder Rindenstücken kultiviert werden, gehören sie in große, eher flache Epiphytenkörbe. Das Substrat sollte so locker sein, dass die Blütentriebe es unverletzt durchdringen können (daher empfiehlt sich eine Mischung aus Kiefernrindenschrot, Torfmoosstreifen, Styropor u.ä.). Auf gar keinen Fall sollte man sie in Töpfe pflanzen!
Alle *Stanhopea*-Orchideen brauchen eine halbschattige, gut belüftete Umgebung, regelmäßige Wassergaben und während der Bildung neuer Pseudobulben reichlich Dünger. In der Ruhephase gießt man weniger. *S. martiana* blüht im Spätsommer und stammt aus Mexiko.

Stanhopea oculata ▣ ☺

Intermediär bis thermophil

Zusammen mit *S. tigrina* ist *S. oculata* die am längsten gepflegte Spezies – beide Orchideen gehörten schon in der Pionierzeit des Gärtnerns zum „eisernen Kernbestand“ jedes Palmenhauses. Diese Art hat die gleichen Nachteile wie andere *Stanhopea*-Orchideen: die mittelgroßen Büschel sind recht sperrig, die Blüten nur kurzlebig. *S. oculata* bildet einen hängenden Blütenstand, der

Stanhopea oculata

eine Länge von bis zu 35 cm erreichen kann und aus 4–10 weiträumig verteilten Blüten besteht. Letztere sind weißlich mit einem Anflug von gelb und zarten purpurnen Flecken. Die Basis der Lippe zieren zwei prächtige braun-rote Flecken.
Pflegen Sie diese Pflanze wie die zuvor beschriebenen Arten. Mit Blüten kann man hier zwischen Juni und September rechnen. Die Art stammt aus den Festlandstaaten Mittelamerikas, d.h. dem Raum zwischen Mexiko und Honduras, aber auch aus Kolumbien und Venezuela.

Stanhopea platyceras ▣ ☺

Intermediär bis thermophil

Diese Vertreterin der Gattung *Stanhopea* ist in Sammlungen erst selten vertreten. Sie hat recht stattliche Proportionen. Ihre Pseudobulben und Blätter gleichen denen verwandter Spezies. Der 20–25 cm lange hängende Blütenstand trägt zwischen 3 und 6 zarte, wachsartige Blüten.
Pflegen Sie diese Spezies als Epiphyt oder in einem „lockeren“ Hängekorb weitgehend wie *S. martiana*. Die Blüten erscheinen im Herbst. Heimat der Pflanze sind die Vorberge der Anden Kolumbiens.

Stanhopea platyceras

Stanhopea saccata ▣ ■ ☺

Intermediär bis thermophil

Diese stattliche Vertreterin ihrer Gattung hat eine weißlichgelbe Lippe mit bizarr gedrehten Anhängseln. Ihre Größe macht sie ungeeignet für kleinere Liebhaber-Gewächshäuser. Die spärlich bestückten, verzweigten Blütenstände tragen manchmal nur eine, zumeist jedoch 2–4 Blüten mit gelben Tepalia und weißlicher Lippe. Die Spitze der Lippe zieren häufig zierliche Flecken. Pflegen Sie diese Art wie *S. martiana*. Die Pflanze blüht im Sommer und ist in den feuchten Regenwäldern des nördlichen Südamerika (und Mexikos) noch recht weit verbreitet.

Stanhopea saccata

Stanhopea sp., Ecuador

Stanhopea tigrina

Stanhopea sp. ▣ ☺

Intermediär bis thermophil

Die Pseudobulben dieser selten gepflegten, noch unbestimmten Orchidee sind ein typisches Gattungsmerkmal – eiförmige Gebilde mit leicht verlängerter Spitze. Sie tragen länglich-elliptische Einzelblätter mit mehrfacher Längswellung, die bis zu 35 cm messen können. Der Blütenstand besteht jeweils aus etwa 2–5 sukkulenten gelblichweißen Blüten mit gelber Lippe und spärlichen dunklen Punkten. Alle Blütenteile sind fleischig. Die Lippe weist eine komplexe Morphologie auf; Botaniker unterscheiden hier drei Abschnitte: Hypochil, Mesochil und Epichil. Man kultiviert diese Art wie *S. martiana*. Die Pflanze blüht im Spätsommer, gelegentlich auch im Frühling; ihre Heimat sind Kolumbien und Ecuador.

Stanhopea tigrina ▣ ■ ☺

Intermediär bis thermophil

Die Spezies *S. tigrina* ist die größte und bekannteste aller *Stanhopea*-Orchideen. Wie die übrigen Arten der Gattung besitzt auch diese Pflanze stängellose, einblättrige, dunkelgrüne Pseudobulben. Im Spätsommer bilden sich an deren Basen bizarre gelbgrüne, sackartige Gebilde, die mit braunen Punkten übersät sind – die Knospen der noch „verpackten" Blütenstände. Und dann kommt der große Moment: die Öffnung der fantastisch, ja geisterhaft anmutenden, bis zu 16 cm weiten Blüten. Die Grundfarbe der gesamten Blüte ist ein blasses Gelb, auf dem die imposanten, oft miteinander verschmelzenden Flecken prangen. Jeder Blütenstand trägt circa 2–4 dieser großen Gebilde, und es fällt der Pflanze manchmal schwer, sie alle „durchzubringen" – manche von ihnen sterben direkt vor dem Aufblühen ab. Man kultiviert *S. tigrina* genau wie die anderen *Stanhopea*-Arten. Mit Blüten kann man hier im Hochsommer rechnen. Heimat dieser Pflanze ist Mexiko.

Stanhopea wardii

Stelis sp., Ecuador

Stanhopea wardii ⊡ ▣ ☺

Intermediär bis thermophil

S. wardii hat maximal 14 cm weite, gelb-orange Blüten, die mit roten Punkten übersät sind. Der hängende Blütenstand trägt bis zu 10 davon. Zwei prächtige dunkle Flecken verschönern die Basis der Lippe. An die Kultur stellt diese Art die gleichen Ansprüche wie andere *Stanhopea*-Orchideen. Da ihre Pseudobulben recht klein ausfallen, kann man die Pflanze entweder in Epiphytenkörben oder auf Zweigen kultivieren. Sie blüht im Spätsommer, aber in Sammlungen sehr unregelmäßig – zumeist erst dann, wenn ihre Büschel ausreichend groß sind. Deshalb sollte man diese Orchideen nicht zu oft teilen. Die Art besiedelt ganz Mittelamerika zwischen Mexiko und Panama.

Stelis ⊡ ☺

Intermediär bis thermophil

Die Gattung *Stelis* ist recht groß – sie umfasst etwa 270 Arten. Da diese Orchideen jedoch unansehnlich wirken und keine schönen Blüten bilden, werden sie kaum je gepflegt. Die kleinen Pflanzen ähneln einigermaßen den Vertreterinnen der nah verwandten Gattungen *Pleurothalis* oder *Masdevallia*. Aus dem kriechenden Rhizom sprießen dünne, starre, einblättrige Pseudobulben mit spatel- oder umgekehrt lanzettförmigen Blättern. Die langen Blütenstiele tragen zahlreiche Blüten, die in aller Regel zwei Reihen bilden. Ihre Sepalia formen eine Art Dreieck, wobei ihre unteren Teile miteinander verwachsen sind. Die meisten Arten besitzen weißliche Sepalia; nur selten zeigen diese Elemente bei *Stelis*-Orchideen eine andere, attraktivere Färbung. Die übrigen Blütenteile sind unauffällig und klein. Man kann die Pflanzen wie die verwandten Gattungen pflegen, entweder als Epiphyten oder im Topf. Die Gattung *Stelis* besiedelt die Tropen des gesamten amerikanischen Kontinents.

Stelis sp., Ecuador

Stenoglottis longifolia

Stenoglottis longifolia ⊡ ▣ ☺

Kryophil bis intermediär

Diese während der Blütezeit überaus attraktive terrestrische Orchidee wird nur selten gepflegt. Alljährlich bilden ihre sukkulenten Wurzeln Rosetten aus 8–12 cm langen gefleckten Blättern und einen bis zu 35 cm langen Stiel, der 30–90 winzige rosa Blüten mit gegabelter Lippe trägt. Kultiviert wird sie in Töpfen mit einem luftigen, humosen Substrat. Nach der Blüte sterben alle oberirdischen Teile ab; daher muss man die Pflanze kühl und trocken überwintern. *S. longifolia* blüht zwischen August und Oktober; sie stammt aus den Halbwüsten der Provinz Natal (Südafrika).

Taeniophyllum obtusum

Taeniophyllum obtusum □ 😐

Intermediär bis thermophil

Diese Pflanze ist ein Beispiel für blattlose Orchideen mit extrem reduziertem Stamm (Maximallänge 1 cm) und flachen, assimilierenden Wurzeln. Im Gegensatz zu den prächtigen Blüten der Gattungen *Chiloschista* und *Polyrrhiza* bildet sie nur winzige, 3–5 mm weite weiße oder gelbliche Einzelblüten oder kurze Ähren. Auch die blütenbildenden Blattrosetten fallen mit 5–10 cm Durchmesser in der Regel sehr klein aus. Die winzigen Pflanzen reagieren sehr empfindlich auf Dürre und andere Haltungsfehler, sodass man ihre Kultur nur eingefleischten Freunden von Orchideen-Kuriositäten empfehlen kann. Wie man dies tut, wird im Kapitel über *Polyrrhiza funalis* beschrieben. Die Pflanze blüht unregelmäßig (meist im Herbst) und stammt aus Malaysia, Thailand, Kambodscha und Indonesien.

Tainia viridifusca ▣ 😐

Intermediär bis thermophil

Die Art vertritt eine große asiatische Gattung terrestrischer oder epiphytischer Orchideen. Am kriechenden Rhizom bilden sich einblättrig-zylindrische Pseudobulben mit schmalen, extrem langen Blättern; der aufrechte Blütenstiel erscheint erst nach ihrem Abfallen. Der Blütenstand von *T. viridifusca* besteht aus bis zu 30 etwa 3,5 cm weiten

Blüten; ihre bräunlichen Tepalia sind ein wenig um die Längsachse gedreht. Die kurze weißliche Lippe fällt kaum auf. Man sollte die Art in Töpfen mit durchlässigem Epiphytensubstrat (etwas Humus!) pflegen und während des Wachstums feucht, warm und halbschattig stellen. Nach dem Abwurf der Blätter werden Temperatur und Wassergaben reduziert. Die Spezies blüht im Januar und stammt aus Thailand.

Thunia alba ■ ☺

Kryophil bis intermediär

Typisch für Orchideen der Gattung *Thunia* sind ihre sehr langen, fleischigen, rohrartigen Stämme mit zwei Blattreihen. Sie wurzeln im Boden und klettern nur gelegentlich an Bäumen empor. Der endständige Blütenstand trägt 2–8 prächtige Blüten. Diese sind bei *T. alba* rein weiß; ihre röhrenförmige Lippe ist innen gelb und ähnelt mit ihrem bewimperten Saum der von *Cattleya*-Arten. Die stattlichen Proportionen lassen die Spezies kaum zur Kulturpflanze werden. Das Substrat muss schwerer als üblich sein, und die Pflanzen brauchen eine längere Ruhephase (in der sie oberirdisch völlig absterben). *T. alba* blüht im Sommer und stammt aus Indien.

Tainia viridifusca

Thunia alba

Ticoglossum krameri

Tolumnia variegata

Tolumnia scandens

Ticoglossum krameri ⊡ ▣ 😐

Kryophil bis intermediär

Die Pseudobulben dieser Art sind oval und 5 cm lang; sie tragen nur ein 20 cm langes Blatt. Der aufrechte, nur 20 cm hohe Stiel ist locker mit 2–3 Blüten besetzt. Ihre elliptischen Tepalia sind rein weiß, die Lippe ist rosa bis weiß. Man kultiviert *T. krameri* als Epiphyt oder in Hängetöpfen an gut belüfteten, schattigen und recht kühlen Standorten. An heißen Sommertagen muss häufig gesprüht werden; alternativ kann man die Pflanzen auch in Gartenbäume hängen. Während des Winters – nach dem Welken der Blätter – gönnt man ihnen eine kurze Trockenphase. *T. krameri* blüht zwischen Herbst und Frühjahr; die Art ist in Mittelamerika weit verbreitet.

Tolumnia □ ⊡ 😐 😊

Thermophil

Die Gattung *Tolumnia* – vor allem ihre Spezies *T. variegata* – ist sehr gut bekannt; das einzige Problem besteht darin, dass man sie unter dem wissenschaftlich ungültigen Namen *Oncidium variegatum* kennt. Von den *Oncidium*-Orchideen unterscheiden sich *Tolumnia*-Arten durch den Bau der grünen Teile, einige Blütendetails und die Chromosomenzahl. Wenn sie nicht blühen, ähneln die Gattungen einander sehr stark. Dass sie sich leicht kreuzen lassen, erschwert die Bestimmung in den Resten ihrer natürlichen Habitate (allerdings kam es zu dieser „Annäherung“ durch den Eingriff des

Tolumnia-Hybride

Tolumnia sp., Kuba

Menschen). Diesem Umstand verdanken wir zahlreiche schöne Hybriden, die man in Sammlungen heute öfter als die Ursprungsart sieht, und die auch leichter blühen. Die 30 Arten der Gattung bilden kleine, fast zwergenhafte Pseudobulben oder kurze Stämme mit fächerartigen Blattrosetten. Diese an heiße Standorte angepassten Blätter mit ihren gesägten Rändern und scharfen Spitzen sind sehr fest und hart. Die prächtigen Blüten zeigen eine Kombination von gelb, braun, rot und weiß; sie sitzen in größerer Zahl auf drahtig-starren, häufig verzweigten Stielen. Die Lippen lassen die übrigen Blätter winzig erscheinen und weisen oft ein sehr komplexes, artspezifisches Muster auf. Am besten pflegt man diese Pflanzen als Epiphyten; sie lassen sich auch eintopfen, blühen aber dann seltener. Während der Wachstumsphase brauchen sie unbedingt ein Maximum an Sonnenlicht, Wärme und Luftbewegung – dazu kann man sie bspw. im Garten „übersommern" lassen. In der winterlichen Ruheperiode senkt man die Temperaturen ein wenig und stellt das ansonsten spärlich betriebene Sprühen vollständig ein. Die Pflanze blüht unregelmäßig und stammt von den Antillen.

Trias disciflora

Trias disciflora □ 😐 ☺

Intermediär bis thermophil

Die winzigen Kuriositäten der Gattung *Trias* fesseln unsere Aufmerksamkeit eher durch die Morphologie ihrer Körper als durch die Blüten. Diese Arten (meist Epiphyten) bilden bis zu 2 m große, dichte, ballförmige „Nester" aus stängellosen, lebhaft grünen Pseudobulben mit je einem elliptischen sukkulenten Blatt. Die Blüten von *T. disciflora* zählen zu den größten und schönsten der ganzen Gattung. Sie haben bis zu 2 cm Durchmesser; über die hellrote Grundfärbung sind dichte purpurne Punkte verstreut. Die atypisch große Lippe fällt durch eine dunklere Färbung und die zarteren Punkte auf. Die Kultur erfolgt wie bei der nachstehenden Art beschrieben. Die Blüten dieser Orchidee erscheinen im zeitigen Frühjahr; zuhause ist sie in Thailand und Laos.

Trias oblonga □ 😐 ☺

Intermediär bis thermophil

Der Körperbau dieser Art verrät ihre Gattungszugehörigkeit: die flachen Pseudobulben messen kaum 1,5 cm und tragen je ein nur wenig längeres, fast kugelförmiges Blatt. Die artspezifischen Blüten weisen ein Trio (daher der lateinische Gattungsname) gut entwickelter gelb-grüner Sepalia auf. Alle anderen Blütenteile sind erheblich reduziert. Man pflegt diese Art als Epiphyt und umhüllt ihre Wurzeln bei der Montage mit etwas Torfmoos. Hängen Sie die Unterlagen an halbschattigen Stellen mit überdurchschnittlich hoher Luftfeuchtigkeit auf. Während der Winterruhe wird sparsamer gegossen. *T. oblonga* blüht im zeitigen Frühjahr; sie stammt aus Thailand und Laos.

Trias oblonga

Trichocentrum pulchrum ⊡ 😐 ☺

Intermediär bis thermophil

Die gesamte Gattung *Trichocentrum* ist für die Kultur sehr wichtig; alle 20 bisher beschriebenen Arten gelten als wunderschöne Orchideen – was bereits der lateinische Artname der Spezies *T.*

Trichocentrum pulchrum

pulchrum belegt (er bedeutet nämlich „schön" oder „ansehnlich"). Ihre Pseudobulben sind so klein, dass sie beinahe zwischen den länglichen, fleischigen, bis zu 9 cm langen Blättern mit ihren runden Spitzen verschwinden. Auf den noch kürzeren Stielen sitzen weiße Einzelblüten mit gelb gefärbter Lippenbasis. Alle übrigen Tepalia zieren Längsstreifen aus zierlichen roten Punkten. Man kultiviert diese Orchidee genau wie die nachstehend beschriebene Art. Sie blüht im Sommer (Juli, August) und stammt aus Kolumbien, Venezuela, Ecuador und Peru.

Trichocentrum tigrinum ⊡ ☺

Intermediär bis thermophil

Diese Orchidee ist wohl die bekannteste aller *Trichocentrum*-Arten. Sie ähnelt von ihrer Erscheinung her der Spezies *T. pulchrum*, besitzt jedoch rot gefleckte Blätter. Die weißlichen Tepalia sind dicht mit rot-braunen Flecken übersät. Ihre dunkle Färbung steht in scharfem Kontrast zur breiten Lippe; diese hat eine zunächst purpurn-rot, dann aber gelb gefärbte Basis und wird zum Ende hin weiß. Die ganze Gattung ist nicht nur schön, sondern auch pflegeleicht. Man kultiviert sie auf einem Stück Rinde oder im Topf an halbschattigen, recht feuchten und gut belüfteten Standorten. Da die Pflanzen auch im Winter weiterwachsen, muss man weiter gießen, wenn auch etwa weniger. *T. tigrinum* blüht zwischen Juli und Oktober; sie stammt aus Ecuador.

Trichocentrum tigrinum

Trichoceros parviflora □ ⊡ ☺

Intermediär

Diese Spezies vertritt eine kleine Gattung (insgesamt nur 5 Arten) von epi- oder lithophytischen Orchideen. An langen, Ausläufer bildenden Fortsätzen sitzen fast runde Einzel-Pseudobulben; jeder davon trägt an der Basis mindestens zwei starre Blätter. Den Blattachseln entsprießen spärliche, hängende Blütenstände, die recht attraktiv wirken. Die Spezies *T. parviflora* besitzt gelbe, maximal 2,5 cm weite Blüten mit einer dicht behaarten roten Lippenbasis. Die ebenfalls haarige Columna im Zentrum der Blüte weist zwei stumpfe Fortsätze auf (daher der Gattungsname: *tricho* bedeutet „haarig", *ceros* „Horn"). Die Pflanze lässt sich relativ leicht kultivieren, doch blüht diese lithophytische Art nur sehr langsam und schwer, wenn man sie als Epiphyt pflegt. Die Ochidee blüht im Frühling und stammt aus den mittleren Höhenlagen der Anden Südamerikas.

Trichoceros parviflora

Trichopilia fragrans

Trichopilia laxa

Trichopilia fragrans ⊡ ◼ ☺

Intermediär

Die reinweißen Blüten dieser Gattung sind oft nahezu durchsichtig; leider erweist sich ihre Schönheit als überaus kurzlebig – sie verwelken schon nach 2–3 Tagen. Glücklicherweise bilden sich an den Basen der dicht gedrängten, länglich-flachen, einblättrigen Pseudobulben, die bis zu 12 cm messen können, nacheinander 2–3 zweiblütige (selten mehr) Blütenstiele. *T. fragrans* ist ein Epiphyt, der an die Kultur ähnliche Ansprüche wie *T. marginata* stellt. Diese Pflanze blüht im Spätherbst und besiedelt ein weites Gebiet, zu dem neben den Westindischen Inseln Kolumbien, Venezuela und Bolivien gehören. Die abgebildete Orchidee fanden wir in den Vorbergen der Anden unweit von Baeza (Ecuador).

Trichopilia laxa ⊡ ◼ ☺

Intermediär

Typisch für die *Trichopilia*-Orchideen ist eine große, prächtige, charakteristisch geformte Lippe mit faltiger Basis. Leider sind die schönen, relativ großen Blüten verhältnismäßig kurzlebig. Die

Trichopilia marginata

Trichopilia sp., Venezuela

Spezies *T. laxa* besitzt flache, ovale Pseudobulben, die bis zu 7 cm messen können. Den hängenden Stiel zieren etwa 4–8 Blüten. Diese besitzen rosa Tepalia und eine gelb-weiße Lippe. Man kultiviert diese Pflanze genau wie *T. marginata*. Die Spezies blüht im Frühling und stammt aus Kolumbien und Venezuela.

Trichopilia marginata ⊡ ▣ ☺

Intermediär

Diese schöne Art ist auch unter der Bezeichnung *T. coccinea* bekannt. Sie ähnelt stark der zuvor beschriebenen Spezies, besitzt jedoch viel größere Blüten (Durchmesser bis zu 12 cm). Die Tepalia – auch die röhrenförmige Lippe – sind außen weißlich-rosa gefärbt, innen hingegen scharlachrot mit weißem Saum (daher auch der lateinische Artname). Man kann diese Pflanze als Epiphyt kultivieren, doch gedeiht sie viel besser in Hängetöpfen mit einem Substrat aus durchlässiger Epiphytenerde. Auf Unterlagen montierte Pflanzen muss man deutlich häufiger übernebeln. *T. marginata* blüht zwischen April und Mai; ihre Heimat ist Mittelamerika, genauer gesagt der Raum zwischen Guatemala und Kolumbien.

Trichopilia sp. ⊡ ▣ ☺

Intermediär

Die Taxonomie der Gattung *Trichopilia* ist äußerst unklar und verwirrt. Zahlreiche neu entdeckte Wildpflanzen mussten viele Jahre lang auf ihre wissenschaftlichen Namen warten; viele von ihnen wurden mit anderen verwechselt, andere anhand von nur einem Exemplar beschrieben und danach niemals wieder entdeckt. Das betrifft auch die unbenannte Pflanze aus Venezuela auf unserem Bild. Die Pflege dieser Orchideen bereitet kaum Probleme, wenn man von ihrem Erwerb absieht… Die ganze Gattung *Trichopilia* ist in punkto Luftbewegung nicht besonders anspruchsvoll, sodass sie sich auch für kleine Liebhaber-Glasbehälter und -gewächshäuser eignet.

Trigonidium egertonianum ▣ ☹

Intermediär bis thermophil

Bizarr geformte Blüten sind ein großer (aber leider auch der einzige) Vorteil dieser Orchideengattung, die aus nur wenigen (circa 12) sehr sperrigen Arten besteht. Die Spezies *T. egertonianum* besitzt kleine (maximal 2 cm lange) Pseudobulben, welche in dünnen, bis zu 35 cm messenden Blättern enden. Ihre winzigen becherförmigen, etwa 2 cm weiten Blüten sitzen einzeln auf dünnen Stielen. Die braun-weißen Tepalia mit ihren braunen Längsstreifen verbergen die winzige Lippe fast völlig. Zwei auffällige dunkle Flecken in ihren oberen Zipfeln wirken wie Augen. Halten Sie diese Pflanzen an gut belüfteten Standorten mit überdurchschnittlich viel Licht und Feuchtigkeit. Sie stammen aus Mexiko und Kolumbien.

Trigonidium egertonianum

Trudelia pumila

Trudelia pumila ⊡ 😐

Kryophil bis intermediär

Bis 1988 wurden diese Orchideen von Botanikern als Vanda-Arten eingestuft; die spätere Zuordnung zu einer neu eingerichteten Gattung beruhte auf der Form und abweichenden Anatomie ihrer Blüten. Die Blätter messen kaum 10 cm; im Verhältnis dazu sind die weißlichen Blüten, von denen 3–5 auf jedem der kurzen Stiele sitzen, mit bis zu 6 cm Durchmesser ungewöhnlich groß. Die Lippenstreifen variieren zwischen blutrot und rot-braun. Die Art ist ursprünglich in höheren Lagen zuhause, sodass man sie unbesorgt an kühleren Standorten pflegen kann. *T. pumila* stammt aus dem Himalaja und blüht zu einer für den Halter ungünstigen Zeit – zwischen Juni und August.

Tuberolabium cotoense ⊡ ☺

Intermediär bis thermophil

Die Blüten dieser liebenswerten Kleinorchidee duften nach Kokosnuss. Bis 1992 galt sie als Vertreterin der Gattung *Saccolabium*. Sie hat einen verkürzten Stamm mit zwei Reihen starrer, riemenförmiger Blätter, die bis zu 10 cm messen. Die kleinen, ausdauernden Blüten dieser Art bilden kurze, schüttere Blütenstände und sind weißlich mit purpurn gezeichneter Lippe. Pflegen Sie die Art als Epiphyt etwas feucht im Halbschatten. Die Spezies blüht im Frühjahr und Herbst; ihre Heimat sind die Philippinen und Taiwan.

Tuberolabium cotoense

Vanda – Coerulea hybrid

Vanda – Coerulea-Hybride ▣ ■ ☺

Intermediär

Ein Elternteil der abgebildeten Hybride – nämlich *V. coerulea* – sieht ihr sehr ähnlich und zählt zu den wenigen blaublühenden botanischen Arten. Das hat man sich bei der Züchtung von interspezifischen und -generischen Hybriden zunutze gemacht. Die Elternpflanze gleicht der folgenden Spezies, bleibt allerdings ein wenig kleiner. Ihre 5–15 himmelblauen Blüten mit der dunklen, haarnetzartigen Äderung können bis zu 10 cm Durchmesser erreichen und sitzen auf maximal 40 cm hohen aufrechten Stielen. Was ihre Kultur in Europa angeht, ist diese Art wegen ihrer alpinen Herkunft noch schlechter dran als ihre hybriden Nachkommen. Man pflegt sie am besten in Körben oder großen Töpfen, die mit kleinen Rindenschnipseln oder grobem Epiphytensubstrat gefüllt sind. Diese Orchidee braucht relativ kühle Luft und ein Maximum an Licht. Auch bei aufopfernder Pflege wachsen ihre Stämme nur langsam, und die Blüten erscheinen sehr selten und unregelmäßig. Ihre Heimat sind Assam, Burma und Thailand.

Vanda coerulescens ▣ ■ ☺

Intermediär

Vertreter der wohl bekannten, für die Zucht sehr wichtigen Gattung *Vanda* sind wohl die typischsten und bekanntesten monopodialen Orchideen. Ihre interspezifischen und -generischen Hybriden werden in tropischen Orchideenfarmen als Schnittblumen gezogen. In Europa begegnet man ihnen seltener, da alle *Vanda*-Hybriden dort wegen des winterlichen Lichtmangels nur sehr selten und unregelmäßig blühen. Die Blätter von *V. coerulescens* können bis zu 30 cm messen; der Stamm hingegen kann über 40 cm lang werden. Die lilablauen Blüten erreichen Durchmesser von 3–4 cm; ihre Lippe ist purpurn gefärbt und weist eine blaue Zeichnung auf. An die Kultur stellt diese Spezies die gleichen Ansprüche wie die vorige. Sie blüht zwischen März und Mai; ihre Heimat sind Nordostindien, Burma, Thailand und Südchina.

Vanda coerulescens

Vanda tricolor var. *suavis* ■ ☺ ☺

Intermediär

Ein recht anspruchslose und dennoch sehr hübsche Art. Leider eignet sie sich nur für Sammlungen in großen Gewächshäusern, denn ihr monopodialer Stamm mit zwei Reihen von 30–45 cm langen Blättern kann bis zu 150 cm lang werden! Der hängende Blütenstand besteht aus etwa 5–10 dreifarbigen, 5–6 cm weiten, duftenden Blüten. An typischen Exemplaren sind die propellerförmigen Tepalia außen weiß gefärbt, innen dagegen gelblich mit braunen Flecken. Die abgebildete var. *suavis* besitzt schmalere, auch innen weiße Tepalia. In beiden Fällen ist die Lippe rosa-purpurn. An die Kultur stellt diese Art die gleichen Ansprüche wie andere intermediäre *Vanda*-Orchideen. Sie blüht im Winter und stammt aus Java und Laos.

Vandopsis lissochiloides ▣ ■ ☺ ☺

Intermediär bis thermophil

Die insgesamt 12 Arten dieser kleinen Gattung ähneln den Orchideen der Gattungen *Vanda* und vor allem *Arachnis*. Von den letztgenannten unterscheiden sich die *Vandopsis*-Orchideen durch das Fehlen eines Sporns am unteren Teil ihrer Lippe. Die hübschen, langlebigen Blüten verschaffen ihnen an sich eine große Eignung als Zier- und Zuchtpflanzen, doch sieht man sie einstweilen noch recht selten. Der Stamm von *V. lissochiloides* kann bis zu 1 m lang werden und ist mit dünnen, maximal 50 cm langen Blättern besetzt. Der aufrechte Blütenstand trägt 10–20 Blüten von 6–7 cm Durchmesser. Ihre gelben Tepalia sind dicht mit braun-roten Flecken übersät und außen purpurn gefärbt; die kleine Lippe hat ein purpurnes Ende.

Vanda tricolor var. *suavis*

Vandopsis lissochiloides

Diese Art stellt die gleichen Kulturansprüche wie eher thermophile *Vanda*-Orchideen. Ihre Herkunft konnte bisher noch nicht genau umgrenzt werden – Fundberichte liegen bisher von den Philippinen und Molukken sowie aus Neuguinea (unser Bild) und Thailand vor.

Vanilla aphyllum

Vanilla aphyllum ▣ ■ 😐 ☺

Intermediär bis thermophil

Die Pflanze ist nah mit der einzigen landwirtschaftlich genutzten Orchideenart *V. planifolia* verwandt, deren unreife Schoten fermentiert in der Lebensmittel- und Kosmetikindustrie Verwendung finden. Als epiphytische oder terrestrische Art bildet *V. aphyllum* viele Meter lange segmentierte, lianenartige Stämme mit kleinen längsovalen Blättern. An jedem Knoten des Stammes bilden sich lange, feste Wurzeln. An den gleichen Stellen entstehen später auch (sofern die Stämme ausgereift sind und genug Licht bekommen) Blütenstände aus etwa 1–4 gelbgrünen Einzelblüten. Die rötliche, röhrenförmige Blüte besitzt eine bewimperte Lippe. An die Kultur stellt *V. aphyllum* einige spezifische Ansprüche: pflanzen Sie die Orchideen zunächst in weite Schalen mit Epiphytensubstrat; dann lenkt man die kletternden Triebe auf andere Töpfe, Blumenbeete bzw. Holzpfähle oder hängt sie im Gewächshaus auf. Die Pflanzen brauchen viel Wärme und ein Maximum an Sonne. Sie blühen nur bei optimaler Pflege zwischen Oktober und November. Ihre Heimat ist die Malaiische Halbinsel (unser Foto entstand in Thailand).

Warmingia eugenii

Warmingia eugenii ⊡ 😐 ☺

Intermediär bis thermophil

Zu dieser Gattung gehören nur zwei kleine Arten, welche nah mit den *Macradenia*- und *Notylia*-Orchideen verwandt sind. Sie eignen sich vor allem als ungewöhnlich blühende Kuriositäten für Liebhabersammlungen. Die bekanntere der beiden Spezies, *W. eugenii*, bildet winzige, kaum 2 cm lange Pseudobulben mit etwa 10 cm messenden längsovalen Einzelblättern. Ihr hängender Blütenstand besteht aus bis zu 30 maximal 2 cm weiten Einzelblüten. Alle Tepalia sind schneeweiß gefärbt und transparent mit bewimperten Säumen. Als schattenliebende Orchidee muss *W. eugenii* entsprechend kultiviert werden. Sie blüht im Herbst und stammt aus den Wäldern Ostbrasiliens.

Xylobium elongatum ▣ ☺

Intermediär

Die Vertreterinnen dieser kleinen Gattung (insgesamt 30 Arten) sind heiß begehrte Sammlerstücke. Zwar ähneln ihre Blüten in Aufbau und Gestalt denen der *Lycaste*-Orchideen, doch halten Farbe und Form keinem Vergleich stand. Eine Ausnahme von

Xylobium elongatum

Xylobium sp., Ecuador

Zygopetalum mackaii

der Regel bildet allerdings *X. elongatum* – ihre grünen, verhältnismäßig großen Blüten prunken mit einer prächtigen rotgepunkteten, zungenförmigen Lippe. An den Basen der 5–8 cm langen, am Ende belaubten Pseudobulben bilden sich kurze, schüttere, hängende Blütenstände. *X. elongatum* ist eine epiphytisch, manchmal auch terrestrisch wachsende Spezies, die man am besten in Hängetöpfen kultivieren sollte. An die Kultur stellt sie keine besonderen Ansprüche. Im Winter muss man die Temperatur senken und etwas sparsamer gießen. Diese Art stammt aus den Anden von Kolumbien und Ecuador.

Xylobium sp. ▣ ☺

Intermediär

Im Gegensatz zur vorigen Art ist diese Orchidee eine überaus typische (und daher unauffällig wirkende) Vertreterin ihrer Gattung. Die stattlichen, bis zu 8 cm hohen Pseudobulben enden jeweils in einem einzigen lanzettförmigen, längsgewellten Blatt, das bis zu 25 cm messen kann. Die Proportionen der Pflanze stehen in scharfem Kontrast zu ihren winzigen, nur 1–2 cm weiten rot-weißen Blüten, die sich in Gruppen von 5–8 dicht auf den Blütenständen drängen. Diese Pflanze blüht im Herbst und stammt aus den Vorbergen der Anden von Ecuador.

Zygopetalum mackaii ▣ ☺

Kryophil bis intermediär

Wer die Absicht hat, ein Anfänger-Lehrbuch für die Orchideenkultur zu verfassen, sollte darin auf jeden Fall *Z. mackaii* behandeln – so berühmt und weit verbreitet ist diese Art als Zierpflanze. In den letzten Jahren wird sie sogar – auch in ihrer reinblütigen Form – massenweise von Supermärkten angeboten. Angesichts der großen Zahl potenzieller Rivalen ist das ein schlagender Beweis für ihre Schönheit. Die bis zu 8 cm weiten Blüten haben eine weißliche Lippe mit purpurner Äderung. Eine elegante Ergänzung dazu bilden die grünen, hübsch braun gefleckten Tepalia. Der Blütenstiel erreicht eine Länge von bis zu 70 cm und trägt maximal 8 Blüten, sodass sich die Art als Schnittblume eignet (und manchmal auch angebaut wird). Obwohl sie in der Natur epiphytisch wächst, sollte man sie in Mitteleuropa lieber in Töpfe mit relativ durchlässigem Substrat pflanzen. Ihre Kulturansprüche ähneln denen kryophiler *Cymbidium*-Arten, und im Sommer braucht sie eine zusätzliche Ruhephase: dann stellt man das Gießen völlig ein. *Z. mackaii* blüht im Herbst und stammt aus den Bergen Brasiliens.

Terrestrische Orchideen der gemäßigten Zonen

Für die meisten Bewohner der gemäßigten Breiten Europas, Asiens und Nordamerikas verbinden sich Orchideen mit fernen, exotischen Ländern. Nur wenige wissen, dass diese Pflanzen nicht auf die Tropenzonen beschränkt sind, sondern sogar extrem kühle Regionen unseres Planeten besiedelt haben.

In der Tat sind Orchideen auf dem Festland der Erde praktisch weltweit verbreitet, wenn man einmal von Wüsten und dem Ewigen Eis der Polarregionen absieht. Natürlich erreichen sie ihre größte Artenvielfalt in den Tropen, der Heimat von etwa 90 % der insgesamt 25 000 Arten, zu denen nicht nur die dominierenden epiphytischen Vertreterinnen der Familie, sondern auch eine kleinere Anzahl von Bodendeckern (terrestrische Arten) gehören. Obgleich sich die Zahl der Arten mit zunehmendem Abstand vom Äquator laufend verringert, findet man auch in den gemäßigten Breiten der Nord- und Südhalbkugel noch Hunderte, die sämtlich auf „traditionelle" Art wachsen, also im Boden wurzeln.

Dieses Kapitel ist als Einführung zu den Orchideen der nördlichen gemäßigten Zonen gedacht, mit Schwerpunkt auf den europäischen Arten. Im Vergleich mit den tropischen Arten wirken diese terrestrischen Orchideen auf den ersten Blick wie „arme Verwandte", die Wiesenkräutern ähneln. Bei näherer Betrachtung offenbaren sie jedoch ihre einzigartige Schönheit. Überdies handelt es sich um interessante und sehr anpassungsfähige Pflanzen mit unglaublichen Fähigkeiten (Näheres in den Gattungs- und Artkapiteln).

Der Titel dieses Kapitels ist etwas ungenau – einige der vorgestellten Arten kommen nicht nur in den gemaßigten Zonen vor; ihr Verbreitungsgebiet erstreckt sich bis in die Randzonen der Subtropen bzw. über den Polarkreis hinaus. Auf jeden Fall kommen sie in Regionen vor, wo die Temperaturen während der unterschiedlich langen Winter so tief fallen können, dass Gefäßpflanzen nicht mehr wachsen können. Deshalb mussten Kräuter und andere ausdauernde Pflanzen zum Überleben völlig andere Überlebensstrategien als die tropisch-epiphytischen *Orchidaceae* entwickeln. Sie siedelten sich also dort an, wo sie auch die unwirtlichste Jahreszeit überstehen konnten – im Erdboden. Das hat zur Folge, dass sie nicht ganzjährig grünen, sondern nur saisonal, während sie sich für den Rest des Jahres in ihre unterirdischen Teile – Wurzelknollen oder Rhizome – zurückziehen.

Pseudobulben – ein Merkmal der meisten tropischen Orchideen – bilden diese Arten nur in seltenen Ausnahmefällen (etwa bei den Gattungen *Malaxis* und *Hammarbya*). Während die Triebe tropischer Spezies unterschiedliche Formen annehmen können (kletternd, kriechend, segmentiert), gibt es bei terrestrischen Orchideen nur aufrechte mit Ähren oder Trauben aus unterschiedlich vielen Blüten. Letztere sind mit wenigen Ausnahmen relativ klein, weisen aber die gleiche Morphologie wie die übrigen Orchideen auf.

Im Gegensatz zum vorausgehenden Abschnitt bieten die folgenden Artkapitel fast keine Kulturanleitungen (und daher auch keine entsprechenden Symbole (dies betrifft auch die bei allen Arten sehr ähnlichen Temperaturansprüche). Der Grund dafür ist einfach: obwohl manche terrestrischen Orchideen ein sehr attraktives Erscheinungsbild bieten, lassen sich die meisten nicht umpflanzen, geschweige denn längere Zeit unter künstlichen Bedingungen kultivieren. Das liegt an den komplizierten und streng ausbalancierten ökologischen Ansprüchen terrestrischer Orchideen. Die weitaus meisten sind ihr Leben lang an Mycorrhiza gebun-

Orchis purpurea (Purpur-Knabenkraut), Tschechien

Links: *Barlia robertiana*, Zypern

den: darunter versteht man eine Koexistenz ihrer Wurzeln mit den Fäden „freundlicher" Pilze, die sie mit Nährstoffen beliefern (Näheres zu diesem Thema unter „Eine geheimnisvolle Symbiose" im Kapitel „Was sind Orchideen?").
Vor allem erwachsene Pflanzen sind viel stärker von Pilzgeflechten abhängig als tropische Orchideen. Die kleinste Einwirkung von Chemikalien auf das unmittelbare (oder weitere) Umfeld der unterirdischen Teile terrestrischer Arten führt unweigerlich zum raschen und unwiderruflichen Absterben dieser hoch empfindlichen Pilze – und damit der Pflanzen.
Natürlich hat auch diese Regel ihre Ausnahmen: manche erwachsenen Pflanzen können sich vollständig auf ihren Assimilationsapparat verlassen; dennoch ist nicht möglich, sie legal zu pflegen, weil die meisten Länder, in denen sie vorkommen, strengste Schutzmaßnahmen getroffen haben. Die Mycorrhiza und die allgemeine Empfindlichkeit terrestrischer Orchideen sind die Hauptursachen ihres oft irreversiblen Rückgangs, der seit etwa einhundert Jahren zu verzeichnen ist. Vor allem in Europa – also in einer vom Menschen wirtschaftlich intensiv genutzten und stark veränderten Region – sind die einst „globalen" Verbreitungsgebiete mancher Orchideenarten zu kleinen, voneinander isolierten Arealen geschrumpft, in denen nur noch stark geschwächte Populationen aus wenigen Pflanzen wachsen. Die Pflanzen mussten verschiedenen Prozessen weichen: Ausweitung der Ackerflächen, Melioration, Düngung, saurem Regen und Umweltverschmutzung.
Überdies lassen sich die terrestrischen Orchideen der gemäßigten Zonen auch nicht künstlich durch Samen vermehren – noch nicht einmal in vitro (und wenn es dennoch einmal gelingt, erweist sich das Auspflanzen der so gewonnenen Jungpflanzen in der Natur als wenig aussichtsreich, ja praktisch unmöglich). Aus diesem Grunde haben fast alle europäischen Staaten strenge Maßnahmen zum Schutz ihrer Orchideen getroffen. Wer Orchideenknollen zur Gewinnung von Rauschmitteln sammelt, sie in den verbliebenen Resthabitaten ausgräbt oder gar mit ihnen Handel treibt, wird streng bestraft, und sein Verhalten kann nur als ein amoralischer, unglaublicher Akt der Barbarei geächtet werden.
Die nachfolgenden Arten können nur eine kleine Auswahl aus der gesamten Gruppe der terrestrischen Orchideen der nördlichen Hemisphäre bieten, sind doch allein aus Europa und den angrenzenden Regionen etwa 250 Orchideenarten bekannt (zu denen in den gemäßigten Breiten Asiens und Nordamerikas Hunderte weiterer kommen). Angesichts der Zersplitterung der Habitate und ihrer Variabilität wurde bei jedem Foto auch der Name des Landes angegeben, in dem es entstand bzw. wo die Pflanze zuhause ist.

Anacamptis pyramidalis

Pyramiden-Orchis

Diese überaus hübsche Orchidee ist die einzige ihrer Gattung. Der Artname verweist auf die eigenartig pyramidale Form ihres teilweise geöffneten Blütenstands. Die Pflanze überwintert in Form von paarigen, fast kugelrunden, unsegmentierten Knollen. Ihr Stängel wird 20–80 cm lang und trägt 4–10 länglich-lanzettförmige Blätter, die bis zu 25 cm messen. Die Farbe der Blüten variiert zwischen hell- und purpurrot; die 1 cm lange Lippe weist drei deutliche Lappen auf. *A. pyramidalis* gedeiht vornehmlich auf den alkalischen Böden relativ nährstoffarmer Bergwiesen, aber auch in lichten Wäldern. Sie blüht zwischen April und August. Die Art stammt aus dem Mittelmeerraum, von wo sie sich allmählich bis in die nördlicher gelegenen Regionen Europas und nach Westasien (bis Zentralsibirien) sowie Nordafrika ausbreitete.
Die Pyramiden-Orchis kommt vor allem im warmen Südwesten Deutschlands (Rheinland-Pfalz, Saarland, Baden-Württemberg) vor. Nördlicher gelegene Populationen (bis Mecklenburg-Vorpommern!) sind sporadisch und großenteils erloschen.

Anacamptis pyramidalis, Tschechien

Barlia metlesicsiana, Teneriffa

Barlia robertiana

Mast-Orchis

Die Gattung *Barlia* steht innerhalb der *Orchidaceae* weitgehend isoliert da, obwohl über eine Verwandtschaft mit *Himantoglossum* spekuliert wurde. *B. robertiana* (vgl. das Foto auf S. 262) ist eine typische thermophile Orchidee des Mittelmeerraums. Aus paarigen unterirdischen Bulben sprießt ein kräftiger, bis zu 80 cm hoher Stiel mit 2–5 länglich-lanzettförmigen Blättern, die in Bodennähe eine Rosette bilden. Der dichte, üppige Blütenstand kann 23 cm lang werden. Die Blüten zeigen eine Palette aus weißlich-roten, purpurnen, braun-roten und grünlichen Tönen. Der mittlere Lappen der dreilappigen Lippe hat zwei Spitzen; im Gegensatz zur auf den Kanaren endemischen Spezies *B. metlesicsiana* ist er bei *B. robertiana* grünlich, und die seitlichen Lappen sind nach hinten gebogen. Diese Spezies besiedelt lichte Wälder, nährstoffarme Wiesen und die dazwischen gelegenen Lebensräume. Sie bewohnt meist Ebenen und Hügel mit trockenen bis mäßig feuchten alkalischen Böden. Die Pflanze blüht zwischen Januar und Mai; zuhause ist sie im ganzen Mittelmeerraum mit Ausnahme der südlichen Adria.

Cephalanthera damasonium

Weißes Waldvögelein

Der Name der Gattung *Cephalanthera* leitet sich von den griechischen Wörtern *kephale* (Kopf) und

Cephalanthera damasonium, Slowakei

anthera (Staubgefäß) ab; er bezieht sich auf die vorwärts gebogenen Staubbeutel an der Spitze. Ihr Pollen ist ausnahmsweise körnig und nicht in Pollinien zusammengefasst. Obwohl nur etwa 50 % der Wurzeln mit symbiotischen Pilzen „infiziert" sind, spielen die Mycorrhiza hier noch eine wichtige Rolle. Man hat in der freien Natur sogar blühende Exemplare gefunden, die völlig blattlos waren. *C. damasionum* geht aus einem kriechenden unterirdischen Rhizom hervor. Dieses verzweigt sich stark und bildet Adventivknospen aus, sodass man mancherorts ganze Gruppen vegetativ entstandener Pflanzen findet. Der meist 30–50 cm hohe Stängel trägt 3–5 gleichmäßig verteilte eiförmige Blätter mit Längsfurchen. Der schüttere Blütenstand besteht aus 3–20 cremefarbenen Blüten mit einer gelblichen Lippe: sie sind in der Lage, sich selbst zu bestäuben und öffnen sich daher nur ein wenig.
Diese Spezies bevorzugt halbschattige bis schattige Waldstandorte mit vorzugsweise alkalischen Böden. Sie blüht zwischen Mai und Juli und ist in Europa und Kleinasien weit verbreitet.

Cephalanthera kurdica, Türkei

Cephalanthera kurdica

Kurdisches Waldvögelein

C. kurdica ist eine schöne, üppig blühende *Cephalanthera*-Art, die sich vor allem über symbiotische Pilze ernährt – ihr Assimilationsapparat ist stark verkümmert. Deshalb besteht ein auffallendes Missverhältnis zwischen dem reichen Blütenstand und den winzigen Blättern. *C. kurdica* bildet bis zu 70 cm lange Stängel mit kaum 5 cm langen Hüllblättern. Der relativ schüttere Blütenstand besteht aus bis zu 40 leuchtendrosa Blüten, deren Durchmesser 2,5 cm beträgt; sie öffnen sich nacheinander von unten nach oben. Diese Spezies wächst in lichten Wäldern und Gebüschen – vor allem in Eichenbeständen mit dichtem Unterwuchs. Sie blüht zwischen April und Juni; ihre Heimat sind die Südtürkei, Türkisch- und Irakisch-Kurdistan und West-Iran.

Cephalanthera longifolia

Langblättriges Waldvögelein

Diese *Cephalanthera*-Art verdient vor allem wegen ihres großen Verbreitungsgebiets Beachtung. Sie ähnelt äußerlich ein wenig *C. damasionum*, mit der man sie aber nicht verwechseln kann, da die dünnen, schmal-länglichen Blätter von *C. longifolia* in aller Regel zwei Reihen bilden und Längen von bis zu 16 cm erreichen. Ihre Blüten sind schneeweiß gefärbt. Diese Orchidee wächst vor allem im Halbschatten heller, lichter Wälder und am Rande dichterer Forsten. Die Art kommt in wenigstens 40 Ländern vor – es liegen uns Fundberichte aus Europa und dem Raum zwischen Kleinasien, dem Kaukasus, Iran und dem westlichen Himalaja vor. In Deutschland konzentrieren sich die Vorkommen auf SO-Niedersachsen, Thüringen, Hessen, das Saarland, Rheinland-Pfalz, Baden-Württemberg und das bayrische Voralpenland.

Cephalanthera longifolia, Tschechien

Chamorchis alpina, Slowakei

Comperia comperiana

Diese Orchidee verdient wegen der stark verlängerten, fadenartigen Enden der dreilappigen Lippe Beachtung. Im Boden überlebt sie dank ihrer zwei kugelrunden Bulben. Die bodennahe Rosette besteht aus nur 2–4 längsovalen Blättern, die bis zu 15 cm messen. In der Blütezeit bildet die Pflanze einen maximal 60 cm hohen Stiel, der mehrere zunehmend reduzierte Hüllblätter trägt. Der schüttere Blütenstand misst bis zu 25 cm und besteht aus 20–30 prächtigen Blüten. Diese haben grünlichbraune Tepalia und eine mauve Lippe; ihre beiden Seitenlappen und die beiden Spitzen des mittleren Lappens sind zu hauchdünnen gedrehten Fortsätzen ausgezogen, die 8 cm lang sein können. Diese Spezies wächst in lichten Nadel- und sommergrünen Laubwäldern alpiner Höhenlagen. Sie blüht zwischen Mai und Juni. *J. comperiana* berührt Europa nur peripher (auf der Krim) und ist vorwiegend in Kleinasien verbreitet.

Comperia comperiana, Lesbos (Griechenland)

Chamorchis alpina

Zwerg-Orchis

Diese alpine Orchidee verdankt ihren Namen der winzigen Größe (das griechische Wort *chamai* bedeutet „auf dem Boden, niedrig“) und ist die einzige Art ihrer Gattung. In der Taxonomie der terrestrischen Orchideen nimmt sie einen Sonderplatz ein: sie kommt nur in Europa vor. Den größten Teil des Jahres schlummern die kugeligen oder ovalen Bulben im Boden. Da sie Tochterbulben und kurze Triebe bilden kann, vermehrt sie sich vegetativ und bildet oft Ansammlungen. Etwa 4–10 fast grasartige Blätter bilden in Bodennähe eine Rosette, deren Zentrum ein 5–15 cm hoher Blütenstiel entsprießt. Der 2–5 cm lange Blütenstand besteht aus 2–12 kleinen Blüten. Ihre hängenden bräunlichen Tepalia bilden zusammen eine Art Helm. Die gelbgrüne Lippe ist ungeteilt und hat ein stumpfes Ende. *C. alpina* blüht zwischen Juli und August; sie wächst auf steinigen, nährstoffarmen Wiesen und an ähnlich exponierten alpinen Standorten der höchsten Gebirgsmassive Europas, wo diese Spezies bis in Höhen von 2700 m über NN emporsteigt. Außer in den Alpen und Karpaten ist sie auch in Skandinavien nachgewiesen.

Corallorrhiza trifida, Slowakei

Corallorrhiza trifida

Korallenwurz

Diese interessante Art vertritt eine Gattung seltsamer, geradezu mysteriöser Orchideen ohne grüne Teile. Sie besitzen keinerlei Chlorophyll und können nur dank der Pilzgeflechte überleben, die praktisch das gesamte Gewebe ihrer unterirdischen Teile durchdringen. Die Gattung *Corallorrhiza* als solche ist wohl in Nordamerika zuhause, wo es wenigstens 15–20 Arten gibt (überwiegend in Mexiko).

Corallorrhiza trifida verdankt ihren Gattungsnamen einem seltsamen, ausdauernden, unterirdischen Rhizom, das an Korallenstöcke erinnert. Im späten Frühjahr entsprießen diesem wurzellosen Gebilde ein oder mehrere gelbliche, 7–30 cm lange Stiele, die jeweils 2–10 winzige Blüten tragen. Die Tepalia sind genau wie der Stiel gefärbt; die weißliche Lippe weist an der Basis manchmal einige braun-rote Flecken auf. *Corallorrhiza* wächst in schattigen, feuchten Wäldern, an nassen, buschigen Hügelflanken, in der Tundra und an ähnlichen Standorten. Sie steigt bis in Höhen von 2000 m empor. Ihre Blüten erscheinen zwischen Mai und August. Eine Ausnahme ist die Art auch durch ihr riesiges Verbreitungsgebiet – die gemäßigten Zonen Europas, Asiens und Nordamerikas.

Cypripedium

Frauenschuh

Der Name „Frauenschuh“ ist in diesem Buch schon anderen (tropischen) Orchideen beigelegt worden; Botaniker verwenden ihn auch für die terrestrischen Gattungen *Paphiopedilum* und *Phragmipedium*. Diese sind zwar nicht näher mit *Cypri-*

Cypripedium calceolus, Tschechien

pedium verwandt, weisen aber einige vergleichbare Merkmale auf: eine sehr ähnliche schuhartige Blütenlippe und vor allem ein wichtiges morphologisches Detail – ihre Blüten verfügen über zwei funktionsfähige Staubgefäße (die meisten Orchideen besitzen nur eines). Diese Eigenschaft sichert allen drei Gattungen eine gewisse Sonderstellung unter den Orchideen unserer Erde; die Botaniker sind noch uneins, ob es sich um „reinblütige“ *Orchidaceae* oder möglicherweise um Vertreterinnen einer selbstständigen Familie handelt.

Wie dem auch sei – *Cypripedium*-Frauenschuhe sind wunderschöne terrestrische Orchideen mit meist prächtigen und großen Blüten. Sie kommen ganz überwiegend in den gemäßigten und kalten Zonen vor und grünen daher nur saisonal. Die kälteste Jahreszeit überdauern sie mit Hilfe ihrer dicken, kriechenden, üppig verzweigten Rhizome. Alljährlich entwickeln sich aus deren Endknospen Stängel mit breiten, fächerförmigen Blättern. Die Zahl dieser längsgefurchten Gebilde hängt von Artzugehörigkeit und Alter der Pflanze ab; meist sind es 1–5. Aus der Achsel des endständigen Blattes geht schließlich eine Blüte (seltener 2–3) mit einem Durchmesser von 4–12 cm hervor. Wie bei allen Orchideen sind ihre Tepalia in zwei Ringen angeordnet: die beiden seitlichen äußeren Tepalia verschmelzen unterhalb der Lippe zu einem zweispitzigen Tepale; das dritte ist in etwa oval und zeigt nach oben; die seitlichen inneren Tepalia ragen nach außen und ergänzen die schöne, geblähte Lippe, welche einem Babyschuh gleicht.

Cypripedium-Orchideen mit komplexerer Morphologie sind typische Vertreterinnen des „Fallentyps“. Die im Inneren der Blüten gefangenen Bestäuber – in aller Regel Fluginsekten – müssen sich mit solcher Kraft ins Freie hinausarbeiten,

Cypripedium japonicum, Japan

Cypripedium japonicum, Japan

dass die Bestäubung garantiert ist. Zunächst wird das Insekt durch die Blütenfarbe angelockt. Nach der Landung auf dem glatten Lippenrand verliert es den Halt und rutscht in die Höhle. Nach vergeblichen Versuchen, an deren glatter, konkaver Oberfläche empor zu klettern, wird das Insekt vom Licht der beiden Öffnungen nahe der Lippenbasis angezogen. Auf dem Weg zur Lichtquelle muss es eine Zone spröder Haare passieren, bevor es das Tageslicht am echten „Notausgang" erblickt. Unmittelbar vor Verlassen der Blüte reibt sich das Tier am klebrigen Pollen des Staubbeutels (der keine Pollinien bildet). Wenn der Bestäuber eine weitere Blüte besucht, streift er deren hängenden Stempel, an dem so Pollen hängen bleibt, um anschließend eine neue „Ladung" zu übernehmen.

Die Entwicklung der jungen Frauenschuhpflanzen vom Keimen des Samens bis zur Bildung der ersten Blüten beansprucht etwa 9–10, oft sogar 13–15 Jahre! Zum Glück können sich die Orchideen auch vegetativ durch allmähliche Verzweigung ihrer Rhizome vermehren. Erwachsene *Cypripedium*-Orchideen sind nicht übermäßig auf Mycorrhiza angewiesen, sodass man sie leicht umpflanzen und pflegen kann. Leider macht sie das für Steingärtner und Kuriositätensammler interessant. Da die vegetative Vermehrung sehr unergiebig ist und die Aussaat in vitro in der Kultur häufig fehlschlägt, wurden die natürlichen Habitate vieler attraktiver Arten weltweit fast vollständig geplündert. Zu den in Gärtnereien gezüchteten Spezies gehören *C. calceolus* und *C. macranthum*, vor allem jedoch die nordamerikanischen Arten *C. reginae*, *C. parviflorum*, *C. acaule* und *C. arietinum*, die japanischen Spezies *C. debile* und *C. japonicum* sowie nicht zuletzt *C. cordigerum* aus dem Himalaja. Einige *Cypripedium*-Orchideen sind Botanikern und Gärtnern fast völlig unbekannt, etwa die einblättrigen Zwergarten, die vor kurzem aus China importiert wurden.

Die Vertreterinnen der Gattung *Cypripedium* sind ökologisch nicht besonders spezialisiert und daher in verschiedenen Biotopen zu finden, etwa in lichten sommergrünen Laub- und Nadelwäldern, an buschigen und felsigen Hügelflanken sowie auf nährstoffarmen Wiesen vom Tiefland bis in die alpinen Zonen. Das sie nur die gemäßigten und kühlen Breiten der Nordhalbkugel besiedeln, liegt ihre Blütezeit meist zwischen Mai und Juli.

Die Gesamtzahl der *Cypripedium*-Arten beträgt etwa 50, von denen nur drei in Europa vorkommen. Unter ihnen spielt *C. calceolus* die „erste Geige", da sie praktisch über den gesamten Kontinent verbreitet ist (außerdem in Asien samt Japan) und hier ihresgleichen sucht, was Größe und Schönheit der bizarren, bis zu 8 cm weiten Blüten angeht. Die beiden anderen *Cypripedium*-Spezies kommen nur am Rande Europas vor – in Russland (*C. guttatum* und *C. macranthum*, deren „wahre Heimat" Asien (samt Japan) und Nordamerika sind). Alle Arten dieser Gattung bewohnen (mit Ausnahme einer mexikanischen) die kühlen Breiten der nördlichen Hemisphäre. *C. calceolus* ist die einzige Orchidee, bei der das rücksichtslose Ausgraben der Rhizome vielerorts zu drastischen Bestandsrückgängen geführt hat. Als Waldart verfügt sie an sich über hinreichend große, potenzielle Biotope, doch haben veränderte Nutzungsformen, vor allem dicht gepflanzte Monokulturen aus Fichten ihren Lebensraum beschnitten.

Cypripedium macranthum var. *speciosum*, Japan

Cypripedium montanum, USA

Dactylorhiza incarnata, Slowakei

Dactylorhiza incarnata

Fleischrotes Knabenkraut

Dactylorhiza-Orchideen wurden früher der Gattung *Orchis* zugeordnet. Erst in den 1970er-Jahren erkannten die Botaniker ihre Eigenständigkeit an. Im Vergleich mit den Spezies der Gattung *Orchis* stellen sie eine relativ junge Gruppe dar, deren Entwicklungszentrum in Kleinasien liegt. Anatomisch unterscheiden sich *Dactylorhiza*-Orchideen von den *Orchis*-Arten vor allem durch die langen, fingerartigen, segmentierten Wurzelknollen (daher auch der lateinische Gattungsname: das griechische Wort *daktylos* bedeutet nämlich „Finger"). Der Artname von *Dactylorhiza incarnata* wiederum nimmt Bezug auf die blassrosa (fleischfarbenen) Blüten. Diese Pflanze ist ein stämmiges, in der Blüte bis zu 90 cm hohes Kraut. Ihr Stängel trägt etwa 4–6 aufrechte, länglich-lanzettförmige gelbgrüne, fast fleckenlose Blätter (deren Farbe während der Blüte indes ein wenig verblasst). Der Blütenstand ist mit 8–15 cm im Verhältnis zur Gesamtgröße recht klein, aber dicht mit 25–50 kleinen Blüten besetzt, die aus den Achseln auffallend großer Lanzettschuppen hervorgehen. Die Tepalia (einschließlich der Lippe) ziert eine mehr oder minder dunkle Zeichnung. Diese Orchidee ist vom Erscheinungsbild her sehr variabel, und es gibt zahlreiche Spielarten und Varianten. Was ihre Habitate angeht, bevorzugt sie feuchtere Wiesen und Sumpfgebiete mit alkalischen Böden.

Dactylorhiza maculata

Geflecktes Knabenkraut

Diese Orchidee galt früher als bloße Unterart von *D. fuchsii*: über ihre Taxonomie und Verbreitung herrscht immer noch einige Verwirrung, zum Teil wegen der großen Variabilität und schweren Bestimmbarkeit der *Dactylorhiza*-Orchideen.
Dactylorhiza maculata ist ein Kraut mit flachen, segmentierten unterirdischen Knollen und 15–60 cm hohem Stängel, der in Bodennähe eine Rosette aus 3–5 Lanzettblättern trägt. Die Blätter werden von unten nach oben kleiner und schmaler. Die überwiegende Mehrzahl der Blüten schmücken markante braun-rote Flecken. Der Blütenstand ist zunächst kurz, doch wird er mit der Zeit länger, bis er zahlreiche 1,5–2 cm weite Blüten trägt. Ihre Färbung bewegt sich zwischen hell-purpurn und weiß. Sie besitzen eine breite, dreilappige Lippe mit einem prächtigen Muster aus kleinen dunklen Punkten und Streifen.
Die Spezies wächst in Wäldern und Mooren, auf nährstoffarmen (bisweilen feuchten) Wiesen und in Sümpfen. Sie blüht zwischen Mai und Juni und ist in Europa weit verbreitet (in Russland bis Zentralsibirien), in Nordafrika jedoch selten anzutreffen (etwa im Atlas).

Dactylorhiza maculata, Finnland

Dactylorhiza majalis, Tschechien

Dactylorhiza majalis

Breitblättriges Knabenkraut

Eine der bekanntesten und immer noch recht häufigen Orchideen Europas. Trotz ihrer großen ökologischen Anpassungsfähigkeit gehen ihrer Bestände jedoch wegen des immer stärkeren Zivilisationsdrucks alarmierend zurück. Früher galt *D. majalis* in vielen Regionen als wahres Symbol und erster Bot des Frühlings, das man oft erfolgreich im eigenen Garten anpflanzte.

In voller Blüte ist *D. majalis* eine sehr dekorative Art. Sie tritt in zahlreichen Varianten auf. Hauptmerkmal dieser Pflanze sind ihre fingerartigen unterirdischen Knollen, aus denen im zeitigen Frühjahr ein dicker, hohler, bis zu 45 cm hoher Stängel sprießt, der im unteren Teil mit eleganten ei- oder lanzettförmigen Blättern, im oberen dagegen mit kleineren schuppenartigen besetzt ist. Diese Blätter sind entweder grün oder dicht mit auffälligen braun-roten Flecken übersät. Der dichte, relativ kurze Blütenstand trägt 25–30 rosa-purpurne oder purpurne Blüten. Ihre Tepalia hängen leicht herab oder stehen völlig aufrecht; die helle Mitte der dreilappigen Lippe schmückt ein breites Muster. Sie besitzt auch einen kurzen, stumpfen Sporn. *D. majalis* wächst auf Feuchtwiesen und in Flussauen mittlerer und höherer Lagen (im Tiefland wurde sie meist durch menschliche Eingriffe verdrängt). Sie blüht zwischen Mai und August; zuhause ist sie vor allem in West- und Mitteleuropa.

Dactylorhiza majalis, Tschechien

Dactylorhiza sambucina, Tschechien

Dactylorhiza sambucina

Holunder-Knabenkraut

Diese bemerkenswerte *Dactylorhiza*-Art nimmt aus mehreren Gründen eine Sonderstellung ein: Sie ist nicht nur die kleinste Art der Gattung und blüht im zeitigsten Frühjahr, sondern zeichnet sich unter allen Orchideen auch durch die seltene Eigenschaft aus, dass die Pflanzen (selbst am gleichen Standort) zwei völlig verschiedene Farbmorphen aufweisen können. Neben den häufigeren gelben Exemplaren gibt es in größeren Populationen auch purpurrote!

Dactylorhiza sambucina überwintert durch zwei gegabelt-eiförmige Knollen. Der hohle Stängel misst bis zu 30 cm (meist weniger) und ist mit 4–7 länglich-lanzettförmigen einfarbigen Blättern besetzt. Die Säume der Tepalia, der obere Stängelabschnitt und die Schuppen des Blütenstandes sind bei rotblühenden Pflanzen rötlich bis purpurn. Der dichte, reiche, kurze Blütenstand trägt 10–25 relativ große Blüten. Diese können neben den bereits erwähnten Farben auch weiß, rosa und sogar weiß-gelb gefärbt sein. Die unteren Schuppen, welche die Blüten tragen, sind in der Regel größer und werden länger als jene. Beherrscht werden die Blüten von einem sehr dicken, langen Sporn an der Basis der ungegliederten oder nur schwach dreilappigen Lippe. Die Blüten duften nach Holunder (daher auch der Artname). Als Habitat bevorzugt *Dactylorhiza sambucina* lichte Wälder und etwas trockenere, nährstoffarme Wiesen in mittleren und hohen Lagen; sie blüht zwischen März und Juli (letzteres an den kühlsten Standorten) und ist auf Europa beschränkt.

Epipactis palustris

Sumpf-Stendelwurz

Eine der hübschesten und in voller Blüte prächtigsten *Epipactis*-Orchideen. Um sich in voller Schönheit präsentieren zu können, braucht sie sonnige Standorte mit einem hohen Grundwasserspiegel. Als einzige europäische Orchidee kann sie es längere Zeit in völlig überfluteten Habitaten aushalten! Erwachsen ist sie kaum von Mycorrhiza abhängig und kann dann relativ leicht umgepflanzt und kultiviert werden.

Zur Überwinterung dient der Pflanze (wie allen übrigen Vertreterinnen ihrer Gattung) ein kriechendes, mit kleinen Auswüchsen bedecktes Rhizom. Im Frühling gehen aus dessen Endknospen kräftige, 30–50 cm hohe Stängel mit 4–8 länglich-lanzettförmigen kurzen Hüllblättern hervor, die nach oben hin immer kleiner ausfallen. Der Blütenstand hängt zunächst herab, richtet sich aber später auf. Er besteht aus 8–30 braun-weißen Einzelblüten. Ihre spitzen Tepalia sind braun-rot mit einem Anflug von grün oder (seltener) weiß. Die Lippe gliedert sich deutlich in ein flach-schalenförmiges weißes, dunkel geädertes Hypochil und ein wellig-fächerförmiges, rein weißes Epichil.

Diese Spezies blüht zwischen Juni und August; zuhause ist sie in Europa und Kleinasien.

Epipactis palustris, Tschechien

Epipactis purpurata

Violette Stendelwurz

Weltweit kennt man heute ungefähr 30–35 Vertreterinnen der Gattung *Epipactis*, die sich oft kaum voneinander unterscheiden und in ihrer überwiegenden Mehrzahl in den gemäßigten Zonen der nördlichen Hemisphäre vorkommen (zumeist in Ostasien); eine einzige Spezies ist für Mexiko nachgewiesen. *E. purpurata* zählt zu jenen Arten, deren Ernährung weitestgehend von Pilzgeflechten abhängt. Sie besitzt daher manchmal nur rückgebildete Blätter, und der Chlorophyllgehalt des Gewebes kann sehr niedrig ausfallen; in seltenen Ausnahmefällen gibt es sogar Pflanzen, die gar keines mehr besitzen – diese sind dann von unten bis oben vollständig purpurn-rosa gefärbt.

Aus dem kriechend-geneigten, unverzweigten unterirdischen Rhizom der Pflanze sprießen mehrere (bis zu 10) blau-purpurne, maximal 20–70 cm lange Stängel. Der bis zu 25 cm messende Blütenstand ist dicht mit 25–50 recht großen Blüten besetzt. Ihre außen graugrünen Tepalia hängen glockenartig herab und sind innen gelblich- oder grünlichweiß gefärbt. Die Lippe besitzt ein schalenförmiges braun-purpurnes Hypochil, das reichlich Nektar absondert. Ihr als Epichil bezeichnetes Ende ist purpurn gefärbt. *E. purpurata* bevorzugt schattige Standorte; daher findet man sie vorwiegend in ziemlich dichten, naturnahen Wäldern. Sie blüht zwischen Juli und September; ihre Heimat sind West- und Mitteleuropa.

Epipactis purpurata, Tschechien

Epipogium aphyllum

Widerbart

Eine von Aussehen und Lebensweise her recht mysteriöse Orchidee. Ihr Gewebe enthält kein Chlorophyll, sodass die Pflanze zur Ernährung völlig auf Pilzgeflechte angewiesen ist (so gen. „obligate Mykotrophie"). Sie überdauert mit Hilfe ihres wurzellosen, stark verzweigten Rhizoms, das an Korallen erinnert. Durch seine Verzweigungen vermehrt sie sich vegetativ: im natürlichen Habitat gewinnt man oft den Eindruck eigenständiger Einzelpflanzen, die in Wirklichkeit unterirdisch miteinander verbunden sind. Im Sommer entwickeln sich aus den Endknospen des unterirdischen Organs kahle, gerade, hohle, durchsichtige Triebe mit Ansätzen von stark rückgebildeten Blättern. Der spärliche Blütenstand besteht aus 2–4 blassgelb-rötlichen Blüten, deren Duft an Bananen erinnert. Ihre Anordnung am Blütenstand ist innerhalb der europäischen Orchideen beispiellos – im Laufe der Entwicklung erfahren sie eine so genannte Resupination, d.h. eine Drehung um 180°, nach der ihre Lippe ungewöhnlicherweise nach oben weist. Lebensweise und Fortpflanzung dieser Orchideen sind noch geheimnisumwittert; manchmal blühen die Pflanzen jahrelang nicht,

Epipogium aphyllum, Tschechien

ohne ein Lebenszeichen zu geben. Häufig blühen sie sogar unterirdisch. Diese Spezies bevorzugt schattige, sommergrüne Laubwälder und hat ein extrem großes Verbreitungsgebiet – es umfasst Europa, Kleinasien, den Himalaja, Korea, Kamtschatka und Japan.

Gennaria diphylla

Zweiblättriger Grünstendel

Eine unauffällige Orchidee mit grünen Blüten, die man früher zur Gattung *Orchis* rechnete. Sie ist die einzige Vertreterin der Gattung *Gennaria* und zählt zu den 8 auf den Kanaren vorkommenden Orchideenarten. Ihr Stiel trägt zwei schwankende Hüllblätter und einen schütteren Blütenstand. Sie verfügt über die Fähigkeit, an unterirdischen Wurzelausläufern, die sich bis zu 1 m von der Mutter entfernen, Tochterpflanzen zu bilden. Die neuen Exemplare treiben nur ein einziges Blatt und blühen erst nach mehreren Jahren. Die Spezies *G. diphylla* blüht zwischen Januar und April; ihre Heimat sind die westlichen Kanaren, das weiter östlich gelegene Madeira und der westliche Mittelmeerraum mit Korsika und Sardinien.

Gennaria diphylla, Teneriffa (Kanarische Inseln)

Goodyera repens, Slowakei

Goodyera repens

Hauptverbreitungsgebiet der Gattung *Goodyera* ist Südostasien; nur wenige Arten kommen über die ganze gemäßigte Zone der Nordhalbkugel verstreut vor. *G. repens* ist keine typische terrestrische Orchidee – ihre Ausläufer bildenden Rhizome kriechen über die Oberfläche der Streuschicht aus Moosen und Koniferennadeln. Sie verzweigen sich intensiv und bilden an natürlichen Standorten ganze Gruppen schlanker Pflanzen. Ein weiterer ungewöhnlicher Zug ihrer Lebensweise besteht darin, dass sie immergrün sind – junge Blätter bilden sich erst im Spätsommer und Herbst; sie überstehen den Winter und weichen erst der nächsten Generation. Die länglich-eiförmigen Gebilde formen an den Enden der Rhizom-Ausläufer kleine Rosetten. Der aufrechte, 10–30 cm hohe Blütenstand trägt 5–15 winzige, teilweise geöffnete und auffällig weiß behaarte Blüten. Am wohlsten fühlen sich *Goodyera*-Orchideen im Halbschatten feuchter Nadelwälder. Sie blühen zwischen Juni und September; ihre natürlichen Vorkommen sind weit über Europa und Kleinasien gestreut.

Gymnadenia densiflora, Slowakei

Gymnadenia densiflora

Händelwurz

Zur Gattung *Gymnadenia* gehören etwa 13 Arten, von denen nur 3 in Europa vorkommen, der Rest in den gemäßigten und subarktischen Breiten von Asien und Amerika. Die vorgestellte Spezies wurde als solche erst zu Beginn des 21. Jahrhunderts anerkannt; zuvor betrachtete man sie als Unterart einer kleineren *Gymnadenia*-Orchidee namens *G. conopsea* (Mücken-Händelwurz). Der lateinische Artname verweist auf die fingerförmigen unterirdischen Knollen der Pflanze.

Gymnadenia densiflora, Slowakei

G. densiflora ist eine stattliche und äußerst variable Orchidee von bis zu 1 m Höhe. Sie überwintert mittels ihrer zwei gegabelten Knollen. Aus dem unteren Stammteil gehen einige große lanzettförmige, glänzende, dicht stehende Blätter hervor, während sich am oberen nur kleine finden, die Hüllschuppen gleichen. Der dichte Blütenstand wird bis zu 30 cm lang. Er trägt eine große Anzahl (bis zu 150) kleiner, duftender rosa, purpurroter oder (selten) reinweißer Blüten. Diese besitzen jeweils einen 2 cm langen Sporn.

G. densiflora wächst auf feuchten bis nassen Wiesen und Sumpfland, gelegentlich auch in lichten Wäldern. Sie steigt bis auf 2800 m Höhe empor und blüht zwischen Mai und August. Ihr natürliches Habitat umfasst Teile Europas, Kleinasiens, des Kaukasus und Himalaja sowie Chinas.

Habenaria tridactylites

H. tridactylites ist eine recht unauffällige und relativ seltene Orchidee – sie kommt nur auf den Kanaren vor (vor allem im feuchteren Westteil des Archipels). Sie vertritt eine vergleichsweise große Gattung: Hunderte ihrer nächsten Verwandten wachsen hauptsächlich in den Tropen unserer Erde. Wichtigste Bestäuber der Spezies *H. tridactylites* sind Nachtfalter. Die Pflanze besitzt zwei elliptische Knollen, denen eine bodendeckende Rosette aus meist drei länglichen, glänzenden Blättern und ein schütterer Blütenstand mit winzigen gelb-grünen Blüten entsprießen. Letztere werden von der dreilappig-breitgegabelten Lippe beherrscht – daher der lateinische Artname. Dies ist die häufigste Orchidee der Kanaren. Aus ihrem Ursprungshabitat – den stark gelichteten Lorbeer- und Erikawäldern – ist sie an anthropogene Standorte wie steinerne Gartenmauern und Hauswände „umgezogen". Diese Art blüht zu einem ungewohnten Zeitpunkt: die in den tiefsten Lagen wachsenden Pflanzen tun dies in einer ungewöhnlichen „Frühlingsperiode", nämlich Anfang November.

Habenaria tridactylites, Teneriffa

Himantoglossum caprinum, Slowakei

Himantoglossum caprinum

Riemenzunge

H. caprinum vertritt eine der bizarrsten Orchideengattungen Europas. Ihr wissenschaftlicher Name leitet sich von den griechischen Wörtern *himas* („Gürtel") und *glossa* („Zunge") ab. Er weist auf das vorstechende Merkmal der ganzen Gattung hin – den hübsch aufgerollten, stark verlängertzungenförmigen Mittellappen der Lippe.
Die stattlichen Pflanzen werden bis zu 90 cm hoch und tragen 7–10 nach oben kleiner werdende Lanzettblätter. Der vergleichsweise schüttere Blütenstand trägt eine große Anzahl (bis zu 50) rotweißer Blüten mit hübschen kleinen Helmen und den langen, oben erwähnten Lippen. *H. caprinum* blüht zwischen Mai und Juli. Anders als die vorige Art war sie ursprünglich überwiegend im östlichen Teil des Mittelmeerraumes und in Kleinasien verbreitet. Von dort aus ist *H. caprinum* weiter nach Norden vorgedrungen – und zwar nicht nur über Westeuropa, sondern auch durch Pannonien, d.h. am östlichen Alpenrand entlang. Bis vor kurzem galten die Pflanzen der spärlichen Populationen in Österreich und Ungarn als nördlichste Vorposten von *H. caprinum.* 1989 wurde die Spezies jedoch überraschenderweise auch in der Slowakei entdeckt, wo man sie lange irrtümlich für die kleinere und früher blühende *H. adriaticum* gehalten hatte.

Himantoglossum hircinum

Bocks-Riemenzunge

Die Gattung *Himantoglossum* hat eine interessante Eigenschaft: alle Pflanzen (sogar jene, die weit nördlich von ihrer ursprünglichen Heimat wachsen) haben ihren mediterranen Biorhythmus beibehalten, und ihre Blätter zeigen sich bereits im Herbst über der Erde. Infolgedessen tragen sie häufig schwere Frostschäden davon, bevor der Frühling kommt, und die Blüten sind nahezu abgestorben, wenn die Blütezeit einsetzt!
H. hircinum bleibt etwas kleiner als die vorige Spezies, der sie ansonsten sehr stark ähnelt. Ihre Blüten verströmen einen intensiven Bocksgestank (daher der Artname). Die Pflanze wächst an sonnigen Hügelflanken, in Gebüschen und lichten Wäldern; sie blüht zwischen Mai und Juli. Ursprünglich war die Pflanze in den zentralen und westlichen Regionen des Mittelmeerraumes zuhause, von wo sie sich allmählich flächendeckend bis auf die Britischen Inseln und ins westliche Mitteleuropa ausbreitete.

Himantoglossum hircinum, Frankreich

Limodorum abortivum, Tschechien

Limodorum abortivum

Violetter Dingel

L. abortivum ist die einzige Vertreterin ihrer Gattung. In Größe, Form und Farbe der Blüten steht sie kleineren tropischen Orchideen um nichts nach. Ihre Pflege ist allerdings völlig unmöglich – *L. abortivum* hängt lebenslang vollständig von ihren „eigenen" Pilzen ab und reagiert deshalb sehr empfindlich auf jede Umweltveränderung. Überdies führt sie ein reichlich geheimnisumwittertes Leben. Sie bildet unter der Erde ein kräftiges Rhizom mit zahlreichen dicken, nestartig verwobenen Wurzeln. Diese Gebilde „entsenden" (jedoch nicht alljährlich!) einen purpurnen Stängel an die Oberfläche, der 25–60 cm misst. Die braunpurpurnen Blätter sind zu Schuppen reduziert und liegen völlig am Stängel an. Der aufrechte, maximal 30 cm lange Blütenstand besteht aus 5–20 purpurnen bis bläulichen Blüten. Diese öffnen sich häufig nur teilweise. In Dürrejahren kann der Stamm oft nicht aus seiner ziemlich tief gelegenen „Höhle" ausbrechen: dann vollziehen sich sowohl die Blüte als auch die Bildung der Samen unter der Erde! Jene von *L. abortivum* sind mit denen von *Cypripedium calceolus* die größten aller europäischen Orchideen – ihr „atemberaubender" Durchmesser beträgt 1,5 mm! Die Entwicklung läuft sehr kompliziert und langsam ab: erst nach einer unterirdischen Lebensphase von 8–10 Jahren erscheinen die Pflanzen an der Oberfläche! *L. abortivum* bewohnt lichte Wälder, buschige Hügel und nährstoffarme Wiesen. Die Art blüht zwischen April und Juli. Sie ist hochgradig thermophil und kommt vor allem in Südeuropa und von Nordafrika bis Süd-Iran vor.

Listera ovata

Großes Zweiblatt

Wer beim Spaziergang durch den Wald zufällig dieses unauffällige Kraut mit den gelb-grünen Blüten entdeckt, wird sicherlich nicht annehmen, dass er es hier mit einer echten Orchidee zu tun hat. Genau das ist aber der Fall! Eine interessante Eigenschaft dieser bescheidenen Pflanze ist auch die lange Zeit, die ihre Jungpflanzen zur Entwicklung brauchen – zwischen dem Keimen und der ersten Blüte verstreichen oft bis zu 15 Jahre! Zum Glück pflanzt sich die Art erfolgreich auch vegetativ fort – durch Adventivknospen ihrer langen Wurzeln. Trotz der in den ersten Jahren langsamen Entwicklung ist *Listera ovata* gut auf das Leben vorbereitet: sie gehört zu den wenigen *Orchidaceae*, die überhaupt keine Pilzfäden mehr benötigen, sobald sie erwachsen sind. Deshalb ist die Art auch ökologisch sehr anpassungsfähig.
Aus dem kriechenden unterirdischen Rhizom bildet sich ein weicher, bis zu 60 cm langer Stängel mit behaarter Spitze. Dieser trägt etwa in halber Höhe zwei fast gegenständige dunkelgrüne, breitovale Blätter. Der schüttere Blütenstand besteht aus 20–80 gelb-grünen Blüten mit vorwärts gekrümmten Tepalia und stark verlängerter zweilap-

Listera ovata, Tschechien

Listera ovata, Tschechien

piger Lippe. Man findet *L. ovata* auf halbwegs schattigen Waldwiesen, an buschigen, sonnigen Hügelflanken und auf unterschiedlich feuchten Wiesen. Die Blütezeit liegt zwischen Mai und Juli. Das Verbreitungsgebiet dieser Spezies ist sehr ausgedehnt – es umfasst nahezu das gesamte gemäßigte Eurasien.

Neottia nidus-avis

Nestwurz, Vogelnestwurz

Diese ökologisch sehr anpassungsfähige, nichtgrünende Orchidee ist nicht nur in Europa recht häufig. Ihr fast blattloser Stamm weist nur spärliche Reste von Chlorophyll auf, sodass die Ernährung der Pflanze vor allem von den Pilzfäden in ihren unterirdischen Teilen abhängt. *Neottia nidus-avis* kann eine recht hohe Anzahl von Pilzen „beschäftigen“, da die Wurzeln eine recht ausgedehnte Fläche erfassen: das kurze, kriechende, sich langsam verzweigende Rhizom bildet über Jahre hinweg ein nestartiges Geflecht sukkulenter Wurzeln. Beide wissenschaftlichen Namen der Art weisen auf dessen Aussehen hin – der Gattungs- (das griechische *neottis* bedeutet „Nest“) und der Artname (das lateinische *nidus-avis* entspricht „Vogelnest“). Die Jungpflanzen verbringen ihre ersten 5–8 Lebensjahre unter der Erde mit dem Speichern von Nährstoffen, um erst danach einen Blütenstiel nach oben zu entsenden. Wenn nach dem Welken der Blüten die Samen reifen, stirbt das Rhizom ab, doch aus einigen Wurzelspitzen entstehen neue Pflanzen, und der ganze Zyklus beginnt von vorn. Der 20–40 cm hohe Stängel trägt nur wenige reduzierte Blätter. Der länglich-zylindrische Blütenstand misst bis zu 13 cm. Die Blüten sind gelblichbraun, blassgelb oder (selten) reinweiß. Diese Art blüht sogar unterirdisch!
Neottia nidus-avis wächst in schattigen Laubwäldern und blüht meist zwischen Mai und Juli. Sie ist in Europa, Nordafrika und Kleinasien häufig, dringt aber bis Zentralsibirien und Kaukasien vor.

Neottia nidus-avis, Tschechien

Neottia nidus-avis, Tschechien

Ophrys holosericea subsp. *holubyana*, Slowakei

Ophrys bombyliflora, Rhodos (Griechenland)

Ophrys

Ragwurz

Die Gattung *Ophrys* zählt zweifellos zur wichtigsten und interessantesten Gruppe terrestrischer Orchideen inner- und außerhalb Europas. Ihre unverwechselbaren Vertreterinnen zeichnen sich durch bizarre Blüten von seltener Schönheit und einen im Pflanzenreich einzigartigen, fantastisch perfektionierten Mechanismus zum Anlocken von Insekten aus. Da die einzelnen *Ophrys*-Arten einander in Bezug auf die vegetativen Teile und die Lebensweise sehr stark ähneln, werden sie alle in einem Absatz behandelt.

Der Gattungsname ist griechischen Ursprungs – das Wort *ophrys* bedeutet „Augenbraue" und bezieht sich metaphorisch auf ihre „Herablassung" gegenüber anderen Pflanzen. Erstmals erwähnt

Ophrys ataviria, Rhodos (Griechenland)

Ophrys candica, Rhodos (Griechenland)

Ophrys cretica, Kreta (Griechenland)

Ophrys epirotica, Griechenland

Ophrys fusca, Rhodos (Griechenland)

wird sie in Plinius' „Historia naturalis", die im 1. Jahrhundert n. Chr. entstand; da man später nicht genau bestimmen konnte, welche Art er mit diesem Namen belegte, ordneten ihn die Taxonomen den „hochfahrenden" Orchideen zu. In Linnés System umfasst die Gattung *Ophrys* eine große Zahl europäischer Orchideenarten, doch aufgrund neuerer Erkenntnisse wurden davon nach und nach selbstständige taxonomische Einheiten abgetrennt.

Die Gattung *Ophrys* ist noch sehr jung und verwandtschaftlich von den übrigen *Orchidaceae* isoliert. Ihre Uhrheimat liegt im Mittelmeerraum (vor allem in dessen östlichem Teil), wo ungefähr 40 *Ophrys*-Orchideen vorkommen, von denen viele eine große Anzahl von Unterarten aufweisen. Nur einige wenige *Ophrys*-Spezies sind bis nach Asien bzw. ins Herz Europas vorgedrungen.

Alle *Ophrys*-Arten verbringen einen Teil des Jahres unter der Erde – sie überwintern als kugelige Knollen, die vor und während der Blütezeit eine neue Knolle bilden; in der folgenden Saison dient jene als Speicherorgan für die neue Pflanze. Infolgedessen besitzt die Pflanze während der Blütezeit zwei Knollen. Die unterirdischen Teile sind reich an Stärke und schleimigen Substanzen; früher wurden sie eifrig gesammelt, um eine

Ophrys garganica, Italien

Ophrys helenae, Griechenland

Arznei namens Salep zu gewinnen (eine Mischung aus teilweise getrockneten Orchideenknollen, die als Aphrodisiakum galt). Auch heute noch werden *Ophrys*-Knollen von kurdischen Händlern auf Märkten in der Türkei und im Irak angeboten.

Ophrys helenae, Griechenland

Die meisten *Ophrys*-Arten zeichnen sich auch als reife Pflanzen durch eine mäßige bis starke Abhängigkeit von symbiotischen Pilzen in ihren Knollen und Wurzeln aus. Daher bilden sie nur kleine, schmale Blätter, und man kann sie nicht in Gärten oder andernorts umpflanzen. Bei vielen *Ophrys*-Orchideen entwickeln sich die oft bläulich-grünen Blätter schon im Herbst, und bei milden Temperaturen wachsen die Pflanzen sogar den Winter hindurch weiter. Ihre Blätter tragen daher häufig schwere Frostschäden davon (vor allem bei jenen Pflanzen, die an nördlicher oder höher gelegenen Standorten vorkommen).

Die Blüten der *Ophrys*-Spezies übertreffen an Farben- und Formenvielfalt fast alle europäischen Orchideen. Die aufrechten, oben blattlosen Stiele tragen in der Regel 2–12 Blüten (selten mehr). Einzigartig macht sie die verblüffende Ähnlichkeit einiger Blütenteile mit bestimmten Insektenarten. Diese eben erwähnte Ähnlichkeit einiger *Ophrys*-Blütenteile mit verschiedenen Formen der Insektenkörper war den Biologen lange ein Rätsel;

Ophrys insectifera, Slowakei

daran änderte sich bis Anfang des 20. Jahrhunderts nichts: erst 1916 bemerkte der Franzose Pouyanne in Algerien, dass der einzige „Besucher“ von *Ophrys speculum* ein stechender Hautflügler namens *Dasyscolia ciliata* war. Die betreffenden Blüten wurden aber nur von Männchen jener Art besucht, die offensichtlich nicht nach Futter suchten und bei diesen Anlässen Paarungsbewegungen ausführten! Man hatte eine neue Art der Bestäubung entdeckt – die so genannte „Pseudo-Kopulation“! Um sicherzustellen, dass ihre Blüten bestäubt werden, wenden *Ophrys*-Orchideen eine Art „sexueller Mimikry“ an – sie imitieren die Weibchen bestimmter Insektenarten und bringen die verwirrten Männchen dazu, sich bei ihren Paarungsbemühungen mit Pollen zu bedecken, den sie dann zur nächsten Blüte tragen. Jede Art der Gattung *Ophrys* verfügt über ihre „persönlichen“ Bestäuber, die sie nachahmt; das Überleben der Pflanzen hängt daher völlig von deren Paarungsaktivitäten ab!

Die Männchen dieser Bestäuber-Insekten werden aber nicht nur durch visuelle (optische) Reize angelockt – die Pflanzen leisten viel mehr: sie können im Umkreis von 10–15 m einen hoch spezifischen Duft (eine Mischung von Terpenoiden) verströmen, der stark dem Sexuallockstoff von Insektenweibchen ähnelt! Man fand heraus, dass einmal „getäuschte“ Männchen gewöhnlich nicht zur „Täuscherpflanze“ oder deren Artgenossinnen zurückkehren. Das ist auch der Grund dafür, dass Botaniker diesen Vorgang so selten beobachten können. Nur selten kommt es so zur erfolgreichen Bestäubung einer Blüte, was auch mit dem hoch spezifischen Charakter des ganzen Prozesses zusammenhängt (er dauert trotz der recht langen Blütezeit der *Ophrys*-Orchideen nur 3–4 Wochen). Infolgedessen werden in allen Populationen nur 5–10 % der Blüten bestäubt. Das reicht aber immer noch aus, um die Art am Leben zu erhalten

Ophrys kotschyi, Zypern

Ophrys israelitica, Zypern

Ophrys mammosa, Rhodos (Griechenland)

Ophrys omegaifera, Rhodos (Griechenland

Ophrys regis-ferdinandii, Rhodos (Griechenland)

(jede der reifen Kapseln birgt etwa 12 000 Samen). Schließlich muss man darauf hinweisen, dass sexuelle Mimikry kein Privileg der *Ophrys*-Arten ist, sondern auch bei australischen und südamerikanischen Orchideen vorkommt.

Ophrys sicula, Rhodos (Griechenland)

Ophrys speculum, Italien

Ophrys tenthredinifera, Italien

Alle *Ophrys*-Spezies wachsen an sonnig-warmen, relativ trockenen Standorten ohne pflanzliche Konkurrenz. Man findet sie an felsig-steinigen, nur spärlich begrünten Hügelflanken, auf nährstoffarmen Wiesen, in den mediterranen Pflanzengesellschaften der Garrigue und Macchia, und in lichten Nadel- oder Laubwäldern. *Ophrys*-Orchideen blühen gewöhnlich im zeitigen Frühjahr oder im Sommer – je nach Standort. Im Mittelmeerraum findet die Blüte zwischen Februar und März statt; mitteleuropäische Arten bilden – wie zu erwarten – erst später Blüten, d. h. zwischen Mai und Juli.

Die natürlichen Vorkommen dieser Art konzentrieren sich auf den östlichen Mittelmeerraum und dessen Nachbarregionen. Viele Spezies dringen auch bis nach Nordafrika, in das Innere Kleinasiens und in die wärmeren Regionen Mitteleuropas vor.

Orchis canariensis

Die Gattung *Orchis* gab der gesamten Familie der *Orchidaceae* ihren Namen; nur die wenigsten Menschen kennen jedoch den prosaischen Gehalt des lateinischen Wortes *orchis* und seiner deutschen Entsprechung: unsere Vorfahren hielten die Knollen der Pflanzen für ein Potenzmittel (Aphrodisiakum): die Form der zierlichen Gebilde erinnert nämlich stark an männliche Keimdrüsen – und *orchis* bedeutet denn auch – ins Deutsche übertragen – schlicht und einfach „Hoden".

O. canariensis ist ein äußerst seltener Endemit der Kanarischen Inseln (mit Ausnahme der trockensten Eilande Lanzarote und Fuerteventura). Aus den beiden eiförmigen Knollen sprießt ein 15–45 cm hoher Stängel mit 2–3 länglich-lanzettförmigen Blättern. Der Blütenstand ist relativ kurz und besteht aus 5–20 Blüten. Das Zentrum der purpurn-roten Tepalia schmückt meist eine grünliche Zeichnung. Die Lippe ist weißlich mit einem dunklen Randmuster.

Diese Art wächst an relativ feuchten Standorten im Einflussbereich der Passatwinde, d. h. gewöhnlich an den Berghängen der Kanaren. Der Boden besteht dort aus leicht alkalischem Substrat vulkanischen Ursprungs. *O. canariensis* blüht zwischen Februar und April.

Orchis canariensis, Teneriffa (Kanarische Inseln)

Orchis coriophora, Slowakei

Orchis coriophora

Wanzen-Knabenkraut

Orchis coriophora zählt zu den unauffälligen, aber dennoch wertvollen Arten ihrer Gattung. Der Stängel ist vor allem im unteren Abschnitt belaubt und bis zu 69 cm hoch. Die kaum 2 cm weiten Blüten bilden einen dichten, üppigen Blütenstand und riechen oft wie Bettwanzen (daher der Artname). Die Tepalia sind braun, rosa oder grünlich, wobei die oberen wie ein schnabelartiger Helm herabhängen.

O. coriophora wächst zumeist auf nährstoffarmen Wiesen und in lichten Wäldern, wurde aber auch schon an feuchteren Orten gefunden. Sie blüht – je nach örtlichem Klima – zwischen April und Juni. Obwohl sie vor allem eine europäische Art ist, kommt sie auch in Nordafrika und Kleinasien vor. Diese ökologisch hoch empfindliche Orchis ist in Südeuropa noch recht häufig.

Orchis italica

Italienisches Knabenkraut

Eine typisch mediterrane Art mit sehr großem Verbreitungsgebiet. Die überwinternden Blattrosetten bestehen aus 3–5 Blättern, denen ein 20–50 cm hoher Stiel mit kurzem, manchmal fast kugelförmigem Blütenstand entsprießt. Die Grundfarbe der Blüten ist weißlichrosa oder (seltener) purpurn (*O. italica* var. *purpurea*). Die Tepalia zieren dunkle Streifen, die dreilappige Lippe dunkle, kreisrunde Flecken. Die Tepalia formen gemeinsam ein helmartiges Gebilde, das entfernt an die Spezies *O. tridentata* erinnert. *Orchis italica* wächst auf nährstoffarmen Wiesen und in lichten Wäldern; sie bevorzugt trockene bis periodisch feuchte alkalische Böden in wärmeren Regionen. Ihre Höhengrenze liegt bei 1300 m. Blüten bilden sich zwischen März und Mai. Die Art ist in allen warmen Mittelmeerländern verbreitet.

Orchis italica, Italien

Orchis mascula

Männliches Knabenkraut, Manns-Knabenkraut

Die aphrodisierende Wirkung der Knollen von *Orchis*- und anderen terrestrischen Orchideen ist wissenschaftlich nicht belegt; Analysen ergaben lediglich, dass sie viel Stärke enthalten. Dennoch gibt es auf abgelegenen türkischen Märkten noch heute alte Hökerinnen, die sexuell frustrierten Männern eine Arznei namens „Tubera Salep" anbieten (gedörrte Knollen von *Orchis*-, *Ophrys*- und anderen terrestrischen Orchideen). Nun ja – „des einen Freud' ist des anderen Leid…"

Orchis mascula ist eine hübsche und ökologisch sehr anpassungsfähige Orchidee, die man daher trotz starken Rückgangs der Bestände immer noch relativ häufig findet. Auch äußerlich erweist sie sich als sehr variabel: es gibt mehrere anerkannte Spielarten mit unterschiedlichen Habitaten. Die lanzettförmigen Blätter sind entweder einfarbig oder gefleckt, und der Blütenstiel misst bis zu 60 cm. Die purpurnen Blüten bilden einen dichten zylindrischen Blütenstand und besitzen typische längliche Seiten-Tepalia, die sich an den Enden nach außen biegen. Die breite, dunkel gefleckte Lippe hat eine weißliche Basis. Die Art blüht zwischen März und Juni.

Orchis mascula bewohnt in ganz Europa Habitate vom Fuß der Mittelgebirge bis in alpine Höhenlagen – auch die Pyrenäenhalbinsel, den Balkan, Nordafrika und die Britischen Inseln. Fundberichte liegen uns auch aus dem Kaukasusgebiet und Iran sowie von den Kanarischen Inseln vor.

Orchis mascula ssp. *signifera*, Slowakei

Orchis militaris, Tschechien

Orchis militaris, Tschechien

Orchis militaris

Helm-Knabenkraut

Der Artname von *Orchis militaris* bezieht sich auf das Aussehen ihrer außen rosa bis weißgrau gefärbten Tepalia, vor allem auf die helmartigen Strukturen, die sie gemeinsam bilden. Pflanzen dieser Art sind sehr stattlich – in voller Blüte bis zu 70 cm hoch. Die eiförmigen, blassgrünen Blätter drängen sich am unteren Teil des Stängels. Der mäßig lockere bis dichte Blütenstand trägt bis zu 40 Blüten, die – abgesehen vom „Helm" – wie *Orchis simia* dunkel gefleckte Lippen besitzen.

O. militaris gehört zu den anpassungsfähigsten terrestrischen Orchideen, weshalb sie früher überaus häufig war. Sie wird auch häufig (und mit Erfolg) im Garten angepflanzt. Heute ist sie vor allem in Kontinentaleuropa zu einer gefährdeten Art geworden, da ihre natürlichen Lebensräume stark geschrumpft sind.

O. militaris ist berühmt dafür, dass sie sich leicht mit anderen *Orchis*-Arten kreuzt. Sie wächst auf nährstoffarmen Wiesen oder in lichten Wäldern mit kalkhaltigen, trockenen Böden und blüht je nach Lage zwischen April und Juni. Was ihre natürliche Verbreitung angeht, gehört sie zu den häufigsten europäischen Arten – sie bewohnt praktisch ganz Europa (von Norditalien im Süden bis Schweden im Norden bzw. von England im Westen bis nach Griechenland, der Türkei, Russland und dem Baikalsee im Osten).

Orchis morio, Tschechien

Orchis morio

Kleines Knabenkraut

Einige *Orchis*-Arten – auch die mitteleuropäischen – bilden im Herbst eine bodennahe Blattrosette aus, und die Blätter wachsen den ganzen Winter über weiter (sofern die Temperaturen nicht allzu stark absinken). Die oberirdische Entwicklung dieser Pflanzen zieht sich also über einen langen Zeitraum hin (bis zu 7–8 Monate). Der Grund für dieses Phänomen liegt in der mediterranen Herkunft der Art. In Tschechien wurde ein solches „Verhalten“ bei Arten wie *O. tridentata*, *O. ustulata* und *O. morio* beobachtet.

O. morio ist von Aussehen und Morphologie her sehr variabel; sie hat zahlreiche Unterarten und Varianten ausgebildet. Aus der erwähnten Blattrosette erhebt sich ein 10–40 cm langer Stiel mit 5–25 purpurnen oder (seltener) rosa bzw. weißen Blüten. Der Artname spielt auf den unauffälligen braungestreiften „Helm“ an, der einer Clownsmütze ähnelt (*morio* bedeutet „Clown“). Die dreilappige Lippe ist der Länge nach gefaltet und im axialen Bereich gefleckt. Der nach hinten zeigende Sporn misst 1 cm. *Orchis morio* blüht zwischen März und Juni. Wegen ihrer Anpassungsfähigkeit war sie früher eine der häufigsten Orchideen Europas; da sie auf sauren *und* alkalischen Böden gedeiht, besiedelte sie ein zusammenhängendes Verbreitungsgebiet. Neuerdings geht sie rapide zurück. Ihr insgesamt großes Verbreitungsgebiet umfasst Europa, Nordafrika und Kleinasien.

Orchis pallens

Blasses Knabenkraut

Populationen der *Orchis*-Orchideen zeichnen sich durch ihre sehr unregelmäßige Blüte aus: in manchen Jahren sind die Standorte förmlich mit Blütenständen übersät, während man jene in anderen praktisch an einer Hand abzählen kann. Dieses Phänomen ist nicht leicht zu erklären, da hier gleichzeitig mehrere Faktoren zusammenwirken. Es hängt zum Beispiel davon ab, wie viele Pflanzen alt genug sind, um im betreffenden Jahr erstmals zu blühen, ob die jeweilige Art überhaupt regelmäßig blüht (nicht alle tun dies alljährlich) oder ob die Orchideenblätter im vorigen Jahr etwa durch Krankheiten, Viehverbiss oder das Mähen der Wiesen beschädigt wurden.

Ein gutes Beispiel für die obige Erklärung bietet die Spezies *O. pallens*. Interessanterweise ist sie auch die am frühesten blühende aller *Orchis*-Arten. Die Blüten erscheinen bereits gegen Mitte April und werden daher oft vom Frost geschädigt. Die bodennahe Blattrosette besteht aus 2–4 längsovalen Blättern; den Blütenstiel umhüllen 1–2 beutelartige Blätter. Der mäßig dichte zylindrische Blütenstand sitzt auf einem 15–35 cm hohen Stiel und besteht aus 15–30 schwefelgelben Blüten. Diese Farbe steht innerhalb der Gattung recht isoliert da – gelbblühende *Orchis*-Arten sind absolut in der Minderheit (dazu gehören etwa *O. provincialis*, *O. pauciflora* and *O. laeta*). *Orchis pallens* wächst in sommergrünen Misch- und Laubwäldern, im Halbschatten von Sträuchern oder auf feuchten Wiesen. Mit Blüten darf man hier zwischen April und Juni rechnen. Die Pflanze kommt in ganz Europa und in Kleinasien vor.

Orchis pallens, Tschechien

Orchis palustris, Slowakei

Orchis palustris

Sumpf-Knabenkraut

Orchis palustris wird manchmal als Unterart von *O. laxiflora* angesehen und trägt dann den Namen *O. laxiflora* subsp. *palustris*. Sie gehört zu den Sumpforchideen. Äußerlich erinnert sie stark an die verwandte Gattung *Dactylorhiza*, aber die paarigen, kugelartigen Knollen verraten ihre wahre Zugehörigkeit. Bei blühenden Exemplaren erreicht der Stängel eine Höhe von 15–60 cm; die länglichen Blätter werden nur 2 cm breit. Der Blütenstand dieser Art ist gewöhnlich locker bis mäßig dicht und trägt nur eine geringe Zahl großer purpurner (in seltenen Fällen rosa oder gar weißer) Blüten. Die dreilappige Lippe besitzt einen verlängerten Mittellappen. *Orchis palustris* wächst in Überschwemmungs- bzw. Feuchtgebieten an Flüssen und Seen oder in lockerem Röhricht. Ihre Vorkommen beschränken sich auf saubere, warme Areale. Sie blüht zwischen April und Juni. Das Verbreitungsgebiet erstreckt sich vom Nordufer des Mittelmeers bis nach Mittel- und Westeuropa, mit Ausläufern nach Kleinasien und Nordafrika. In der BRD ist die früher weit verbreitete Art sehr selten. Frühere Vorkommen in Brandenburg dürften in den letzten 10 Jahren stark abgenommen haben. Sichere Biotope existieren wohl nur noch in Südbayern.

Orchis papilionacea

Schmetterlings-Knabenkraut

Auf den Fotos sind zwei der drei offiziell anerkannten Spielarten dieser mediterranen *Orchis* vertreten: *Orchis p.* var. *rubra* und var. *grandiflora*. Die Arten dieser Gattung werden 15–40 cm hoch und bilden in Bodennähe nur 1–3 länglich-lanzettförmige Blätter. Ihre Blütenstände sind entweder dicht oder spärlich; gewöhnlich tragen sie 4–12 Blüten. Die nach vorn gebogenen Tepalia bilden hier keinen „Helm“. Sie sind entweder braun-rot oder purpurn mit dunkler Äderung. Außerdem besitzt die Blüte eine stark verbreiterte Lippe mit dunklen Streifen bzw. in Längsrichtung verlängerten Flecken, deren Farbe zwischen purpurn und dunkel-purpurn liegt. *O. papilionacea* blüht zwischen Februar und Mai; sie wächst auf alkalischen Böden und nährstoffarmen Wiesen, in mediterranem Halbsteppen-Busch oder lichten Wäldern. Die Spielart var. *rubra* auf unserem Bild kommt im Zentrum des Mittelmeerraumes vor. Das eigentliche Verbreitungsgebiet erstreckt sich noch weiter nach Westen und Osten (Pyrenäenhalbinsel, Sizilien, Nordafrika etc.). Die Spezies kommt auch in der Kaukasusregion vor, und zwar in Form der Spielart var. *caspica*.

Orchis papilionacea var. *grandiflora*, Italien

Orchis papilionacea var. *rubra*, Italien

Orchis pauciflora

Noch eine gelbblühende *Orchis*-Art! Abgesehen von der Farbe ihrer Blüten zeichnet sie sich auch durch das Missverhältnis zwischen der kleinen Blattrosette und dem großen Blütenstand aus. Etwa 4–9 ungefähr 7–9 cm lange Blätter bilden zusammen eine unauffällige bodennahe Rosette. Der schüttere Blütenstand besteht meist nur aus wenigen Blüten und sitzt auf einem 10–25 cm hohen Stiel. Die hellgelben Tepalia stellen eine schöne Ergänzung der breiten satt- oder grünlichgelben Lippe dar. Deren axiale Zone schmücken dunkle, meist in zwei Reihen angeordnete Flecken.

Orchis pauciflora, Griechenland

O. pauciflora ist eine schwer bestimmbare Art – manchmal gilt sie als bloße Variante von *O. provincialis*. Sie blüht zwischen März und Juni ausschließlich auf den alkalischen Böden nährstoffarmer Wiesen und lichter Gebüsche. Ihr Verbreitungsgebiet umfasst das zentrale und östliche Mittelmeerbecken.

Orchis purpurea

Purpur-Knabenkraut

Die Anzahl der Arten macht die Gattung *Orchis* zu einer der formenreichsten Europas – hier kommen über 30 ihrer Vertreterinnen vor. Etwa 60 weitere Spezies findet man in Nordafrika, auf den Kanaren, im Mittelmeerraum und im angrenzenden Asien. Das Mittelmeerbecken bildet auch das Entwicklungszentrum der europäischen *Orchis*.
Orchis purpurea ist eine prächtige, stattliche Art. Blühende Exemplare sehen folgendermaßen aus: die Blattrosette besteht aus 3–6 glänzenden länglich-ovalen Blättern, und der bis zu 90 cm hohe Stiel trägt im unteren Abschnitt 1–2 weitere, relativ kleine Hüllblätter. Der Blütenstand ist dicht und üppig. Die Einzelblüten sind mit einem rotbraunen „Helm“ versehen, und ihre weißliche Lippe ist mit zahlreichen roten Haarbüscheln übersät. Selbst in kleinen, isolierten Populationen wird man kaum jemals zwei völlig identische Exemplare finden. Die Spezies wächst in der Ebene und im Hügelland wärmerer Landstriche. Dabei bevorzugt sie Wälder und Wiesen mit kalkhaltigen Böden.
Diese Orchidee blüht je nach Standort zwischen April und Juni. Sie ist in Europa, Nordafrika und Kleinasien weit verbreitet.

Orchis purpurea, Tschechien

Orchis simia, Italien

Orchis spitzelii, Griechenland

Orchis simia

Affen-Knabenkraut

Wie diese Orchidee zu ihrem Namen kam, offenbart sich schon beim ersten Anblick: wer die Blüten genauer betrachtet, bemerkt, dass die seltsame längliche Lippe einem kleinen Affen ähnelt. Ein blühendes Exemplar wird 30–40 cm hoch und trägt breite, glänzendbläuliche Blätter; aus der Achsel des letzten geht ein Stiel mit Dutzenden dicht stehender Blüten hervor. Ein weiterer interessanter Zug des Blütenstands liegt darin, dass er nicht (wie bei den meisten anderen Orchideen) von unten her aufblüht, sondern in umgekehrter Richtung. *O. simia* blüht zwischen Anfang Mai und Juni; sie kommt nur sehr selten auf Kalk- und Lössböden im gesamten Mittelmeerraum sowie in Kaukasien und Irakisch-Kurdistan vor (um nur einige Gebiete zu erwähnen). Interessanterweise wächst sie auch in „Wärmeinseln" weiter nördlich gelegener, aber vom Seeklima beeinflusster Länder wie z. B. Niederlande und England.

Orchis spitzelii

Spitzels Knabenkraut

Diese überwiegend montane oder alpine *Orchis* ist vor allem wegen ihrer ausgedehnten, aber sporadischen Verbreitung interessant. Es handelt sich um eine recht schlanke, unauffällige Art mit schmallänglichen Blättern und bescheidenem Blütenstand. Der höchstens 50 cm messende Blütenstiel geht aus einer Rosette mit 2–7 etwa 6–12 cm langen und 2–3 cm breiten Blättern hervor. Der ungewöhnlich dichte Blütenstand besteht aus 10–30 grün-purpurnen Blüten. Ihre grünen Tepalia zieren braun-rote Flecken, die auf der rosa-purpurnen Lippe dunkel-purpurn gefärbt sind. Die Spezies blüht je nach Standort zwischen April und Juni. Sie besiedelt lichte Wälder, Bestände von Zwerglatschenkiefern und Bergalmen in Höhenlagen zwischen 1000 und 2100 m über NN. Dabei bevorzugt sie feuchte, alkalische Böden. Nachgewiesen ist *O. spitzelii* im Mittelmeerraum, in den Alpen, auf der Pyrenäen- und Balkanhalbinsel sowie im fernen Kaukasien.

Orchis tridentata

Dreizähniges Knabenkraut

Die meisten *Orchis*-Arten vermehren sich nur geschlechtlich, d.h. durch Samen. Die Entwicklung vom Samen zur erwachsenen Pflanze dauert extrem lange – manchmal 13–15 Jahre!
O. tridentata gehört zu den ökologisch sensibelsten und am langsamsten wachsenden Spezies. Ihr Artname leitet sich vom „dreizackigen“ Auswuchs am Ende des „Helmes“ ab. Die Pflanze bildet – gewöhnlich schon im Herbst – Rosetten aus 3–5 bläulichgrünen, länglich-lanzettförmigen Blättern. Der blütentragende Stiel kann eine Höhe von 12–25 cm erreichen. Der Blütenstand selbst ist erheblich reduziert und verändert überdies im Laufe der Entwicklung seine Form: zuerst ist er konisch, später kurz und eiförmig. Die einen „Helm“ bildenden Tepalia sind rosa-purpurn mit etwas dunklerer Äderung; die dreilappige Lippe ist weißlich bis rosa und vollständig mit dunkel-purpurnen Flecken übersät. *O. tridentata* blüht zwischen März und Juni.
Es handelt sich um eine mediterrane Art, die man auch in Kaukasien und im Irak findet. Sie wächst auf sonnigen Graswiesen mit Kalkböden. In Mitteleuropa tritt sie unregelmäßig in isolierten Populationen auf, z. B. auch in Hessen und Thüringen.

Orchis tridentata, Tschechien

Platanthera bifolia, Tschechien

Platanthera bifolia

Weiße Waldhyazinthe

Die Gattung *Platanthera* hat ihr Verbreitungszentrum in Nordamerika, wo man auch die meisten beschriebenen Arten findet. Einige davon kommen von Amerika bis Europa vor (so *P. parvula* über Sibirien bis Skandinavien oder *P. hyperborea* über die Südspitze Grönlands bis Island). Gleichzeitig dringen einige Vertreterinnen dieser insgesamt wenigstens 200 Arten zählenden Gattung bis in die Tropen der Nordhalbkugel vor!
Platanthera bifolia ist eine hübsche, ökologisch anpassungsfähige Orchidee mit starkem Duft. Erwachsene Exemplare hängen bei ihrer Ernährung kaum noch von Pilzen ab und lassen sich daher leicht umpflanzen und kultivieren. Den Winter überstehen sie mit Hilfe von zwei eiförmigen oder länglichen Knollen, die wie Wurzeln spitz auslaufen. Blühende und sterile Exemplare bilden gleichermaßen zwei fast gegenständige breitovale Blätter. Der kahle Stängel trägt nur am Ansatz ein paar Hüllblätter und kann den Blütenstand bis in eine Höhe von 70 cm empor tragen. Der spärliche, aber reiche Blütenstand misst bis zu 25 cm und besteht aus 15–35 grün-weißen Blüten. Zu den attraktivsten Zügen der länglich-zungenförmigen, unsegmentierten Lippe mit ihrem grünlichen Ende gehört ein hohler, 4 cm langer Sporn, der Nektar enthält.
Diese Spezies wächst in lichten Wäldern, auf nährstoffarmen Wiesen und in Mooren von der Tiefebene bis ins Bergland. Dabei gedeiht sie gleichermaßen auf trockenen und feuchten Böden unterschiedlicher Zusammensetzung. Sie blüht zwischen Mai und August; man findet sie in Europa, Nordafrika, Kleinasien, Kaukasien und Iran.

Platanthera hyperborea

Vor allem europäische Freunde terrestrischer Orchideen werden diese Art hoch interessant finden – innerhalb Europas kommt diese Orchidee ausschließlich auf der eisigen Vulkaninsel Island vor, wo man kaum solche Pflanzen vermuten würde! *P. hyperborea* traf dort aus Amerika nach einer mühseligen „Reise“ via Süd-Grönland ein. Manche Fachleute stufen sie als *Habenaria*-Art ein. Sie besitzt dicke, rübenartige Wurzeln. Ihr Stängel wird 8–40 cm hoch und trägt 4–8 Blätter, die im unteren Abschnitt der Pflanze lanzettförmig sind und dann – je höher sie sitzen – zu immer kleineren Hüllblättern werden. Der Sporn ist relativ kurz. *P. hyperborea* wächst auf Feucht- oder Schwemmlandwiesen, in Mooren sowie in den Feuchtwäldern Amerikas. Sie blüht zwischen Juli und August. Außer auf Island findet man sie auch in den kühleren Regionen von Nordamerika und Ostasien (Japan).

Platanthera hyperborea, Island

Serapias cordigera, Italien

Serapias cordigera

Zweischwieliger Zungenstendel

Zur Gattung *Serapias* gehören nur wenige Arten, doch verdient sie wegen der unverwechselbaren Morphologie ihrer recht großen Blüten Beachtung: die dreilappige Zunge bildet einen stark verlängerten Mittellappen, der einer ausgestreckten Zunge ähnelt. Schön ist auch die braun-rote Färbung. Den oberen Teil der stark behaarten „Zunge“ bedecken die aufwärts gerichteten Seitenlappen der Lippe, deren Seiten einander berühren, vor allem aber das andere Hauptmerkmal – ein hoher, von den übrigen Tepalia gebildeter „Helm“. Die Spezies *S. cordigera* überwintert, indem sie sich in ihre kugelförmigen unterirdischen Knollen zurückzieht. Im Februar oder März beginnen jene, mehrere dünne Blätter und einen Blütenstiel zu treiben; letzterer wird bis zu 50 cm hoch, ist am Grunde belaubt und trägt 3–10 Blüten. Der Mittellappen der schwarz-purpurnen Lippe ist breitherzförmig; die aufrechten Seitenlappen verschwinden fast unter dem weißlich-purpurnen „Helm“. *S. cordigera* wächst in lichten Wäldern, in der mediterranen Macchia und auf Feuchtwiesen. Sie blüht zwischen April und Juni. Die Art ist im gesamten Mittelmeerraum, an der warmen Atlantikküste Frankreichs und auf den Azoren (bis auf Flores und Corvo) weit verbreitet.

Serapias lingua, Italien

Serapias lingua

Einschwieliger Zungenstendel

Die Ähnlichkeit des zentralen Lippenlappens von *Serapias*-Orchideen mit einer ausgestreckten Zunge äußert sich bei *S. lingua* auch im Namen dieser Art (lateinisch *lingua* = „Zunge"). Die Spezies bildet an kurzen unterirdischen Ausläufern Tochterknollen – deshalb findet man in der Natur oft vegetativ entstandene Gruppen. *S. lingua* ist eine schlanke Orchidee, die blühend gerade 35 cm hoch wird. Am unteren Stängel konzentrieren sich 4–8 länglich-lanzettförmige, maximal 12 cm lange Blätter. Der schüttere Blütenstand besteht aus 2–8 weißlichen bis dunkel-purpurnen Blüten mit dunkler, erhabener Äderung. Der Mittellappen der Lippe ist breiter und kürzer (bis zu 1,8 cm), endet stumpf und ist variabel gefärbt – oft ziegelrot oder weißlich-purpurn. Die Art wächst in lichten Wäldern, auf buschigen Hügeln und nährstoffarmen Feuchtwiesen. *S. lingua* blüht zwischen März und Juni; man findet sie im gesamten Mittelmeerraum.

Serapias vomeracea, Italien

Serapias vomeracea

Pflugschar-Schwertstendel

Die Blüten von *Serapias*-Orchideen praktizieren eine weitere interessante Strategie zum Anlocken von Bestäubern – die auffallend dunkle Innenseite der Blüte bietet sich als kuschelige „Höhle" an, in der manche Insekten die Nacht verbringen. Dabei werden die arglosen „Gäste" als Überträger des Pollens benutzt, der an ihren Körpern haftet.
Die Spezies *S. vomeracea* besitzt als unterirdische Speicherorgane ein Paar kugelförmiger Knollen: im März sprießen daraus mehrere längliche, glänzendgrüne Blätter und ein bis zu 60 cm langer Stiel. Die Farbe seines oberen Abschnitts variiert zwischen rosa und purpurn-rot. Die Funktion des Blütenstandes übernimmt hier eine schüttere Dolde aus etwa 3–10 relativ großen Blüten, deren Form und Farbe überaus variabel sind. Botaniker unterscheiden bei dieser Orchidee anhand von Größe und Form der Lippe mehrere selbstständige Unterarten. Die kräftigen Schuppen, welche die Blütenansätze schützen, zeigen wie die „Helme" eine attraktive Färbung aus Rosatönen mit einer markanten roten, erhabenen Längsäderung. Der bis zu 2,8 cm lange Mittellappen der Lippe (das Epichil) endet lanzettartig und ist oft umgedreht. Seine Farbe variiert zwischen ziegelrot und bräunlich-purpurn. *S. vomeracea* wächst an warmen, gut besonnten Standorten wie lichten Eichenwäldern, Olivenhainen und Feuchtwiesen. Sie blüht zwischen März und Juni. Diese variable Spezies ist in wenigstens 3 Unterarten über den ganzen Mittelmeerraum verbreitet. Die Nordgrenze ihres natürlichen Areals bilden die südlichen Voralpen.

Spiranthes spiralis

Herbst-Wendelähre

Diese Gattung ist fast über den gesamten Globus verbreitet und zählt an die 60 Arten. Die meisten kommen in den gemäßigten Breiten der Nordhalbkugel vor. Der Name der Gattung erfasst trefflich eine typische Eigenschaft dieser Pflanzen – ihr langer, aufrechter, „einseitiger" Blütenstand ist stark in sich gedreht.
S. spiralis ist ein recht unauffälliges Kraut, das aus zwei, drei oder vier rübenartigen Wurzelknollen sprießt. Der Blütenstiel misst 7–30 cm; er ist mit verkümmerten, schuppenartigen Blättern bedeckt und geht niemals aus der bodennahen Rosette mit ihren eirund-lanzettförmigen Blättern hervor. Dieses bei europäischen Orchideen einzigartige Phänomen beruht darauf, dass sich die Rosette erst zu bilden beginnt, wenn der Blütenstand bereits weit entwickelt ist, nämlich im Frühsommer; sie übersteht den Winter und stirbt erst im Frühjahr ab. Während ihrer Entwicklung produziert sie eine neue Knolle, die dann in der folgenden Saison Blüten bildet, nachdem ihre eigenen Blätter verwelkt sind. An einer Seite des gedrehten Blütenstiels sitzen locker 6–30 Blüten. Sie sind klein, teils geöffnet und weiß mit gelblicher, wellig gesäumter Lippe. *S. spiralis* bewohnt nährstoffarme Wiesen und Weiden sowie lichte Nadelwälder. Sie blüht relativ spät – zwischen August und Oktober – und ist in Europa (vor allem im Südwesten), Nordafrika und Kleinasien weit verbreitet.

Trausteinera globosa

Kugel-Orchis

Diese unauffällige, ziemlich schlanke Orchidee wurde früher häufig mit anderen Arten verwechselt, was zu vielen Irrtümern und Ungenauigkeiten führte. Ihre länglichen Knollen sind nicht segmentiert und haben nur sehr kurze Adventivwurzeln.

Spiranthes spiralis, Tschechien

Die Blätter bilden hier keine Rosette; statt dessen sind sie gleichmäßig über den aufrechten, spärlich belaubten, 25–50 cm hohen Stängel verteilt. Die größten, voll entwickelten Blätter sind länglich-lanzettförmig.

Als Blütenstand dient hier eine dichte Ähre aus zahlreichen Blüten, die zunächst rundlich-pyramidal (daher auch der lateinische Name *globosa*), später aber fast zylindrisch ist. Die winzigen schmutzigrosa, rot-purpurnen oder (selten) weißen Blüten sitzen dicht gedrängt. Ihre Tepalia bilden zu Beginn der Blüte eine Art Helm, stehen aber später weiter auseinander. Die tief gekerbte Lippe besitzt drei Lappen und misst nur 5–8 mm. Sie ist mit zarten dunkel-purpurnen Punkten geschmückt. *Trausteinera globosa* wächst meist auf nährstoffarmen Feuchtwiesen mit alkalischen Böden in Höhenlagen bis 2500 m. Ihre Blüten erscheinen zwischen Mai und August. Die Pflanze ist in Süd- und Mitteleuropa sowie in Südwestasien weit verbreitet.

Trausteinera globosa, Slowakei

Register